人民交通出版社"十四五"
高职高专土建类专业系列教材

建 筑 工 程
质量与安全管理
（第2版）

主　编　程红艳
副主编　李　涛　黄　达　赵　阳
主　审　赵　研

人民交通出版社股份有限公司
北　京

内容提要

本书为高职院校"建筑工程质量与安全管理"课程的配套教材，采用项目引领、任务驱动方式编写，并配套丰富的数字资源，有助于读者快速掌握该课程的相关知识。全书共分十个项目，分别是：建筑工程质量管理基本知识、建筑工程质量控制、建筑工程施工过程质量控制、建筑工程施工质量验收、建筑工程质量事故处理、建筑工程安全管理基本知识、建筑工程施工安全管理、建筑工程施工现场安全管理、建筑工程安全专项施工方案编制、建筑工程施工安全事故处理。

本书既可作为高等职业教育土建类专业的教材，也可作为工程单位的岗位培训教材，还可供相关工程技术人员学习参考。

图书在版编目（CIP）数据

建筑工程质量与安全管理/程红艳主编. —2 版
. —北京：人民交通出版社股份有限公司，2023.11（2024.12重印）
ISBN 978-7-114-19106-0

Ⅰ. ①建… Ⅱ. ①程… Ⅲ. ①建筑工程—工程质量—质量管理—高等职业教育—教材②建筑工程—安全管理—高等职业教育—教材 Ⅳ. ①TU71

中国国家版本馆 CIP 数据核字（2023）第 220384 号

Jianzhu Gongcheng Zhiliang yu Anquan Guanli

书　　名：	建筑工程质量与安全管理（第 2 版）
著 作 者：	程红艳
责任编辑：	李　坤
责任校对：	赵媛媛
责任印制：	张　凯
出版发行：	人民交通出版社股份有限公司
地　　址：	（100011）北京市朝阳区安定门外外馆斜街 3 号
网　　址：	http://www.ccpcl.com.cn
销售电话：	（010）85285911
总 经 销：	人民交通出版社股份有限公司发行部
经　　销：	各地新华书店
印　　刷：	北京市密东印刷有限公司
开　　本：	787×1092　1/16
印　　张：	18.5
字　　数：	428 千
版　　次：	2016 年 1 月　第 1 版 2023 年 11 月　第 2 版
印　　次：	2024 年 12 月　第 2 版　第 2 次印刷　总第 9 次印刷
书　　号：	ISBN 978-7-114-19106-0
定　　价：	56.00 元

（有印刷、装订质量问题的图书，由本公司负责调换）

前 言
FOREWORD

"建筑工程质量与安全管理"是高职院校建筑工程技术等土建施工类专业和建设工程管理类专业的一门主干专业课。学生通过该课程的学习，旨在树立"质量第一、安全第一"的意识，具备对工程建设各阶段进行质量和安全控制的能力。本书为该课程的配套教材。

根据党的二十大报告提出的质量强国的要求，紧跟产业转型升级的需要，对接职业教育国家标准，本书第 2 版在首版的基础上做了较大的调整和变动，具体体现在以下几点：结合新规范、新标准，增加了装配式混凝土工程质量控制和专项施工方案编制等内容；融入课程思政元素，落实立德树人根本任务；为支持信息化教学，配套了多种数字化资源，如教学课件、技能测试及答案、拓展资料等。

本书内容采用项目引领、任务驱动的方式进行编写，每个项目均包括目标与要求、项目引导、具体知识点、思考与练习、技能测试等模块，让学生带着问题学习，学习后能及时检测学习效果，满足职业教育教学需求。全书共分十个项目，分别是：建筑工程质量管理基本知识、建筑工程质量控制、建筑工程施工过程质量控制、建筑工程施工质量验收、建筑工程质量事故处理、建筑工程安全管理基本知识、建筑工程施工安全管理、建筑工程施工现场安全管理、建筑工程安全专项施工方案编制、建筑工程施工安全事故处理。

本书由高校教师和企业专家共同编写：湖北城市建设职业技术学院程红艳担任主编，湖北省工业建筑集团有限公司李涛、随州职业技术学院黄达、湖北亚太建设集团有限公司赵阳担任副主编；参加本书编写及资料收集、整理工作的还有湖北城市建设职业技术学院的沙本忠、方锐、程彩霞、周琪，辽源职业技术学院的赵静。全书由黑龙江建筑职业技术学院赵研教授主审。本书在编写过程中，得到湖北城市建设职业技术学院、湖北省工业建筑集团有限公司、随州职业技术学院、湖北亚太建设集团有限公司、辽源职业技术学院等单位的大力支持，在此表示衷心的感谢！

由于编者水平有限，编写时间仓促，书中难免有不足之处，欢迎广大读者批评指正。

编者

2023 年 6 月

目 录
CONTENTS

项目一　建筑工程质量管理基本知识 ································· 001
　　任务一　工程质量管理认知 ··· 002
　　任务二　我国工程质量管理法律法规和标准规范 ························ 006
　　任务三　工程质量管理制度 ··· 010
　　思考与练习 ·· 014
　　技能测试题 ·· 014

项目二　建筑工程质量控制 ··· 018
　　任务一　建筑工程质量影响因素和控制阶段 ······························· 019
　　任务二　施工准备阶段的质量控制 ·· 023
　　任务三　施工阶段质量控制的依据和方法 ··································· 030
　　任务四　施工工序质量控制 ··· 034
　　思考与练习 ·· 037
　　技能测试题 ·· 037

项目三　建筑工程施工过程质量控制 ································· 041
　　任务一　土方工程的质量控制 ··· 042
　　任务二　地基基础工程的质量控制 ·· 045
　　任务三　砌体工程的质量控制 ··· 053
　　任务四　钢筋混凝土工程的质量控制 ·· 059
　　任务五　装配式混凝土工程的质量控制 ······································· 070
　　任务六　钢结构工程的质量控制 ··· 076
　　任务七　防水工程的质量控制 ··· 086
　　任务八　装饰装修工程的质量控制 ·· 089
　　思考与练习 ·· 093

技能测试题 ………………………………………………………………… 094

项目四　建筑工程施工质量验收 ……………………………………… 098

  任务一　建筑工程施工质量验收的划分 ………………………………… 099
  任务二　建筑工程质量验收规定 ………………………………………… 102
  任务三　建筑工程质量验收程序和组织 ………………………………… 109
  任务四　工程项目的交接与回访保修 …………………………………… 119
  思考与练习 ………………………………………………………………… 120
  技能测试题 ………………………………………………………………… 121

项目五　建筑工程质量事故处理 ……………………………………… 125

  任务一　建筑工程质量事故的分类和原因分析 ………………………… 126
  任务二　建筑工程质量事故处理的依据和程序 ………………………… 130
  任务三　建筑工程质量事故处理的方法与验收 ………………………… 133
  思考与练习 ………………………………………………………………… 136
  技能测试题 ………………………………………………………………… 137

项目六　建筑工程安全管理基本知识 ………………………………… 141

  任务一　建筑工程安全管理认知 ………………………………………… 142
  任务二　企业安全组织机构与规章制度 ………………………………… 147
  任务三　安全生产责任制 ………………………………………………… 155
  思考与练习 ………………………………………………………………… 162
  技能测试题 ………………………………………………………………… 162

项目七　建筑工程施工安全管理 ……………………………………… 165

  任务一　基坑工程安全管理 ……………………………………………… 166
  任务二　脚手架工程安全管理 …………………………………………… 169
  任务三　模板工程安全管理 ……………………………………………… 174
  任务四　高处作业安全管理 ……………………………………………… 177
  任务五　洞口、临边防护安全管理 ……………………………………… 181
  任务六　垂直运输机械、施工机具安全管理 …………………………… 188
  任务七　施工安全检查 …………………………………………………… 195
  思考与练习 ………………………………………………………………… 201
  技能测试题 ………………………………………………………………… 201

项目八　建筑工程施工现场安全管理 ····· 205

任务一　施工现场的消防管理 ····· 206
任务二　现场文明施工管理 ····· 214
任务三　安全警示标志布置与悬挂 ····· 218
任务四　现场临时用电、用水管理 ····· 221
任务五　现场环境保护与职业健康管理 ····· 226
思考与练习 ····· 233
技能测试题 ····· 234

项目九　建筑工程安全专项施工方案编制 ····· 237

任务一　危险性较大的分部分项工程 ····· 238
任务二　安全专项施工方案的编制 ····· 240
任务三　各专项安全施工方案的编制要点 ····· 241
思考与练习 ····· 260
技能测试题 ····· 261

项目十　建筑工程施工安全事故处理 ····· 265

任务一　危险源的识别与控制 ····· 266
任务二　施工安全事故的应急预案 ····· 272
任务三　安全事故的预防和处理 ····· 277
思考与练习 ····· 281
技能测试题 ····· 281

参考文献 ····· 284

项目一
建筑工程质量管理基本知识

能力目标

在学习建筑工程质量管理基本知识的基础上,能够应用我国建筑工程质量管理的法律法规和质量管理制度进行工程质量的管理和控制。

素质要求

1. 培养学生良好的职业规范意识,严把质量关。
2. 提升学生遵守工程法律法规的意识。
3. 培养学生团结协作,互助共赢的意识。

知识导图

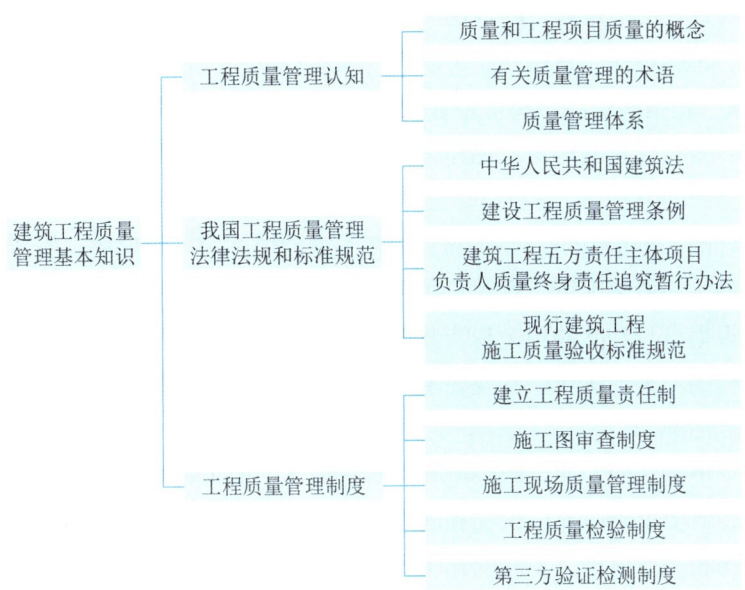

【项目引导】 党的二十大报告提出:"加快建设制造强国、质量强国、航天强国、交通强国、网络强国、数字中国。""坚持全面依法治国,推进法治中国建设。"

工程项目质量是项目建设的核心,是决定工程建设成败的关键,是实现工程项目建设三大控制目标（质量、投资、进度）的重点。它对提高工程项目的经济效益、社会效益和环境效益均具有重大意义，它关系着国家财产和人民生命的安全，关系社会主义建设事业的发展。我国工程建设的质量方针是"百年大计、质量第一"，质量水平的高低是一个国家经济、科技、教育和管理水平的综合反映。

【试　问】什么是工程项目质量？我国的质量管理体系是什么？为了保证工程质量，我国出台了哪些工程质量管理法律法规和标准规范？制定了哪些工程质量管理制度？

任务一　工程质量管理认知

加强工程质量管理是市场竞争的需要，是加速社会主义现代化建设的需要，是实现现代化生产的需要，是提高施工企业综合素质和经济效益的有效途径，是实现科学管理、文明施工的有力保证。

一、质量和工程项目质量的概念

1. 质量

ISO 9000：2008系列标准对质量的定义是：一组固有特性满足要求的程度。

（1）上述质量不仅指产品质量，也可以是某项活动或过程的质量，还可以是质量管理体系的质量。

（2）"特性"是指可区分的特征。特性可以是固有的或赋予的，也可以是定量的或定性的。"固有的"是指在某事或某物中本来就有的，尤其是那种永久的特性。这里的质量特性就是指固有的特性，而不是赋予的特性（如某一产品的价格）。质量特性，作为评价、检验和考核的依据，包括性能、适用性、可靠性、安全性、经济性和美学性等。

（3）"要求"是指明示的、通常隐含的或必须履行的需求或期望。

①明示的：是指规定的要求，如在合同、规范、标准等文件中阐明的或顾客明确提出的要求。

②通常隐含的：是指组织、顾客和其他相关方的惯例和一般做法，所考虑的需求或期望是不言而喻的。一般情况下，顾客或相关文件（如标准）中不会对这类要求给出明确的规定，供方应根据自身产品的用途和特性加以识别。

③必须履行的：是指法律、法规要求的或有强制性标准要求的。组织在产品实现过程中必须执行这类标准。

要求是随环境变化的。在合同环境和法规环境下，要求是规定的；而在其他环境（非合同环境）下，对要求则应加以识别和确定，也就是要通过调查了解和分析判断来确定。要求可由不同的相关方提出，不同的相关方对同一产品的要求可能是不同的。也就是说，对质量的要求除考虑要满足客户的需要外，还要考虑其他相关方即组织自身利益、提供原材料和零部件的供方的利益和社会的利益等。

质量的差、好或者优秀是由产品固有特性满足要求的程度来反映的。

2. 工程项目质量

工程项目质量是国家现行的有关法律、法规、技术标准、设计文件及工程合同中对工程的安全、使用、经济、美观等特性的综合要求。工程项目一般都是按照合同条件承包建设的，因此工程项目质量是在"合同环境"下形成的。合同条件中对工程项目的功能、使用价值及设计、施工质量等的明确规定都是业主的"需要"，因而都是质量的内容。从功能和使用价值来看，工程项目质量又体现在适用性、可靠性、经济性、外观质量与环境协调等方面。由于工程项目是根据业主的要求而建设的，不同的业主有不同的功能要求，所以，工程项目的功能与使用价值的质量是相对于业主的需要而言的，并无一个固定和统一的标准。

任何工程项目都由分项工程、分部工程、单位工程组成，而工程项目的建设，则是通过一道道工序来完成，是在工序中创造的，所以工程项目质量包含工序质量、分项工程质量、分部工程质量和单位工程质量。

> **小贴士**
> 工程项目质量不仅包括活动或过程的结果，还包括活动或过程本身，即还要包括生产产品的全过程。

3. 工程项目质量特点

工程项目建设由于涉及面广，是一个极其复杂的综合过程，特别是大型工程，具有建设周期长、影响因素多、施工复杂等特点，使得工程项目的质量不同于一般工业产品的质量，主要表现在以下几个方面。

（1）形成过程复杂

一般工业产品质量从设计、开发、生产、安装到服务各阶段，通常由一个企业来完成，质量易于控制。而工程产品质量由咨询单位、设计单位、施工单位、材料供应商等来完成，故质量形成过程比较复杂。

（2）影响因素多

工程项目质量的影响因素多，如决策、设计、材料、机械、施工工序、操作方法、技术措施、管理制度及自然条件等，都直接或间接地影响工程项目的质量。

（3）波动性大

工程建设不像工业产品生产，有固定的生产流水线、规范化的生产工艺和完善的检测技术、成套的生产设备和稳定的生产环境。工程项目本身的复杂性、多样性和单件性，决定了其质量的波动性大。

（4）质量隐蔽性强

工程项目在施工过程中，由于工序交接多、中间产品多、隐蔽工程多，若不及时检查并发现其存在的质量问题，很容易产生第二类判断错误，即将不合格的产品误认为是合格的产品。

（5）终检存在局限性

工程项目建成后不可能像一般工业产品那样依靠终检来判断产品质量，或将产品拆卸、解体来检查其内在的质量，或对不合格零部件进行更换。工程项目的终检（竣工验收）无法通过工程内在质量的检验发现隐蔽的质量缺陷，因此，工程项目的终检存在一定的局限性。这就要求工程质量控制应以预防为主，过程控制为主，防患于未然。

二 有关质量管理的术语

1. 质量管理

我国标准《质量管理体系 基础和术语》(GB/T 19000—2016)对质量管理的定义：质量管理是在质量方面指挥和控制组织的协调的活动。质量管理的首要任务是制定质量方针、目标和职责，核心是建立有效的质量管理体系，通过具体的四项活动即质量策划、质量保证、质量控制和质量改进，确保质量方针、目标的实施和实现。

> **小贴士**
> 质量管理应由项目经理负责，并要求参加项目的全体员工参与并从事质量管理活动，才能有效地实现预期的方针和目标。

2. 质量策划

我国标准《质量管理体系 基础和术语》(GB/T 19000—2016)对质量策划的定义：质量策划是质量管理的一部分，致力于制定质量目标并规定必要的运行过程和相关资料以实现质量目标。

> **小贴士**
> 注意质量策划与质量计划的差别，质量策划强调的是一系列活动，而质量计划是质量策划的结果之一，通常是一种书面文件。

3. 质量控制

我国标准《质量管理体系 基础和术语》(GB/T 19000—2016)对质量控制的定义：质量控制是质量管理的一部分，致力于满足质量要求。

质量控制的目标就是确保产品的质量满足顾客、法律法规等方面所提出的质量要求。质量控制具有动态性，质量要求随着时间的进展而在不断变化，为了满足不断更新的质量要求，需对质量控制进行持续改进。

> **小贴士**
> 质量控制要贯穿项目施工的全过程，包括施工准备阶段、施工阶段和竣工验收阶段等。

4. 质量保证

我国标准《质量管理体系 基础和术语》(GB/T 19000—2016)对质量保证的定义：质量保证是质量管理的一部分，致力于提供质量要求会得到满足的信任。

质量保证可分为内部质量保证和外部质量保证。内部质量保证是为使项目经理确信本工程项目质量或服务质量满足规定要求所进行的活动，它是项目质量管理职能的一个组成部分，其目的是使项目经理对本工程项目质量放心。外部质量保证是向顾客或第三方认证机构提供信任，这种信任表明企业（或项目）能够按规定的要求，保证持续稳定地向顾客提供合格产品，同时也向认证机构表明企业的质量管理体系符合《质量管理体系 基础和术语》(GB/T 19000—2016)要求，并且能有效运行。

5. 质量改进

我国标准《质量管理体系 基础和术语》(GB/T 19000—2016)对质量改进的定义：质量改进是质量管理的一部分，致力于增强满足质量要求的能力。质量改进对质量要求可以是有关任何方面的，如有效性、效率或可追溯性。

6. 质量管理体系

我国标准《质量管理体系 基础和术语》(GB/T 19000—2016)对质量管理体系的定义：质量管理体系是在质量方面指挥和控制组织的管理体系。

一个组织可以建立一个综合的管理体系，这个综合的管理体系可包括若干个不同的管理体系，如质量管理体系、环境管理体系和安全管理体系等。

三、质量管理体系

1. 国际标准化组织 ISO

1946 年 10 月 14 日至 26 日，中、英、美、法、苏等 25 个国家的 64 名代表集会于英国伦敦，正式表决通过建立国际标准化组织（ISO）。1947 年 2 月 23 日，ISO 正式成立。

ISO 的宗旨是：在世界范围内促进标准化及其相关活动的发展，以便于商品和服务的国际交换，在智力、科学、技术和经济领域开展合作。ISO 通过它的 2856 个技术机构开展技术活动，其技术机构包括技术委员会（TC）185 个，分技术委员会（SC）611 个，工作组（WG）2022 个，特别工作组 38 个。

2. ISO 9000 族标准

ISO 9000 族标准是一类标准的统称，是指由 TC176 制定的所有国际标准。TCl76 是 ISO 中第 176 个技术委员会，于 1979 年成立的，全称是质量管理和质量保证技术委员会，1987 年更名为品质管理和品质保证技术委员会。TCl76 专门负责研究制定国际上遵循的质量管理和质量保证标准。

1987 年 ISO/TC 176 发布了举世瞩目的 ISO 9000 系列标准；1994 年修改发布 ISO 9000:1994 系列标准；2000 年 ISO 修改发布 ISO 9000:2000 系列标准；为了更好地适应新时期各行业质量管理的需求，2008 年 ISO 发布 ISO 9000:2008 系列标准，ISO 9000:2008 核心标准为下列 4 个。

（1）《质量管理体系 基础和术语》(ISO 9000:2005)

该标准阐述了 ISO 9000 族标准中质量管理体系的基础知识、质量管理八项原则，并确定了相关的术语。

（2）《质量管理体系 要求》(ISO 9001:2008)

该标准规定了一个组织若要推行 ISO 9000，取得 ISO 9000 认证，所要满足的质量管理体系要求。

（3）《质量管理体系 业绩改进指南》(ISO 9004:2009)

该标准以八项质量管理原则为基础，帮助组织有效识别能满足客户及其相关方的需求和期望，从而改进组织业绩，协助组织获得成功。

（4）《质量和环境管理体系审核指南》(ISO 19011:2011)

该标准提供质量和（或）环境审核的基本原则、审核方案的管理、质量和（或）环境管理体系审核的实施、对质量和（或）环境管理体系审核员的资格等要求。

3. 我国质量管理体系标准

我国于1988年发布了等同采用ISO 9000族标准的GB/T 10300系列标准。为了更好地与国际接轨，又于1992年10月发布了GB/T 19000系列标准，并等同采用ISO 9000族标准。1994年国际标准化组织发布了修订后的ISO 9000族标准，我国及时将其等同转化为国家标准。

为了更好地发挥ISO 9000族标准的作用，使其具有更好的适用性和可操作性，我国于2000年发布了等同采用2000版ISO 9000族标准的国家标准。2008年又及时发布了等同采用2008版ISO 9000族标准的国家标准。

目前，我国实施的等同ISO 9000族标准的是GB/T 19000系列标准，其核心标准主要有下列4个：

《质量管理体系　基础和术语》（GB/T 19000—2016）；

《质量管理体系　要求》（GB/T 19001—2016）；

《质量管理　组织的质量　实现持续成功指南》（GB/T 19004—2020）；

《管理体系审核指南》（GB/T 19011—2021）。

国内最新的质量管理体系的修订，为新时期工程建设领域达到较高管理水平打下了基础，能够有效控制项目所有人员的行为。同时，该规范与ISO族标准的相同点越来越多，有利于我国企业在国际环境中申请质量体系报告，积极参与国际项目竞争。

任务二　我国工程质量管理法律法规和标准规范

> **小贴士**
>
> 党的二十大报告提出：全面依法治国是国家治理的一场深刻革命，关系党执政兴国，关系人民幸福安康，关系党和国家长治久安。必须更好发挥法治固根本、稳预期、利长远的保障作用，在法治轨道上全面建设社会主义现代化国家。

工程建设质量法律法规是国家对工程项目质量管理工作进行宏观调控的基本依据，可促进建筑施工管理体制的完善。为了做好质量管理工作，全国人民代表大会、国务院、国家发展和改革委员会、住房和城乡建设部制定了一系列有关工程质量管理的法律法规，如《中华人民共和国建筑法》《建设工程质量管理条例》《建筑工程五方责任主体项目负责人质量终身责任追究暂行方法》等。这一系列法律法规的颁布、实施，强化了工程质量管理，保证了我国工程建设的顺利进行。

一　中华人民共和国建筑法

《中华人民共和国建筑法》（简称《建筑法》）于1997年11月1日第八届全国人民代表大会常务委员会第二十八次会议通过，自1998年3月1日起施行。2011年4月22日第十一届全国人民代表大会常务委员会第二十次会议《关于修改〈中华人民共和国建筑法〉的决定》第一次修正，2019年4月23日第十三届全国人民代表大会常务委员会第十次会议《关于修改〈中

中华人民共和国建筑法

华人民共和国建筑法〉等八部法律的决定》第二次修正。《建筑法》是建设工程领域的基本法，是建设工程领域内各级法规及部门规章制定和实施的指导性文件。

《建筑法》主要包括建筑许可、建筑工程发包与承包、建筑工程监理、建筑安全生产管理、建筑工程质量管理、法律责任等内容。

1. 建筑许可

该部分包括建筑施工许可和从业资格两方面的内容，对建筑领域各级建筑许可管理、企业资质和从业资格管理相关规定的编制和实施起指导作用。

2. 建筑工程发包与承包

该部分内容规定了建筑市场发包与承包的基本原则：规定建筑工程的发包单位与承包单位应当依法订立书面合同，明确双方的权利和义务。建筑工程发包与承包的招标投标活动，应当遵循公开、公正、平等竞争的原则，择优选择承包单位，发包单位及其工作人员在建筑工程发包中不得收受贿赂、回扣或者索取其他好处。

3. 建筑工程监理

该部分内容规定了国家推行建筑工程监理制度，国务院可以规定实行强制监理的建筑工程的范围。规定建筑工程监理应当依照法律、行政法规及有关的技术标准、设计文件和建筑工程承包合同，对承包单位在施工质量、建设工期和建设资金使用等方面，代表建设单位实施监督。

4. 建筑安全生产管理

该部分内容要求建筑生产全过程要注重安全管理，采取相关措施。规定建筑工程设计应当符合按照国家规定制定的建筑安全规程和技术规范的要求，保证工程的安全性能。

建筑施工企业必须依法加强对建筑安全生产的管理，执行安全生产责任制度，采取有效措施，防止伤亡和其他安全生产事故的发生。

5. 建筑工程质量管理

该部分内容要求建筑工程勘察、设计、施工的质量必须符合国家有关建筑工程安全标准的要求。规定建筑施工企业对工程的施工质量负责。建设单位不得以任何理由，要求建筑设计单位或者建筑施工企业，在工程设计或者施工作业中违反法律、行政法规及建筑工程质量、安全标准，降低工程质量。

6. 法律责任

该部分对违反《建筑法》规定的行为所应当承担的责任进行相关描述。

二、建设工程质量管理条例

《建设工程质量管理条例》经2000年1月10日国务院第25次常务会议通过，2000年1月30日起施行。2017年10月7日中华人民共和国国务院令第687号《国务院关于修改部分行政法规的决定》第一次修正。2019年4月23日中华人民共和国国务院令第714号《国务院关于修改部分行政法规的决定》第二次修正。

建设工程质量管理条例

《建设工程质量管理条例》共九章八十二条。凡在中华人民共和国境内从事建设工程的新建、扩建、改建等有关活动及实施对建设工程质量监督管理的，必须遵守该条例。其内容主要包括建设单位的质量责任和义务，勘察、设计单位的质量责任和义务，施工单位的质量责任和义务，工程监理单位的质量责任和义务，建设工程质量保修、监督管理、罚则等。质量责任和义务的部分内容摘录如下：

1. 建设单位的质量责任和义务

建设单位应当将工程发包给具有相应资质等级的单位。建设单位不得将建设工程肢解发包。

建设单位应当依法对工程建设项目的勘察、设计、施工、监理以及与工程建设有关的重要设备、材料等的采购进行招标。建设单位必须向有关的勘察、设计、施工、工程监理等单位提供与建设工程有关的原始资料。原始资料必须真实、准确、齐全。

建设工程发包单位，不得迫使承包方以低于成本的价格竞标，不得任意压缩合理工期。建设单位不得明示或者暗示设计单位或者施工单位违反工程建设强制性标准，降低建设工程质量。

建设单位在开工前，应当按照国家有关规定办理工程质量监督手续。建设单位收到建设工程竣工报告后，应当组织设计、施工、工程监理等有关单位进行竣工验收。

2. 勘察、设计单位的质量责任和义务

从事建设工程勘察、设计的单位应当依法取得相应等级的资质证书，并在其资质等级许可的范围内承揽工程。禁止勘察、设计单位超越其资质等级许可的范围或者以其他勘察、设计单位的名义承揽工程。禁止勘察、设计单位允许其他单位或者个人以本单位的名义承揽工程。勘察、设计单位不得转包或者违法分包所承揽的工程。

勘察单位提供的地质、测量、水文等勘察成果必须真实、准确。设计单位应当根据勘察成果文件进行建设工程设计。设计文件应当符合国家规定的设计深度要求，注明工程合理使用年限。设计单位应当参与建设工程质量事故分析，并对因设计造成的质量事故，提出相应的技术处理方案。

3. 施工单位的质量责任和义务

施工单位应当依法取得相应等级的资质证书，并在其资质等级许可的范围内承揽工程。禁止施工单位超越本单位资质等级许可的业务范围或者以其他施工单位的名义承揽工程。禁止施工单位允许其他单位或者个人以本单位的名义承揽工程。施工单位不得转包或者违法分包工程。

施工单位对建设工程的施工质量负责。施工单位应当建立质量责任制，确定工程项目的项目经理、技术负责人和施工管理负责人。建设工程实行总承包的，总承包单位应当对全部建设工程质量负责；建设工程勘察、设计、施工、设备采购的一项或者多项实行总承包的，总承包单位应当对其承包的建设工程或者采购的设备的质量负责。

施工单位必须按照工程设计图纸和施工技术标准施工，不得擅自修改工程设计，不得偷工减料。施工单位在施工过程中发现设计文件和图纸有差错的，应当及时提出意见和建议。

施工单位必须建立、健全施工质量的检验制度，严格工序管理，做好隐蔽工程的质量检查和记录。施工单位对施工中出现质量问题的建设工程或者竣工验收不合格的建设工程，应当负责返修。

4. 工程监理单位的质量责任和义务

工程监理单位应当依法取得相应等级的资质证书，并在其资质等级许可的范围内承担工程监理业务。禁止工程监理单位超越本单位资质等级许可的范围或者以其他工程监理单位的名义承担工程监理业务。禁止工程监理单位允许其他单位或者个人以本单位的名义承担工程监理业务。工程监理单位不得转让工程监理业务。

工程监理单位与被监理工程的施工承包单位以及建筑材料、建筑构配件和设备供应单位有隶属关系或者其他利害关系的，不得承担该项建设工程的监理业务。

工程监理单位应当依照法律、法规以及有关技术标准、设计文件和建设工程承包合同，代表建设单位对施工质量实施监理，并对施工质量承担监理责任。

三 建筑工程五方责任主体项目负责人质量终身责任追究暂行办法

为加强房屋建筑和市政基础设施工程（简称"建筑工程"）质量管理，提高质量责任意识，强化质量责任追究，保证工程建设质量，根据《中华人民共和国建筑法》《建设工程质量管理条例》等法律法规制定《建筑工程五方责任主体项目负责人质量终身责任追究暂行办法》。

建筑工程五方责任主体项目负责人是指承担建筑工程项目建设的建设单位项目负责人、勘察单位项目负责人、设计单位项目负责人、施工单位项目经理、监理单位总监理工程师。建筑工程开工建设前，建设、勘察、设计、施工、监理单位法定代表人应当签署授权书，明确本单位项目负责人。

建筑工程五方责任主体项目负责人质量终身责任，是指参与新建、扩建、改建的建筑工程项目负责人按照国家法律法规和有关规定，在工程设计使用年限内对工程质量承担相应责任。

建设单位项目负责人对工程质量承担全面责任，不得违法发包、肢解发包，不得以任何理由要求勘察、设计、施工、监理单位违反法律法规和工程建设标准，降低工程质量，其违法违规或不当行为造成工程质量事故或质量问题应当承担责任。

勘察、设计单位项目负责人应当保证勘察设计文件符合法律法规和工程建设强制性标准的要求，对因勘察、设计导致的工程质量事故或质量问题承担责任。

施工单位项目经理应当按照经审查合格的施工图设计文件和施工技术标准进行施工，对因施工导致的工程质量事故或质量问题承担责任。

监理单位总监理工程师应当按照法律法规、有关技术标准、设计文件和工程承包合同进行监理，对施工质量承担监理责任。

四 现行建筑工程施工质量验收标准规范

建筑工程施工质量验收标准规范支撑体系如图 1-1 所示。

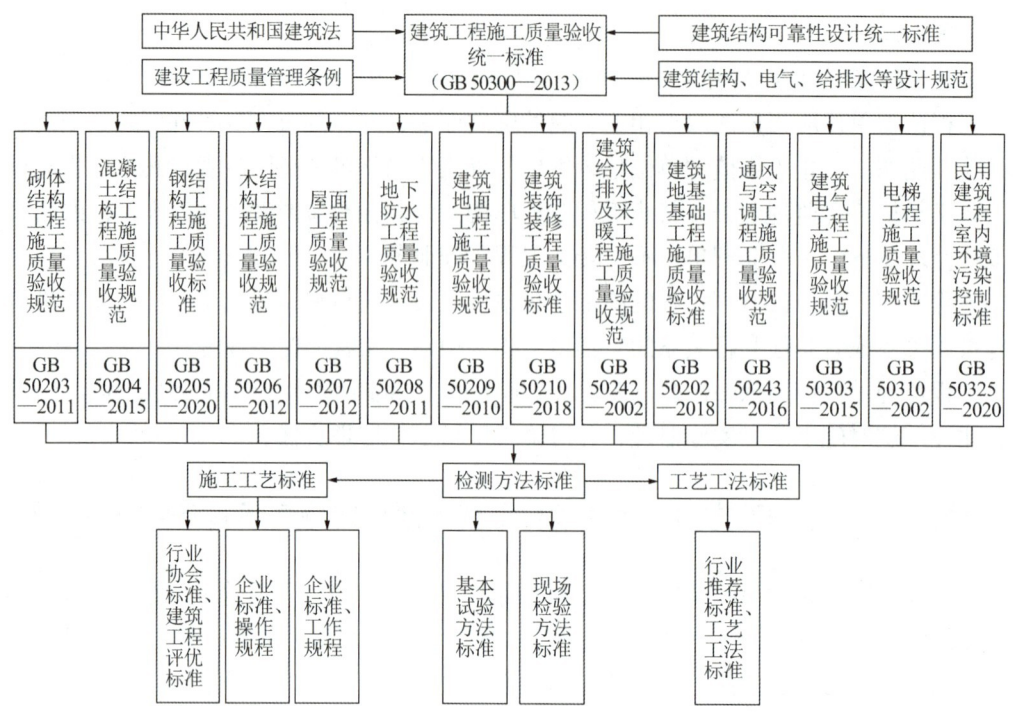

图 1-1　建筑工程施工质量验收标准规范支撑体系

任务三　工程质量管理制度

为加强建筑工程质量管理,增强施工人员的质量意识和责任感,确保工程质量满足规范、标准和业主的要求,需要建立一系列工程质量管理制度。

一　建立工程质量责任制

建立工程质量责任制是施工企业开展全面质量管理的一项基础性工作,也是企业建立质量体系不可缺少的内容。

施工单位应建立质量责任制,确定企业各级领导责任、职能机构责任及班组和个人责任。企业中的每一个部门、每一个员工都应明确规定其具体任务,应承担的责任和权利范围,做到事事有人管,人人有专责,办事有标准,考核有依据。把与质量有关的各项工作同广大员工的积极性和责任心结合起来,形成一个严密的质量管理工作系统。

> **小贴士**
> 项目经理是工程质量第一责任人,对所承建的工程质量负主要领导责任。

二　施工图审查制度

施工图审查是县级以上人民政府建设行政主管部门对建筑工程勘察设计质量实行监督管理的重要环节,是基本建设必不可少的程序,是工程建设各方必须遵守的一项制度。《建筑工程施工图设计文件审查暂行办法》(建设〔2000〕41号),规定施工图应按该办法有关规定进行审查。对"施工图审查情况"的检查包括以下几个方面。

1. 对"施工图设计审查"的检查

建筑工程设计等级分级标准中的各类新建、改建、扩建的建筑工程项目在开工前,建设单位应将施工图报送属地建设行政主管部门,由建设行政主管部门委托取得施工图设计审查资质的审查机构,进行结构安全和强制性标准、规范执行情况等内容的审查。

施工图审查合格后,由建设行政主管部门向建设单位通报审查结果,并颁发施工图审查批准书。施工图未经审查或审查不合格的施工项目,建设行政主管部门不得发放施工许可证,施工图不得交付施工单位施工。

> **小贴士**
> 经审查合格的施工图才能作为工程施工和工程竣工验收的依据。

2. 对设计交底的检查

国家规定的施工图设计审查不是对施工图的全面审查,只对涉及结构安全部分、涉及强制性标准条文部分的内容进行审查。因此,经审查合格的施工图在用于工程施工前,设计单位应向施工单位进行设计技术交底。设计交底和施工图纸会审是一项技术准备工作,通常是先交底、后会审。

设计交底是设计单位在向施工单位全面介绍设计思想的基础上,对新结构、新材料、新工艺、重要结构部位和易被施工单位忽视的技术问题进行技术上的交代,并提出确保施工质量的具体技术要求。

3. 对"图纸会审记录"的检查

在设计单位设计交底和建设单位、施工单位熟悉图纸基础上,建设单位(或监理单位)组织相关单位进行图纸会审。对图纸会审或交底记录的检查,就是对会审时记录的内容、签证等项目的审查。

通过技术交底和图纸会审,将有利于施工单位对图纸结构和设计意图的理解,并提出施工图设计中的问题、矛盾和技术事项,共同制定进一步完善的方案。

三 施工现场质量管理制度

施工单位应健全质量管理制度,并加强对施工现场质量管理制度的检查。

1. 施工许可证制度

建设单位在工程开工前,应按《建筑法》和部、省(区、市)有关规定,依工程管辖权限向工程所在地建设行政主管部门办理工程报建手续,依法取得施工许可证,方可组织开工建设。工程报建制度不是施工单位的管理制度,但施工现场应有施工许可证,未取得施工许可证擅自开工建设的,建设单位将依法承担主要责任,施工单位也将承担相应的法律责任。

2. 培训上岗制度

对参与工程建设的所有管理及操作人员,均应经过业务知识和操作技能培训,并持证上岗。因无证指挥、无证操作造成工程质量事故的,除要追究直接责任者外,还要追究企业主要管理者的责任。

3. 施工技术交底制度

施工企业应坚持以技术进步来保证施工质量的原则，技术部门编制有针对性的施工组织设计，积极采用新工艺、新技术，针对特殊工序要编制有针对性的作业指导书。每个工种、每道工序施工前要组织进行各级技术交底，包括项目技术负责人对工长的技术交底、工长对班组长的技术交底、班组长对作业班组的技术交底。

4. 样板引路制度

施工操作要注意工序的优化、引进先进工艺和工序的标准化操作，在施工中不断探索和积累操作管理经验。每个分项工程都要在开始全面操作前做出样板，包括样板墙、样板间、样板件等，做到标准实物化、操作统一化、目标明确化、质量一致化。

5. 施工挂牌制度

主要工种如钢筋、混凝土、模板、砌体、抹灰等，施工过程中要在现场实行施工挂牌制度，注明管理者、操作者、施工日期，并做出相应的图文记录，以此作为重要的施工档案保存。因现场不按规范、规程施工而造成质量事故的要追究有关人员的责任。

6. 成品保护制度

项目管理人员应合理安排施工工序，减少工序间交叉作业。上下工序间应做好交接工作，并做好记录。如下道工序的施工可能对上道工序形成的成品造成影响，应征得上道工序操作人员及管理人员的同意，并避免破坏和污染。

7. 工程质量保修制度

工程竣工后应在建筑物醒目位置镶嵌标牌，注明建设单位、勘察单位、设计单位、施工单位、监理单位及开竣工日期。施工单位要主动做好回访工作，按有关规定或约定实行工程保修制度。

8. 工程质量事故报告处理制度

建筑工程发生质量事故，施工单位应立即向当地工程质量监督机构和建设行政主管部门报告，并做好事故现场抢险和保护工作；建设行政主管部门要根据事故等级逐级上报，同时按照"四不放过"原则，按照规定调查程序进行事故调查。对工程质量事故上报不及时、隐瞒不报的要追究有关人员的责任。

四 工程质量检验制度

1. 材料进场检验制度

施工企业应建立合格材料供应商的档案，并从列入档案的供应商处采购材料。施工企业对其采购的建筑材料、构配件和设备的质量承担相应责任，材料进场必须进行材料产品外观质量的检查验收，组织对进场材料的见证取样送检，同时要检查厂家或供应商提供的质保书、准用证、检测报告，不合格的材料不得在工程中使用。

对用于建筑工程的材料、成品、半成品、建筑构配件、器具和设备进行现场验收和按规定进行复验；凡涉及结构安全、使用功能的有关产品，应按各专业工程质量验收规范规定进行复验。未经复验或复验不合格的产品，监理工程师不得签认，并不得在工程中使用。

2. 施工过程的三检制度

施工过程实行自检、互检、交接检制度。操作者对自己施工的工程质量必须进行自查，互相之间要进行检查，自检和互检可以以个人为单位，也可以以班组为单位进行检查；各专业工种之间应进行工种交接检验。对施工的各道工序应按施工技术标准进行质量控制，每道工序完成后应进行工序交接检验，明确质量责任。

3. 专职质量员检查制度

专职质量员检查时具有质量一票否决权，发现工程质量不合格而需要返工的，必须进行返工，返工的工程不计返工者的工作量，要与操作者的业绩挂钩。

4. 隐蔽工程检查制度

隐蔽工程要由项目负责人组织项目技术负责人、项目质量检查员、班组长进行自查，合格后报现场监理工程师确认。按《建设工程质量管理条例》规定，隐蔽工程在隐蔽之前，施工单位应通知建设单位、监理单位、勘察设计单位和质量监督机构等。

5. 质量否决制度

对不合格检验批、分项、分部、单位工程必须进行处理。对检验批、分项工程的质量验收不合格，不得进入后续工序的施工，应按规范要求进行整改；若不合格的检验批、分项工程流入后续工序的施工，要追究班组长的质量责任。对分部工程质量验收不合格的，不得进入下道工序的施工，应按规范要求进行整改；若不合格的分部工程流入下道工序，要追究项目负责人的责任。若不合格工程流入社会，要追究施工企业负责人的责任。

五 第三方验证检测制度

第三方验证检测是指建设单位在工程按照国家有关规定进行见证取样检测的基础上，委托具有相应资质的检测单位对建筑材料、建筑构配件及工程实体质量进行的验证检测。

1. 强化工程质量检测，实行第三方验证检测制度

第三方验证检测单位应具备监督检测资格。建设单位应按照国家和省、市有关计费标准，在项目设计概算中单独计列第三方验证检测费用。建筑材料、建筑构配件的第三方验证检测内容，包括国家有关质量验收规范规定需进场复试的所有检测项目，检测数量应不少于质量验收规范规定的30%。第三方验证检测应包括地基基础、主体结构等重要部位，并按照国家有关规范标准和技术规程执行。验证检测内容主要包括混凝土抗压强度、钢筋保护层厚度、现浇混凝土楼板厚度、钢筋数量及间距、植筋锚固力等。

2. 进一步明确责任，加强过程质量控制

建设单位在工程开工前，应与第三方验证检测单位签订委托服务合同，并组织设计、施工、监理、验证检测单位编制验证检测方案。检测方案应作为建设单位质量保证措施重要内容之一。未按规定开展第三方验证检测工作的，不得组织分部（子分部）工程验收和单位工程竣工验收。

监理单位应切实履行法定质量责任，并严格按照监理规范要求、见证取样制度和验证检测方案开展建筑材料、建筑构配件和工程实体质量检测的监理工作。

施工单位应当完善质量保证体系，强化施工过程质量控制，按照施工技术规范规定的数量、频次和方法对进场的建筑材料、建筑构配件进行取样送检，未按规定进行检验检测或检验检测不合格的，一律不得用于工程。

第三方验证检测单位应不断完善检测手段，提升检测能力，对验证检测行为依法承担相应的法律责任。

3. 加强质量监管，严格工作纪律

工程质量监督机构应将第三方验证检测纳入日常监督工作，加大监督执法力度，对未按规定开展第三方验证检测的工程，责令改正；未进行第三方验证检测而组织分部（子分部）工程验收或单位工程竣工验收的，对相关责任单位和人员进行不良行为记录与公示，情节严重的，依法实施行政处罚。

思考与练习

1. 什么是工程项目质量？工程项目质量有哪些特点？
2. 什么是质量管理？质量管理由谁负责？
3. 什么是质量控制？质量控制的目标是什么？
4. 为什么要贯彻 ISO 9000 族标准？
5. 我国目前实施的最新版等同 ISO 9000 的 GB/T 19000 系列标准的核心标准是哪几个？
6. 简述建设单位的质量责任和义务。
7. 简述施工单位的质量责任和义务。
8. 建筑工程五方责任主体是指哪五方？

技能测试题

一、单选题

1. （　　）是指为达到一定的质量要求所采取的作业技术和活动。
   A. 质量控制　　B. 质量检测　　C. 质量分析　　D. 质量保证
2. 下列不属于七项质量管理原则的是（　　）。
   A. 以顾客为关注焦点　　　　B. 领导作用
   C. 基于领导的决策方法　　　D. 循证决策
3. 用于质量管理体系审核的标准应是（　　）。
   A. GB/T 19000　　　　　　　B. GB/T 19001
   C. GB/T 19004　　　　　　　D. GB/T 19011
4. （　　）在领取施工许可证前，应当按照国家有关规定办理工程质量监督手续。
   A. 施工单位　　B. 监理单位　　C. 设计单位　　D. 建设单位

5. 施工图审查机构对建设项目施工图进行审查后，应将技术性审查报告提交给（　　）。
   A. 建设单位   B. 监理单位
   C. 建设行政主管部门   D. 工程质量监督机构

6. 工程质量监督管理的主体是（　　）。
   A. 国家级（部）主管部门
   B. 省市级建设行政主管部门
   C. 县级建设行政主管部门
   D. 各级政府建设行政主管部门和其他有关部门

7. 工程开工前，应由（　　）到工程质量监督站办理工程质量监督手续。
   A. 施工单位   B. 监理单位
   C. 建设单位   D. 监理单位协助建设单位

8. 承包单位通过招标选择的分包施工单位，须经（　　）认可后方可进场施工。
   A. 施工单位   B. 监理工程师   C. 质量监督站   D. 建设单位

9. 设计单位向施工单位和承担施工阶段监理任务的监理单位等进行设计交底，交底会议纪要应由（　　）整理，与会各方会签。
   A. 施工单位   B. 监理单位   C. 设计单位   D. 建设单位

10. 根据《建设工程质量管理条例》规定，下列要求不属于建设单位质量责任与义务的是（　　）。
    A. 建设单位应当依法对工程建设项目的勘察、设计、施工、监理以及工程建设有关的重要设备、材料等的采购进行招标
    B. 涉及建筑主体和承重结构变动的装修工程，建设单位要有设计方案
    C. 施工人员对涉及结构安全的试块、试件以及有关材料，应在建设单位或工程监理企业监督下现场取样，并送具有相应资质等级的质量检测单位进行检测
    D. 建设单位应按照国家有关规定组织竣工验收，建设工程验收合格的，方可交付使用

11. 《建设工程质量管理条例》规定，建设工程质量保修期限应当由（　　）。
    A. 法律直接规定   B. 承包人自主决定
    C. 法律规定和发、承包人双方约定   D. 发包人规定

12. 根据《建设工程质量管理条例》，下列选项中不符合施工单位质量责任和义务规定的是（　　）。
    A. 施工单位应当在其资质等级许可的范围内承揽工程
    B. 施工单位不得转包工程
    C. 施工单位不得分包工程
    D. 总承包单位与分包单位对分包工程的质量承担连带责任

13. 工程质量第一责任人是（　　），其对所承建的工程质量负主要领导责任。
    A. 项目经理   B. 项目技术负责人
    C. 业主   D. 总监理工程师

14. 施工单位应当建立（　　），确定工程项目的项目经理、技术负责人和施工管理负

责人。

  A. 项目责任制   B. 经理责任制
  C. 质量责任制   D. 质量管理制

二、多选题

1. 持续改进工作包括（　　）。
  A. 确定、测量、分析现状及建立改进目标
  B. 寻找可能的解决办法，并评价、实施这些办法
  C. 确定防止不合格并消除产生原因的措施
  D. 测量、验证和分析实施的结果
  E. 将更改纳入文件

2. 质量管理体系文件一般由（　　）构成。
  A. 形成文件的质量方针和质量目标
  B. 质量手册
  C. 质量管理标准所要求的各种生产工作和管理的程序性文件
  D. 质量管理标准所要求的质量记录
  E. 质量管理体系的人员名单

3. 根据《建设工程质量管理条例》，下列选项中符合建设单位质量责任和义务规定的是（　　）。
  A. 建设单位应当将工程发包给具有相应资质等级的单位
  B. 建设单位不得将工程肢解发包
  C. 建设单位不得对承包单位的建设活动进行干预
  D. 施工图设计文件未经审查批准的，建设单位不得使用
  E. 对必须实行监理的工程，建设单位应当委托具有相应资质等级的工程监理单位进行监理

4. 根据《建设工程质量管理条例》，下列选项中符合施工单位质量责任和义务规定的是（　　）。
  A. 施工单位应当在其资质等级许可的范围内承揽工程
  B. 施工单位不得分包工程
  C. 总承包单位与分包单位对分包工程的质量承担连带责任
  D. 施工单位必须按照工程设计图纸和施工技术标准施工
  E. 建设工程实行质量保修制度，承包单位应履行保修义务

三、判断题

1. 质量认证标志可用于获准认证的产品上。　　　　　　　　　　　　　　（　　）
2. 工程款支付的条件之一就是工程质量要达到规定的要求和标准。　　　　（　　）
3. 经审查合格的施工图，才能作为工程施工和工程竣工验收的依据。　　　（　　）
4. 工程质量达不到合格标准时，必须及时处理。如果采用全部返工重做的处理方法加

以处理者,可评为合格质量等级。（　　）

5. 质量控制的目的是确保产品的质量能满足顾客、法律法规等方面所提出的要求,如适用性、可靠性和安全性。（　　）

6. 施工单位应当依法取得相应等级的资质证书,并在其资质等级许可的范围内承揽工程。（　　）

7. 总承包单位依法将建设工程分包给其他单位的,总承包单位与分包单位对分包工程的质量承担连带责任。（　　）

8. 施工中出现质量问题,施工单位必须返工。（　　）

9. 建设工程承包单位在向建设单位提交工程竣工验收报告时,应当向建设单位出具质量保修书。（　　）

10. 质量体系和质量管理的关系是质量管理需通过质量体系来运作。（　　）

项目二
建筑工程质量控制

能力目标

1. 能够结合实际工程项目的质量目标，编制质量计划。
2. 能够应用相关知识实施对施工项目质量的控制。
3. 能够按照施工阶段质量控制的依据，应用现场质量检查的方法和手段，对施工阶段各工序进行质量控制。

素质要求

1. 培养学生能够结合实际工程分析问题的能力。
2. 强化学生的质量责任意识，形成良好的职业操守。

知识导图

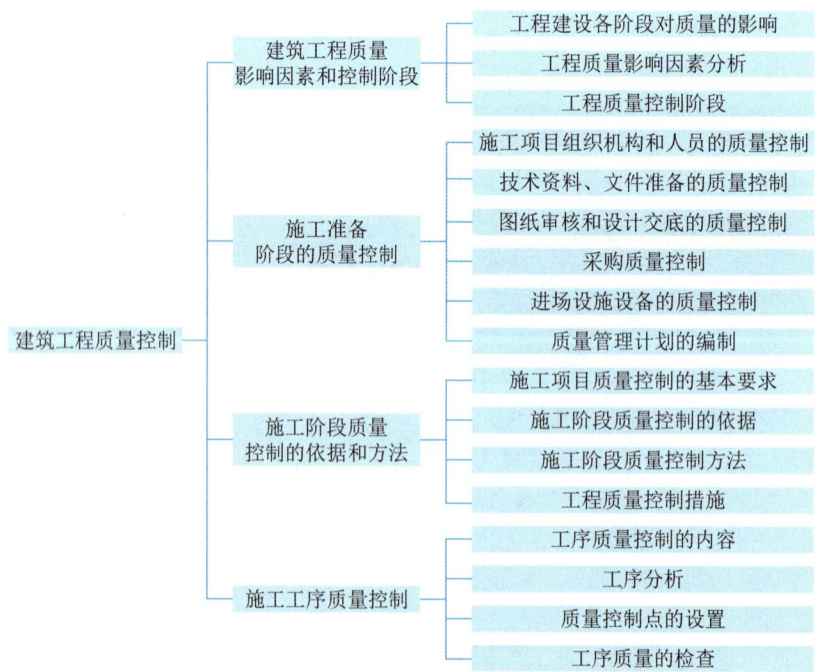

【项目引导】 某施工企业承接了某学校综合楼的工程建设任务,为了保证工程建设质量,承包商在充分分析质量影响因素的基础上,编制质量计划,并根据工程项目的实际情况选取质量控制点,有针对性地制定质量控制措施,充分做好施工准备。

【试　问】 工程质量的影响因素有哪些?如何编制质量计划?怎样设置质量控制点?

任务一　建筑工程质量影响因素和控制阶段

一　工程建设各阶段对质量的影响

要实现对工程项目质量的控制,就必须严格按照工程建设程序对工程建设过程中各个环节的质量进行严格控制。

1. 项目可行性研究对工程项目质量的影响

项目可行性研究是在项目建议书和项目策划的基础上,对投资项目的有关技术、经济、社会、环境及其他方面进行调查研究,对各种可能的拟建方案和建成投产后的经济效益、社会效益和环境效益等进行分析、预测和论证,确定项目建设的可行性;并在可行的情况下,通过多方案比较,从中选择出最佳建设方案,作为项目决策和设计的依据。在此过程中,需要确定工程项目的质量要求,并与投资目标相协调。因此项目的可行性研究直接影响项目的决策质量和设计质量。

2. 项目决策对工程项目质量的影响

项目决策阶段是通过项目可行性研究和项目评估,对项目的建设方案作出决策,使项目的建设充分反映业主的意愿,并与地区环境相适应,做到投资、质量、进度三者协调统一。所以项目决策阶段对工程质量的影响主要是确定工程项目应达到的质量目标和水平。

3. 工程勘察设计阶段对工程项目质量的影响

工程的地质勘察是为建设场地的选择和工程的设计与施工提供地质资料依据。工程设计质量是决定工程质量的关键环节,工程采用什么样的平面布置和空间形式、选用什么样的结构类型、使用什么样的材料、构配件及设备等,均直接关系到工程主体结构的安全可靠及建设投资的综合功能是否充分体现规划意图。设计的严密性、合理性也决定了工程建设的成败,是建设工程的安全、适用、经济与环境保护等措施得以实现的保证。

4. 施工阶段对工程项目质量的影响

工程施工是指按照设计图纸和相关文件的要求,在建设场地上将设计意图付诸实现的测量、作业与检验,形成工程实体建成最终产品的活动。任何优秀的勘察设计成果,只有通过施工才能变为现实。工程施工活动决定了设计意图能否体现,它直接关系到工程的安全可靠、使用功能的保证,以及外表观感能否体现建筑设计的艺术水平。

> **小贴士**
> 在一定程度上,工程施工是形成工程实体质量的决定性环节。

5. 工程竣工验收阶段对工程项目质量的影响

工程项目竣工验收阶段就是对项目施工阶段的质量进行试车运转、检查评定，考核质量目标是否符合设计阶段的质量要求。这一阶段是工程建设向生产转移的必要环节，影响工程能否最终形成生产能力，体现了工程质量水平的最终结果。

> **小贴士**
> 工程竣工验收阶段是工程质量控制的最后一个重要环节。

综上所述，工程项目质量的形成是一个系统过程，即工程质量是可行性研究、工程设计、工程施工和竣工验收各阶段质量的综合反映。只有有效地控制各阶段的质量，才能确保工程项目质量目标的最终实现。

二、工程质量影响因素分析

影响工程质量的因素主要有5个方面：人（Man）、材料（Material）、机械（Machine）、方法（Method）和环境（Environment），简称为4M1E因素。事前对这5个方面严加控制，是保证工程质量的关键。质量因素的控制如图2-1所示。

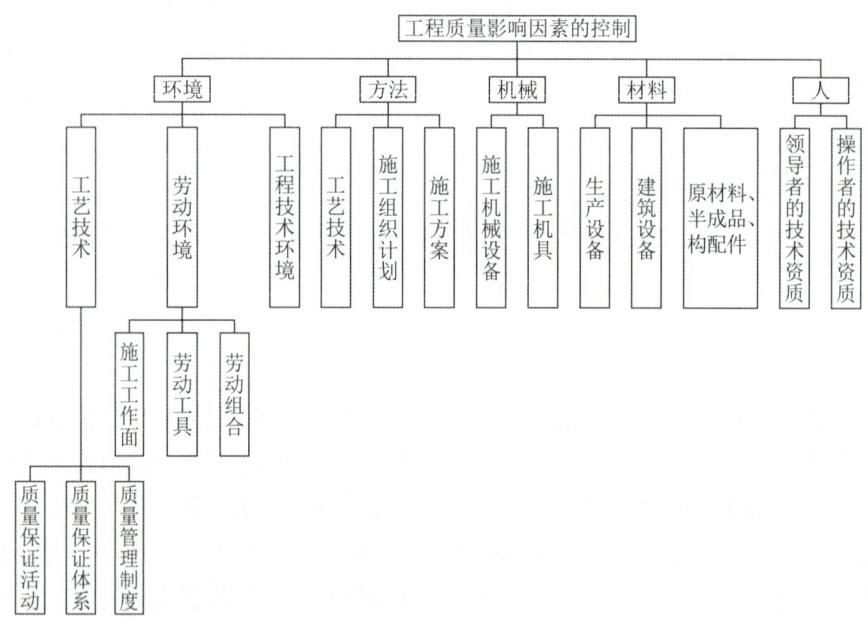

图2-1 质量因素的控制

1. 人的控制

人是指直接参与施工的组织者、指挥者和操作者，是生产经营活动的主体，也是工程项目建设的决策者、管理者与操作者。工程建设的全过程，如项目的规划、决策、勘察、设计和施工，都是通过人来完成的。人员的素质，即人的文化水平、技术水平、决策能力、管理能力、组织能力、作业能力、控制能力、身体素质及职业道德等，都将直接和间接地对规划、决策、勘察、设计和施工的质量产生影响，而规划是否合理，决策是否正确，设计是否符合所需要的质量功能，施工能否满足合同、规范、技术标准的需要等，都将对工程质量产生不同程度的影响。所以人员素质是影响工程质量的一个重要因素。

人作为控制的对象，要避免产生失误；作为控制的动力，也要充分调动人的积极性，发挥人的主导作用。为此，除了加强政治思想教育、劳动纪律教育、职业道德教育、专业技术培训，健全岗位责任制，改善劳动条件，公平合理地激励劳动热情以外，还需要根据工程特点，从确保质量出发，在人的技术水平、人的生理缺陷、人的心理行为、人的错误行为等方面来控制人的使用。此外，应严禁无技术资质的人员上岗操作。对不懂装懂、图省事、有意违章的行为，必须及时制止。

> **小贴士**
> 对人的因素控制，主要侧重于人的资质、人的生理缺陷、人的心理缺陷、人的错误行为等方面。

2. 材料的控制

材料是工程建设中所使用的原材料、半成品、构件和生产用的机电设备等。材料质量是形成工程实体质量的基础，材料质量不合格，工程质量也就不可能符合标准。加强材料的质量控制是提高工程质量的重要保障。未经监理工程师检验认可的材料及没有出厂质量合格证的材料，不得在施工中使用。

3. 机械的控制

机械是工程施工机械设备和检测施工质量所用的仪器设备。施工机械是现代机械化施工不可缺少的设施，它对工程施工质量有直接影响，所以在施工机械设备选型及性能参数确定时，都应考虑到它对保证质量的影响，特别要注意考虑经济上的合理性、技术上的先进性和使用操作及维护上的方便性。质量检验所用的仪器设备是评价质量的物质基础，它对质量评定有直接影响，应采用先进的检测仪器设备，并加以严格控制。

4. 方法的控制

方法是指施工方法、施工工艺及施工方案。施工方案的合理性、施工方法或工艺的先进性均对施工质量影响极大。在施工实践中，往往由于施工方案考虑不周和施工工艺落后而拖延进度，影响质量，增加投资。为此，在制定和审核施工方案和施工工艺时，必须结合工程的实际，从技术、组织、管理、经济等方面进行全面分析、综合考虑，确保施工方案技术上可行，经济上合理，且有利于提高工程质量。

5. 环境的控制

影响工程质量的环境因素较多，有工程技术环境，如工程地质、水文、气象等；工程管理环境，如质量保证体系、质量管理制度等；劳动环境，如劳动组合、作业场所、工作面等。环境因素对工程质量的影响具有复杂而多变的特点，因此，根据工程特点和具体条件，应对影响质量的环境因素，采取有效的措施严加控制。

三 工程质量控制阶段

工程质量控制采用"三阶段"质量控制，就是通常所说的事前质量控制、事中质量控制和事后质量控制，如图 2-2 所示。

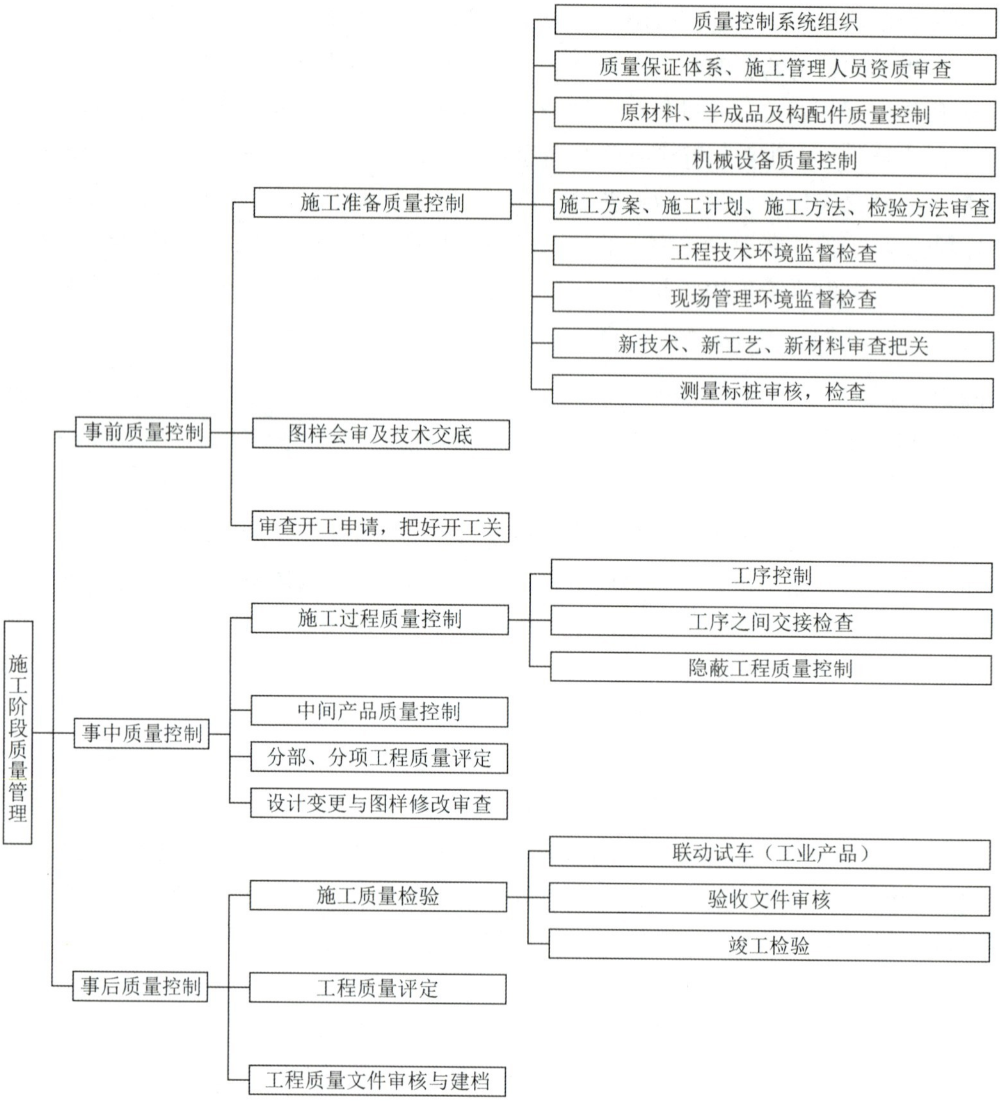

图 2-2 "三阶段"质量控制

1. 事前质量控制

事前质量控制即在施工前进行质量控制,其内涵包括两层意思:一是强调质量目标的计划预控;二是按质量计划进行质量活动前的准备工作状态的控制。其具体内容包括以下几个方面。

(1)审查各承办单位的技术资质。

(2)对工程所需材料、构件、配件的质量进行检查和控制。

(3)对永久性生产设备和装备,按审批同意的设计图纸组织采购和订货。

(4)施工方案和施工组织设计中应含有保证工程质量的可靠措施。

(5)对工程中采用的新材料、新工艺、新结构、新技术,应审查其技术鉴定书。

(6)检查施工现场的测量标桩、建筑物的定位放线和标高水准点。

(7)完善质量保证体系。

（8）完善现场质量管理制度。

（9）组织设计交底和图纸会审。

2. 事中质量控制

事中质量控制首先是对质量活动的行为约束，即对质量产生过程各项技术作业活动操作者在相关制度的管理下的自我行为约束的同时，充分发挥其技术能力，去完成预定质量目标的作业任务；其次是对质量活动过程和结果的来自他人的监督控制，这里包括来自企业内部管理者的检查检验和来自企业外部的工程监理和政府质量监督部门等的监控。

事中质量控制即在施工中进行质量控制，其具体内容包括以下几个方面。

（1）完善的工序控制。

（2）检查重要部位和作业过程。

（3）重点检查重要部位和专业过程。

（4）对完成的分部、分项工程按照相应的质量评定标准和办法进行检查、验收。

（5）审查设计图纸变更和图纸修改。

（6）组织现场质量会议，及时分析通报质量情况。

3. 事后质量控制

事后质量控制包括对质量活动结果的评价认定和对质量偏差的纠正。其具体内容包括以下几个方面。

（1）按规定质量评定标准和办法对已完成的分项分部工程、单位工程进行检查验收。

（2）组织联动试车。

（3）审核质量检验报告及有关技术性文件。

（4）审核竣工图。

（5）整理有关工程项目质量的有关文件，并编目、建档。

以上三大阶段不是孤立和截然分开的，它们之间构成有机的系统过程，通过计划、实施、检查、处置等质量过程控制，达到质量管理或质量控制的持续改进。

任务二　施工准备阶段的质量控制

施工准备阶段的质量控制是指项目正式施工活动开始前，对各项准备工作及影响质量的各因素和有关方面进行的质量控制。施工准备是为保证施工生产正常进行而必须事先做好的工作，施工准备工作不仅是在工程开工前要做好，而且贯穿于整个施工过程。施工准备的基本任务就是为施工项目建立一切必要的施工条件，确保施工生产顺利进行，确保工程质量符合要求。

一　施工项目组织机构和人员的质量控制

在合同项目开工前，施工企业应按照项目的规模、性质等建立项目组织机构。要求组织机构完备；技术与管理人员熟悉各自的专业技术，有类似工程的长期经历和丰富经验，能够胜任所承包项目的施工；配备有能力对工程进行有效监督的工长和领班，投入能履行合同义务所需的技工和普工。

1. 施工单位项目经理资格控制

施工单位项目经理是施工单位驻工地的全权负责人，项目经理应具备相应建造师资格，必须胜任现场履行合同的职责。

2. 施工单位的职员和工人资格控制

施工单位必须保证施工现场具有技术合格和数量足够的下述人员：

（1）具有合格证明的各类专业技工和普工。

（2）具有相应理论、技术知识和施工经验的各类专业技术人员及有能力进行现场施工管理和指导施工作业的工长。

（3）具有相应岗位资格的管理人员。技术岗位和特殊工种的工人均必须持有通过国家或有关部门统一考试或考核的资格证明，经监理机构审查合格者才允许上岗，如爆破工、电工、焊工等工种均要求持证上岗。

二 技术资料、文件准备的质量控制

（1）施工项目所在地的自然条件及技术经济条件调查资料。对施工项目所在地的自然条件和技术经济条件的调查，是为选择施工技术方案收集基础资料，并以此作为施工准备工作的依据。具体收集的资料包括：地形与环境条件、地质条件、地震级别、工程水文地质情况、气象条件以及当地水、电、能源供应条件，交通运输条件，材料供应条件等。

（2）施工组织设计是指导施工准备和组织施工的全面性技术经济文件。对施工组织设计要进行两方面的控制：一是选定施工方案后，制定施工进度方案时，必须考虑施工顺序、施工流向、主要分部分项工程的施工方法、特殊项目的施工方法和技术措施能否保证工程质量；二是制定施工方案时，必须进行技术经济比较，使工程项目满足符合性、有效性和可靠性要求，取得施工工期短、成本低、安全生产、效益好的经济质量。

（3）国家及政府有关部门颁布的有关质量管理方面的法律、法规及质量验收标准。质量管理方面的法律、法规，规定了工程建设参与各方的质量责任和义务，质量管理体系建立的要求、标准，质量问题处理的要求、质量验收标准等，这些是进行质量控制的重要依据。

（4）工程测量控制资料。施工现场的原始基准点、基准线、参考标高及施工控制网等数据资料，是施工之前进行质量控制的一项基础工作。这些数据资料是进行工程测量控制的重要内容。

三 图纸审核和设计交底的质量控制

设计图纸是进行质量控制的重要依据。施工单位应熟悉有关的设计图纸，充分了解拟建项目的特点、设计意图及工艺与质量要求，减少图纸的差错，消灭图纸中的质量隐患，要做好设计交底和图纸审核工作。

1. 设计交底

工程施工前，由设计单位向施工单位有关人员进行设计交底。交底主要内容包括以下几个方面。

（1）地形、地貌、水文气象、工程地质及水文地质等自然条件。

（2）施工图设计依据：初步设计文件，规划、环境等要求，设计规范。

（3）设计意图：设计思想、设计方案比较、基础处理方案、结构设计意图、设备安装和调试要求、施工进度安排等。

（4）施工注意事项：对基础处理的要求，对建筑材料的要求，采用新结构、新工艺的要求，施工组织和技术保证措施等。

交底后，由施工单位提出图纸中的问题和疑点，以及要解决的技术难题。经协商研究，拟订解决办法。

2. 图纸审核

图纸审核是设计单位和施工单位进行质量控制的重要手段，也是使施工单位通过审查熟悉设计图纸，了解设计意图和关键部位的工程质量要求，发现和减少设计差错，保证工程质量的重要方法。图纸审核的主要内容包括以下几个方面。

（1）设计是否满足法律和法规的要求。

（2）设计是否满足抗震、防火、环境卫生等要求。

（3）图纸与说明是否齐全。

（4）图纸中有无遗漏、差错或相互矛盾之处，图纸表示方法是否清楚并符合标准要求。

（5）地质及水文地质等资料是否充分、可靠。

（6）所需材料来源有无保证，能否替代。

（7）施工工艺、方法是否合理，是否切合实际，是否便于施工，能否保证质量要求。

（8）施工图及说明书中涉及的各种标准、图册、规范、规程等，施工单位是否具备。

四 采购质量控制

采购质量控制主要包括对采购产品及其供方的控制，制定采购要求和验证采购产品。建设项目中的工程分包，也应符合规定的采购要求。

1. 物资采购

物资采购应符合设计文件、标准、规范、相关法规及承包合同要求，如果项目部另有附加的质量要求，也应予以满足。

对于重要物资、大批量物资、新型材料以及对工程最终质量有重要影响的物资，可由企业主管部门对可供选用的供方进行逐个评价，并确定合格供方名单。

2. 分包服务

对各种分包服务选用的控制应根据其规模、对它控制的复杂程度区别对待。一般通过分包合同，对分包服务进行动态控制。评价及选择分包方应考虑以下几个原则。

（1）有合法的资质，外地单位经本地主管部门核准。

（2）与本组织或其他组织合作的业绩、信誉。

（3）分包方质量管理体系对按要求如期提供稳定质量的产品的保证能力。

（4）对采购物资的样品、说明书或检验、试验结果进行评定。

3. 采购要求

采购要求是采购产品控制的重要内容，采购要求的形式可以是合同、订单、技术协议、询价单及采购计划等。采购要求包括以下几个方面。

（1）有关产品的质量要求或外包服务要求。

（2）有关产品提供的程序性要求，如供方提交产品的程序，供方生产或服务提供的过程要求，供方设备方面的要求。

（3）对供方人员资格的要求。

（4）对供方质量管理体系的要求。

4. 采购产品验证

（1）对采购产品的验证有多种方式，如在供方现场检验、进货检验，查验供方提供的合格证据等。组织应根据不同产品或服务的验证要求规定验证的主管部门及验证方式，并严格执行。

（2）当组织或其顾客拟在供方现场实施验证时，组织应在采购要求中事先作出规定。

五 进场设施设备的质量控制

为了保证施工的顺利进行，在开工前对进场的设施设备的质量控制主要包括以下几个方面。

（1）进场施工设备的数量和规格、性能以及进场时间应符合施工合同约定要求。

（2）按照施工合同约定保证施工设备按计划及时进场，并对进场的施工设备进行评定和认可。禁止不符合要求的设备投入使用。在施工过程中，应对施工设备及时进行补充、维修、维护，满足施工需要。

（3）旧施工设备进入工地前，施工单位应提供该设备的使用和检修记录，以及具有设备鉴定资格的机构出具的检修合格证，经监理机构认可，方可进场。

（4）当从其他人处租赁设备时，则应在租赁协议书中明确规定；当在协议书有效期内发生承包人违约解除合同时，发包人或发包人邀请的其他承包人可以相同条件取得其使用权。

（5）施工单位检测试验设备和工器具必须与所承包工程相适应，并满足合同文件和技术规范、规程、标准要求，并进行正常的标定和备案。现场监理工程师进行抽样试验时，所需试件应由承包人提供，也可以使用承包人的试验设备和用品，承包人应予协助。

六 质量管理计划的编制

1. 质量管理计划的编制原则

（1）应由项目经理主持编制项目质量计划。

（2）质量计划应体现从工序、分项工程、分部工程到单位工程的过程控制，且应体现从资源投入到完成工程质量最终检验试验的全过程控制。

（3）质量计划应成为对外质量保证和对内质量控制的依据。

2. 质量计划的编制依据

（1）工程承包合同、设计文件。

（2）施工企业的质量手册及相应的程序文件。

（3）施工操作规程及作业指导书。

（4）各专业工程施工质量验收规范。

（5）《建筑法》《建设工程质量管理条例》及环境保护条例及法规。

（6）安全施工管理条例等。

3. 施工项目质量计划的审批

施工单位的施工项目质量计划或施工组织设计文件编制后，应按照工程施工管理程序进行审批，包括施工企业内部的审批和项目监理机构的审查。

（1）企业内部的审批。

施工单位的施工项目质量计划或施工组织设计的编制与审批，应根据企业质量管理程序性文件规定的权限和流程进行。通常是由项目经理部主持编制，报企业组织管理层批准。

施工项目质量计划或施工组织设计文件的审批过程，是施工企业自主技术决策和管理决策的过程，也是发挥企业职能部门与施工项目管理团队的智慧和经验的过程。

（2）监理机构的审查。

实施工程监理的施工项目，按照我国建设工程监理规范的规定，施工承包单位必须填写施工组织设计（方案）报审表并附施工组织设计（方案），报送项目监理机构审查。

规范规定：项目监理机构在工程开工前，总监理工程师应组织专业监理工程师审查承包单位报送的施工组织设计（方案）报审表，提出意见，并经总监理工程师审核、签认后报建设单位。

4. 质量计划包括的内容

（1）编制依据。

（2）项目概况。

（3）质量目标。

（4）组织机构。

（5）质量控制及管理组织协调的系统描述。

（6）必要的质量控制手段，施工过程，服务、检验和试验程序等。

（7）确定关键工序和特殊过程及作业的指导书。

（8）与施工阶段相适应的检验、试验、测量、验证要求。

（9）更改和完善质量计划的程序。

（10）必要的记录。

5. 施工项目质量计划的编制要求

施工项目质量计划编制的要求主要包括以下几个方面。

（1）质量目标

合同范围内全部工程的所有使用功能符合设计（或更改）图纸要求。分项、分部、单位工程质量达到既定的施工质量验收统一标准,合格率100%。其中专项达到:①所有隐蔽工程为业主质检部门验收合格;②卫生间不渗漏,地下室、地面不出现渗漏,所有门窗不渗漏雨水;③所有保温层、隔热层不出现冷热桥;④所有高级装饰达到有关设计规定;⑤所有的设备安装、调试符合有关验收规范;⑥特殊工程的目标。

（2）管理职责

项目经理是本工程实施的最高负责人,对工程符合设计、验收、标准规范要求负责;对各阶段、各工号按期交工负责。

项目经理委托项目质量副经理（或技术负责人）负责本工程质量计划和质量文件的实施及日常质量管理工作;当有更改时,负责更改后的质量文件活动的控制和管理。①对本工程的准备、施工、安装、交付和维修整个过程质量活动的控制、管理、监督、改进负责;②对进场材料、机械设备的合格性负责;③对分包工程质量的管理、监督、检查负责;④对设计和合同有特殊要求的工程和部位负责组织有关人员、分包商和用户按规定实施,指定专人进行相互联络,解决相互间接口发生的问题;⑤对施工图纸、技术资料、项目质量文件、记录的控制和管理负责。

项目生产副经理对工程进度负责,调配人力、物力保证按图纸和规范施工,协调同业主、分包商的关系,负责审核结果、整改措施和质量纠正措施及实施。

队长、工长、测量员、试验员、计量员在项目质量副经理的直接指导下,负责所管部位和分项施工全过程的质量,使其符合图纸和规范要求,有更改者符合更改要求,有特殊规定者符合特殊要求。

材料员、机械员对进场的材料、构件、机械设备进行质量验收或退货、索赔,有特殊要求的物资、构件、机械设备执行质量副经理的指令。对业主提供的物资和机械设备负责按合同规定进行验收,对分包商提供的物资和机械设备按合同规定进行验收。

（3）资源提供

规定项目经理部管理人员及操作工人的岗位任职标准及考核认定方法。规定项目人员流动时进出人员的管理程序。规定人员进场培训（包括供方队伍、临时工、新进场人员）的内容、考核、记录等。

规定对新技术、新结构、新材料、新设备修订的操作方法和操作人员进行培训并记录等。规定施工所需的临时设施（含临建、办公设备、住宿房屋等）、支持性服务手段、施工设备及通信设备等。

（4）工程项目实现过程策划

规定施工组织设计或专项项目质量的编制要点及接口关系。规定重要施工过程的技术交底和质量策划要求。规定新技术、新材料、新结构、新设备的策划要求。规定重要过程验收的准则或技艺评定方法。

（5）业主提供的材料、机械设备等产品的过程控制

施工项目需用的材料、机械设备在许多情况下是由业主提供的,对这种情况做如下规定:①业主如何标识、控制其提供产品的质量;②检查、检验、验证业主提供产品满足规定要求的方法;③对不合格产品的处理办法。

（6）材料、机械、设备、劳务及试验等采购控制

由企业自行采购的工程材料、工程机械设备、施工机械设备、工具等，质量计划做如下规定：①对供方产品标准及质量管理体系的要求；②选择、评估、评价和控制供方的方法；③必要时对供方质量计划的要求及引用的质量计划；④采购的法规要求；⑤需要的特殊质量保证证据。

（7）产品标识和可追溯性控制

隐蔽工程、分项分部工程质量验评、特殊要求的工程等必须做可追溯性记录，质量计划要对其可追溯性范围、程序、标识、所需记录及如何控制和分发这些记录等内容做出规定。

坐标控制点、标高控制点、编号、沉降观察点、安全标志、标牌等是工程重要标识记录，质量计划要对这些标识的准确性控制措施、记录等内容做规定。

重要材料（水泥、钢材、构件等）及重要施工设备的运作必须具有可追溯性。

（8）施工工艺过程的控制

对工程从合同签订到交付全过程的控制方法做出规定。对工程的总进度计划、分段进度计划、分包工程的进度计划、特殊部位进度计划、中间交付的进度计划等做出过程识别和管理规定。

规定工程实施全过程各阶段的控制方案、措施、方法及特别要求等。规定工程实施过程需用的程序文件、作业指导书（如工艺标准、操作规程、工法等），作为方案和措施必须遵循的办法。规定对隐蔽工程、特殊工程进行控制、检查、鉴定验收、中间交付的方法。规定工程实施过程需要使用的主要施工机械、设备、工具的技术和工作条件，运行方案，操作人员上岗条件和资格等内容，作为对施工机械设备的控制方式。

规定对各分包单位项目上的工作表现及其工作质量进行评估的方法、评估结果送交有关部门、对分包单位的管理办法等，以此控制分包单位。

（9）搬运、储存、包装、成品保护和交付的过程控制

规定工程实施过程中形成的分项、分部、单位工程的半成品、成品保护方案、措施、交接方式等内容，作为保护半成品、成品的准则。规定工程期间交付、竣工交付、工程的收尾、维护、验评、后续工作处理的方案、措施，作为管理的控制方式。规定重要材料及工程设备的包装防护的方案及方法。

（10）安装和调试的过程控制

对于工程水、电、暖、电信、通风、机械设备等的安装、检测、调试、验评、交付、不合格的处置等内容规定方案、措施、方式。由于这些工作同土建施工交叉配合较多，因此对于交叉接口程序、交接验收、检测、试验设备要求、特殊要求等内容要做明确规定，以便各方面实施时遵循。

（11）检验、试验和测量的过程控制

规定材料、构件、施工条件、结构形式在什么条件、什么时间必须进行检验、试验、复验，以验证是否符合质量和设计要求，如钢材进场必须进行型号、钢种、炉号、批量等内容的检验；不清楚时要进行取样试验或复验。

规定施工现场设立试验室（员），配置相应的试验设备，完善试验条件，规定试验人员

资格和试验内容；对于特定要求要规定试验程序及对程序过程进行控制的措施。

当企业和现场条件不能满足所需各项试验要求时，要规定委托上级单位试验或外单位试验的方案和措施。当有合同要求的专业试验时，应规定有关的试验方案和措施。

对于需要进行状态检验和试验的内容，必须规定每个检验试验点所需检验、试验的特性、所采用程序、验收准则、必需的专用工具、技术人员资格、标识方式、记录等要求，例如结构的荷载试验等。

当有业主亲自参加见证或试验的过程或部位时，要规定该过程或部位的所在地，见证或试验时间，如何按规定进行检验试验，前后接口部位的要求等内容，例如屋面、卫生间的渗漏试验。

当有当地政府部门要求进行或亲临的试验、检验过程或部位时，要规定该过程或部位在何处、何时、如何按规定由第三方进行检验和试验，例如防火设施验收、污水排放标准测定等。

对于施工安全设施、用电设施、施工机械设备安装、使用、拆卸等，要规定专门安全技术方案、措施、使用的检查验收标准等内容。编制控制测量、施工测量的方案，制定测量仪器配置，人员资格、测量记录控制、标识确认、纠正、管理等措施。要编制分项、分部、单位工程和项目检查验收、交付验评的方案，作为交验时进行控制的依据。

（12）检验、试验、测量设备的过程控制

规定要在本工程项目上使用所有检验、试验、测量和计量设备的控制和管理制度，包括：①设备的标识方法；②设备校准的方法；③标明、记录设备准状态的方法；④明确哪些记录需要保存，以便一旦发现设备失准时，便确定以前的测试结果是否有效。

（13）不合格品的控制

要编制工种和分项、分部工程不合格产品出现的方案、措施，以及防止与合格之间发生混淆的标识和隔离措施。规定哪些工程不允许出现不合格，明确一旦出现不合格哪些工程允许修补返工，哪些工程必须推倒重来，哪些工程必须局部更改设计或降级处理。编制控制质量事故发生的措施及一旦发生后的处置措施。

任务三　施工阶段质量控制的依据和方法

一　施工项目质量控制的基本要求

对施工项目而言，质量控制就是为了确保合同、规范所规定的质量标准，所采取的一系列检测、监控措施、手段和方法。施工项目质量控制的基本要求有以下几个方面。

1. 控制人的工作质量，确保工程质量

对工程质量的控制始终应"以人为本"，狠抓人的工作质量，避免人的失误；充分调动人的积极性，发挥人的主导作用，增强人的质量观和责任感，使每个人牢牢树立"百年大计，质量第一"的思想，认真负责地做好本职工作，以优秀的工作质量来创造优质的工程质量。

2. 严格控制投入品的质量

投入品质量不符合要求，工程质量也就不可能符合标准。严格控制投入品的质量是确保工程质量的前提。为此，对投入品的订货、采购、检查、验收、取样、试验均应进行全面控制，从组织货源，优选供货厂家，直到使用认证，做到层层把关；对施工过程中所采用的施工方案要进行充分论证，做到工艺先进、技术合理、环境协调，这样才有利于安全文明施工，有利于提高工程质量。

3. 全面控制施工过程，重点控制工序质量

任何一个工程项目都是由若干分项、分部工程所组成，每一个分项、分部工程又是通过一道道工序来完成。对每一道工序质量都必须进行严格检查，当上一道工序质量不符合要求时，绝不允许进入下一道工序施工。这样，只要每一道工序质量都符合要求，整个工程项目的质量就能得到保证。

> **小贴士**
> 要确保工程质量，就必须重点控制工序质量。

4. 严把分项工程质量检验评定关

分项工程质量是分部工程、单位工程质量评定的基础。分项工程质量不符合标准，分部工程、单位工程的质量也不可能评为合格；而分项工程质量评定正确与否，又直接影响分部工程和单位工程质量评定的真实性和可靠性。为此，在进行分项工程质量检验评定时，一定要坚持质量标准，严格检查，一切用数据说话，避免出现判断错误。

5. 贯彻"以预防为主"的方针

预防为主就是要加强对影响质量因素的控制，对投入品质量的控制就是要从对质量的事后检查把关，转向对质量的事前控制、事中控制；从对产品质量的检查，转向对工作质量的检查、对工序质量的检查、对中间产品的质量检查。这些是确保施工项目质量的有效措施。

6. 严防系统性因素的质量变异

系统性因素，如使用不合格的材料、违反操作规程、混凝土达不到设计强度等级、机械设备发生故障等，均必然会造成不合格产品的产生或工程质量事故的发生。系统性因素的特点是易于识别、易于消除，是可以避免的；只要增强质量观念，提高工作质量、精心施工，完全可以预防系统性因素引起的质量变异。

二 施工阶段质量控制的依据

1. 工程合同文件

工程施工承包合同文件和委托监理合同文件中分别规定了参与建设各方在质量控制方面的权利和义务，有关各方必须履行在合同中的承诺。

2. 设计文件

"按图施工"是施工阶段质量控制的一项重要原则。因此经过批准的设计图纸和技术说明书等设计文件，无疑是质量控制的重要依据。但是从严格质量管理和质量控制的角度出发，在施工前还应参加由建设单位组织的设计交底及图纸会审工作，以达到了解设计意图和质量要求、发现图纸差错和减少质量隐患的目的。

3. 已批准的施工组织设计、施工技术措施及施工方案

施工组织设计是承包人进行施工准备和指导现场施工的规划性、指导性文件，它详细规定了承包人进行工程施工的现场布置、人员组织配备和施工机具配置，每项工程的技术要求，施工工序和工艺、施工方法及技术保证措施、质量检查方法和技术标准等。施工承包人在工程开工前必须提出对于所承包的建设项目的施工组织设计，报请监理工程师审查。一旦获得批准，它就成为质量控制的重要依据之一。

4. 国家及政府有关部门颁布的有关质量管理方面的法律、法规性文件

为了保证工程质量，监督规范建设市场，国家颁布的法律、法规主要有《建筑法》《建设工程质量管理条例》等。

5. 合同中引用的国家和行业（或部门）的现行施工操作技术规范、施工工艺规程及验收规范、评定规程

这类文件一般是针对不同行业、不同的质量控制对象而制定的技术法规性的文件，包括各种有关的标准、规范、规程或规定。此外，对大型工程，特别是对外承包工程和外资、外贷工程的质量控制中可能还会涉及国际标准和国外标准（或规范），当需要采用这些标准（或规范）进行质量控制时，还需要熟悉它们。

6. 制造厂提供的设备安装说明书和有关技术标准

制造厂提供的设备安装说明书和有关技术标准，是施工安装承包人进行设备安装必须遵循的重要的技术文件，同样是监理工程师对承包人的设备安装质量进行检查和控制的依据。

三 施工阶段质量控制方法

施工项目质量控制方法主要是审核有关技术文件、报告和直接进行现场质量检验或必要的试验等。

1. 审核有关技术文件、报告或报表

对技术文件、报告、报表的审核，是项目管理人员对工程质量进行全面控制的重要手段，其具体内容主要包括：

（1）审核有关技术资质证明文件。

（2）审核开工报告，并经现场核实。

（3）审核施工方案、施工组织设计和技术措施。

（4）审核有关材料、半成品的质量检验报告。

（5）审核反映工序质量动态的统计资料或控制图表。

（6）审核设计变更、修改图纸和技术核定书。

（7）审核有关质量问题的处理报告。

（8）审核有关应用新工艺、新材料、新技术、新结构的技术鉴定书。

（9）审核有关工序交接检查，分项、分部工程质量检查报告。

（10）审核并签署现场有关技术签证、文件等。

2. 现场质量检查的内容

(1) 开工前检查。检查是否具备开工条件，开工后能否连续正常施工，能否保证工程质量。

(2) 工序交接检查。对于重要的工序或对工程质量有重大影响的工序，在自检、互检的基础上，还要组织专职人员进行工序交接检查。

(3) 隐蔽工程检查。凡是隐蔽工程均应检查认证后方能掩盖。

(4) 停工后复工前的检查。因处理质量问题或某种原因停工后需复工时，亦应经检查认可后方能复工。

(5) 分项、分部工程完工后，应经检查认可，签署验收记录后，才允许进行下一工程项目施工。

(6) 成品保护检查。检查成品有无保护措施或保护措施是否可靠。

(7) 特殊季节施工检查。如检查冬雨季施工有无相关技术措施。

此外，质量员或施工员还应经常深入现场，对施工操作质量进行巡视检查；必要时还应进行跟班或追踪检查。

3. 现场质量检查的方法

现场进行质量检查的方法有目测法、实测法和试验法三种。

(1) 目测法

目测法可归纳为"看、摸、敲、照"四个字。

看，就是根据质量标准进行外观目测。如清水墙面是否洁净，喷涂是否密实，颜色是否均匀，内墙抹灰大面及口角是否平直，地面是否光洁平整，施工顺序是否合理，工人操作是否正确等，均是通过目测检查、评价。

摸，就是手感检查。主要用于装饰工程的某些检查项目，如油漆的光滑度，地面有无起砂等，均可通过手摸加以鉴别。

敲，是运用工具进行声感检查。对地面工程、装饰工程中的面砖、锦砖（马赛克）和大理石贴面等，均应进行敲击检查。通过声音的虚实确定有无空鼓，还可根据声音的清脆和沉闷来判定属于面层空鼓或底层空鼓。

照，对于难以看到或光线较暗的部位，则可采用镜子反射或灯光照射的方法进行检查。

(2) 实测法

实测法是通过实测数据与施工规范及质量标准所规定的允许偏差对照，来判别质量是否合格。实测检查法的手段也可归纳为"靠、吊、量、套"四个字。

靠，是用直尺、塞尺检查墙面、地面、屋面的平整度。

吊，是用托线板或线坠吊线检查垂直度。

量，是用测量工具和计量仪表等检查断面尺寸、轴线、标高、湿度、温度等的偏差。

套，是以方尺套方，辅以塞尺检查。如对阴阳角的方正、踢脚线的垂直度、预制构件的方正等项目的检查。对门窗口及构配件的对角线（窜角）检查，也是套方的特殊手段。

(3) 试验检查

试验检查指必须通过试验手段才能对质量进行判断的检查方法。如对桩或地基的静载试验确定其承载力；对钢结构进行稳定性试验确定是否产生失稳现象；对钢筋对焊接头进行拉力试验，检验焊接的质量等。

4. 质量控制手段和材料质量的检验方法

施工中质量控制的主要手段有日常检验、测量和检测、试验与见证取样、质量否决制度、竣工抽样检测等。

材料质量的检验方法包括书面检验、外观检验、理化检验、无损检验。检验程度包括全检、抽检、免检。

四 工程质量控制措施

工程质量控制应当从多方面采取措施实施，这些措施归纳为组织措施、技术措施、经济措施、合同措施四个方面。

1. 组织措施

组织措施是从质量控制的组织管理方面采取的措施，如落实质量控制的组织机构和人员，明确各级质量控制人员的任务和职能分工、权力和责任，改善目标控制的工作流程等。组织措施是其他各类措施的前提和保障，而且一般不需要增加什么费用，运用得当可以收到良好的效果。尤其是对由于业主原因所导致的质量偏差，这类措施可能成为首选措施，故应予以足够的重视。

2. 技术措施

技术措施不仅对解决建设工程实施过程中的技术问题是不可缺少的，而且对纠正质量偏差有相当重要的作用。任何一个技术方案都有基本确定的经济效果，不同的技术方案就有着不同的经济效果。因此，运用技术措施纠偏的关键，一是要能提出多个不同的技术方案，二是要对不同的技术方案进行技术经济分析。在实践中，要避免仅从技术角度选定技术方案而忽视对其经济效果的分析论证。

3. 经济措施

经济措施是最易为人接受和采用的措施。需要注意的是经济措施不仅是审核工程量及相应的付款和结算报告，还需要从一些全局性、总体性的问题上加以考虑，这样往往可以取得事半功倍的效果。另外，不要仅仅局限在已发生的费用上。通过偏差原因分析和未完工程投资预测，可发现一些现有和潜在的问题将引起未完工程的投资增加，对这些问题应以主动控制为出发点，及时采取预防措施。

4. 合同措施

由于质量控制是以合同为依据的，因此合同措施就显得尤为重要。对于合同措施，除了拟订合同条款、参加合同谈判、处理合同执行过程中的问题、防止和处理索赔等措施之外，还要协助业主确定对质量控制有利的建设工程组织管理模式和合同结构，分析不同合同之间的相互联系和影响，对每一个合同进行总体和具体分析等。

任务四 施工工序质量控制

工程项目的施工过程是由一系列相互关联、相互制约的工序所构成，工序质量是基础，直接影响工程项目的整体质量。要控制工程项目施工过程的质量,首先必须加强工序质量控制,对各个工序检查验收需按一定检验批进行。

一、工序质量控制的内容

进行工序质量控制时,应侧重以下四方面的工作。

1. 严格遵守工艺规程

施工工艺和操作规程是进行施工操作的依据和法规,是确保工序质量的前提,任何人都必须遵守,不得违反。

2. 主动控制工序活动条件的质量

工序活动条件包括的内容很多,主要指影响质量的五大因素,即施工操作者、材料、施工机械设备、施工方法和施工环境。只有将这些因素切实有效地控制起来,使它们处于被控状态,确保工序投入品的质量,才能保证每道工序的正常和稳定。

3. 及时检验工序活动效果的质量

工序活动效果是评价工序质量是否符合标准的尺度。为此,必须加强质量检验工作,对质量状况进行综合统计与分析,及时掌握质量动态,发现质量问题,应及时处理。

4. 设置质量控制点

质量控制点是指为了保证作业过程质量而预先确定的重点控制对象、关键部位或薄弱环节,设置控制点以便在一定时期内、一定条件下进行强化管理,使工序处于良好的控制状态。

二、工序分析

工序分析就是找出对工序的关键或重要的质量特性起着支配作用的要素,以便能在工序施工中针对这些主要因素制定控制措施及标准,进行主动的、预防性的重点控制,严格把关。工序分析一般可按以下步骤进行。

(1)选定分析对象,分析可能的影响因素,找出支配性要素。主要包括以下工作:

①选定的分析对象可以是重要的、关键的工序或是根据过去的资料认为经常发生问题的工序。

②掌握特定工序的现状和问题,改善质量的目标。

③分析影响工序质量的因素,明确支配性要素。

(2)针对支配性要素,拟订对策计划,并加以核实。

(3)将核实的支配性要素编入工序质量控制表。

(4)对支配性因素要落实责任,实施重点管理。

三、质量控制点的设置

质量控制点是指为了保证作业过程质量而确定的重点控制对象、关键部位或薄弱环节。设置质量控制点是保证达到施工质量要求的必要前提,在拟订质量控制工作计划时应予以详细考虑，并以制度来保证落实。对于质量控制点，一般要事先分析可能造成质量问题的原因，再针对原因制定对策和措施进行预控。

1. 质量控制点设置步骤

承包人应在提交的施工措施计划中，根据自身的特点拟订质量控制点，通过监理工程师审核后，就要针对每个控制点进行控制措施的设计。主要步骤和内容包括以下几个方面。

（1）列出质量控制点明细表。

（2）设计质量控制点施工流程图。

（3）进行工序分析，找出影响质量的主要因素。

（4）制定工序质量表，对上述主要因素规定出明确的控制范围和控制要求。

（5）编制保证质量的作业指导书。

承包人对质量控制点的控制措施设计完成后，经监理工程师审核批准后方可实施。

2. 质量控制点的选择

是否设置为质量控制点，主要是视其对质量特性影响的大小、危害程度以及其质量保证的难度大小而定。应当选择那些保证质量难度大的、对质量影响大的或者发生质量问题时危害大的对象作为质量控制点。

（1）施工过程中的关键工序或环节以及隐蔽工程。

（2）施工中的薄弱环节或质量不稳定的工序、部位或对象。

（3）对后续工程施工或对后续工序质量或安全有重大影响的工序、部位或对象。

（4）使用新技术、新工艺、新材料的部位或环节。

（5）施工上无足够把握的、施工条件困难的或技术难度大的工序或环节。

控制点的设置要准确有效，究竟选择哪些对象作为控制点，需要由有经验的质量控制人员通过对工程性质和特点、自身特点以及施工过程的要求充分分析后进行选择。某工程设置的质量控制点见表2-1。

工程质量控制点　　　　　表2-1

序号	工程项目	质量控制要点
1	土石方工程	开挖范围（尺寸及边坡坡度）
		标高
2	一般基础工程	位置（轴线及高度）
		标高
		地基承载能力
		地基密实度
3	碎石桩基础	桩底土承载力
		孔位、孔斜、成桩垂直度
		投石量
		桩身及桩间土
		复合地基承载力

续上表

序号	工程项目	质量控制要点
4	换填基础	原状土地基承载力
		混合料配比、均匀性
		碾压遍数、厚度
		碾压密实度
5	水泥搅拌桩	桩位（轴线、坐标、标高）
		桩身垂直度
		桩顶、桩端地层标高
		外掺剂掺量及搅拌头叶片外径
		水泥掺量、水泥浆液、搅拌喷浆速度
		成桩质量
6	灌注桩	孔位（轴线、坐标、标高）
		造孔、孔径、垂直度
		终孔、桩端地层、标高
		钢筋混凝土浇筑
		混凝土密实度
7	混凝土浇筑	轴线位置、标高
		断面尺寸
		钢筋：数量、直径、位置、接头、绑扎、焊接
		施工缝处理和结构缝措施
		止水材料的搭接、焊接
		混凝土强度、配合比、坍落度
		混凝土外观

思考与练习

1. 工程建设各阶段对质量分别有什么影响？
2. 工程质量的影响因素有哪些？
3. 质量计划包含哪些内容？
4. 简述施工阶段质量控制的依据。
5. 现场质量检查的方法和手段有哪些？
6. 什么叫质量控制点？质量控制点设置的对象有哪些？

技能测试题

一、单选题

1. 直接影响项目的决策质量和设计质量的是（　　）。

A. 项目可行性研究 B. 项目决策
C. 工程设计 D. 工程施工

2. 全面质量管理的基本工作方法是（　　）。
A. 用数据说话的方法 B. 净现值法
C. PDCA 循环法 D. 价值工程法

3. 承包单位填写《施工组织设计（方案）报审表》报送项目监理机构后，在约定的时间内由（　　）审核签认。
A. 专业监理工程师 B. 总监理工程师
C. 建设单位 D. 有关专业部门

4. 事前质量控制的内涵包括两层意思，一是强调质量目标的计划预控，二是（　　）。
A. 按质量计划进行作业方法的控制
B. 按质量计划进行质量活动前的准备工作状态的控制
C. 强调质量目标的反馈调控
D. 强调质量目标的反复调控

5. 勘察设计单位资质控制是确保工程质量的一项关键措施，也是勘察设计质量（　　）的重点工作。
A. 事前控制 B. 事中控制
C. 事后控制 D. 事前、事中、事后控制

6. 检查施工现场的测量标桩、建筑物的定位放线及标高水准点是属于（　　）质量控制。
A. 分部工程 B. 事前 C. 事中 D. 事后

7. 施工方是工程施工质量的（　　）。
A. 非主体 B. 自控主体 C. 监控主体 D. 被监控主体

8. 施工质量计划的编制主体是（　　）。
A. 监理公司 B. 设计企业 C. 施工发包方 D. 施工承包方

9. 施工质量计划的内容一般不包括（　　）。
A. 工程检测项目方法与计划
B. 质量管理组织机构、人员及资源配置计划
C. 质量回访及保修措施计划
D. 为确保工程质量所采取的施工技术方案、施工程序

10. 下列不是影响施工质量控制要素的是（　　）。
A. 劳动时间 B. 劳动手段 C. 人员素质 D. 施工环境

11. 设置质量控制点是对质量进行（　　）的有效措施。
A. 分析 B. 预控 C. 评比 D. 检验

12. 设备监造是根据设备采购要求和设备订货合同对设备制造过程进行的监督活动，监造人员原则上由（　　）派出。
A. 总承包单位 B. 设备安装单位
C. 监理单位 D. 设备采购单位

13. 施工环境状态的控制是指施工作业环境的控制、施工质量管理环境的控制和（　　）。
    A. 建设单位的"五通一平"　　　B. 施工进度管理环境的控制
    C. 施工投资管理环境的控制　　D. 现场自然环境条件的控制
14. 技术复核是（　　）应履行的技术工作责任。
    A. 监理工程师　　B. 承包单位　　C. 监理单位　　D. 建设单位
15. 进行工序质量控制的重点是（　　）。
    A. 确定工序质量、控制工作计划　　B. 主动控制工序活动条件
    C. 及时检验工序活动效果　　　　　D. 正确设置控制点并严格实施

二、多选题

1. 质量控制阶段主要包括（　　）。
    A. 决策阶段质量控制　　　　B. 招标投标阶段质量控制
    C. 勘察设计阶段质量控制　　D. 施工阶段质量控制
    E. 施工验收阶段质量控制
2. 施工阶段的质量控制可以分为（　　）。
    A. 过程控制　　B. 重点控制　　C. 事前控制　　D. 事中控制
    E. 事后控制
3. 施工质量控制的主要依据有（　　）。
    A. 工程合同和设计文件　　B. 质量管理体系文件
    C. 质量手册　　　　　　　D. 质量管理方面的法律、法规性文件
    E. 有关质量检验和控制的专门技术法规性文件
4. 施工阶段影响工程质量的因素主要有（　　）。
    A. 环境　　　　　B. 材料、半成品、构配件等
    C. 机械设备　　　D. 施工图纸
    E. 施工人员
5. 施工阶段质量的自控主体指的是（　　）。
    A. 施工承包方　　B. 材料供应方
    C. 设计单位　　　D. 业主
    E. 监理单位
6. 施工过程对工序质量控制的内容是（　　）。
    A. 确定施工操作方法　　　B. 确定工序质量控制流程
    C. 主动控制工序活动条件　D. 设置工序质量控制点
    E. 及时检查上一道工序的质量
7. 下述工作可列入质量控制点，实施重点控制的有（　　）。
    A. 地基处理　　　　　　B. 工程测量
    C. 大体积混凝土施工　　D. 钢结构焊接
    E. 灌注桩施工

8. 现场质量检查的主要方法有（　　）。
   A. 目测法　　　　　　　　　B. 量测法
   C. 试验法　　　　　　　　　D. 无损探伤
   E. 全数检验

9. 下列选项中属于分项工程质量检查评定程序的有（　　）。
   A. 确定分项工程名称　　　　B. 主控项目检查
   C. 一般项目检查　　　　　　D. 填写分项工程质量检验评定表
   E. 观感质量评分

三、判断题

1. 未经监理工程师检验认可的材料及没有出厂质量合格证的材料，不得在施工中使用。（　　）
2. 在一定程度上，工程施工是形成工程实体质量的决定性环节。（　　）
3. 是否设置为质量控制点，主要视其对质量特性影响大小、危害程度以及其质量保证难度大小而定。（　　）
4. 施工中的薄弱环节或质量不稳定的工序、部位或对象可选作为质量控制点。（　　）
5. 进行材料质量抽样和检验时，应随机抽取，数量任意。（　　）
6. 施工项目的质量管理是从工序质量到分项工程质量、分部工程质量、单位工程质量的系统控制过程。（　　）
7. 施工方案正确与否，是直接影响施工项目质量、进度和成本的关键。（　　）
8. 过期、受潮的水泥，在结合工程的特点予以论证后方可降级用于重要的工程或部位。（　　）
9. 工程质量控制措施可归纳为组织措施、技术措施、经济措施、合同措施四个方面。（　　）
10. 工序管理实质上就是对工序质量的控制，一般采用建立质量控制点的方法来加强工序管理。（　　）

项目三
建筑工程施工过程质量控制

能力目标

1. 能够在施工过程中对分部分项工程进行质量控制。
2. 能够根据相关质量要求开展质量检测与验收工作。
3. 能够根据建筑工程质量控制相关规范开展质量检测与验收工作。

素质要求

1. 培养学生良好的职业素养。
2. 培养学生认真严谨的做事态度、精益求精的质量态度。
3. 通过不同形式的专业实训教学活动,增强学生逻辑思维能力,以及交流、沟通能力。

知识导图

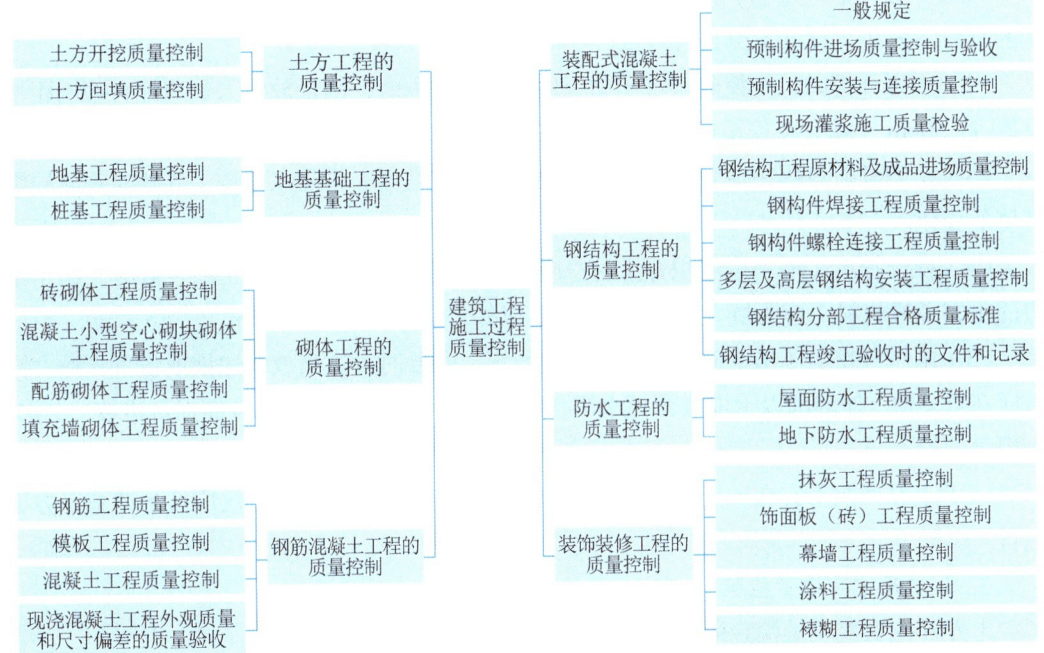

【项目引导】 建筑业在国民经济的发展中具有举足轻重的地位。建筑施工质量是决定建筑工程质量的关键因素，对工程施工质量进行有效控制，是保证工程质量的重要环节。只有做好施工质量管理，才能保证工程质量达到预期目标。

【试　问】 为保证优质、低耗、快速地完成工程任务，在建筑工程施工阶段如何进行各分部分项工程质量控制？

任务一　土方工程的质量控制

一　土方开挖质量控制

1. 土方开挖作业条件

（1）土方开挖前，应摸清地下管线等障碍物，并应根据施工方案的要求将施工区域内的地上、地下障碍物清除和处理完毕。

（2）场地平整已完成，做好排水坡度，在施工区域内要挖临时性排水沟。平整后的场地表面应逐点检查，检查点为每 100～400m² 取一点，且不少于 10 点；长度、宽度和边坡均为每 20m 取一点，每边不少于 1 点。

（3）建筑物或构筑物的位置或场地的定位控制线（桩），标准水平桩及基槽的灰线尺寸，必须经过检验合格，办完预检手续，并定期进行复核。

（4）夜间施工时，施工场地应根据需要安装照明设施，在危险地段应设置明显标志。

（5）开挖低于地下水位以上的基坑（槽）时，应根据当地工程地质资料，采取措施降低地下水位，一般要降至低于开挖底面 50cm，然后再开挖。

2. 土方开挖的质量控制要点

（1）土方开挖应遵循"开槽支撑、先撑后挖、分层开挖、严禁超挖"的原则，检查开挖的顺序、方法与设计工况是否一致。

（2）土方开挖时，在挖到距坑（槽）底 50cm 以内时，测量放线人员应配合抄出距坑（槽）底 50cm 平线。在挖至接近坑（槽）底标高时，随时校核水平标高。

（3）土方开挖过程中应随时检查平面尺寸、边坡坡度、排降水系统，并随时观测周围环境的变化。

（4）在开挖坑（槽）边堆积弃土时，应保证边坡土壁的稳定。当土质良好时，抛于槽边的土方（或材料）应距坑（槽）边缘 0.8m 以外，高度不宜超过 1.5m。

（5）雨季开挖坑（槽）时，应注意边坡稳定，必要时可适当放缓边坡或设置支撑。同时应在坑（槽）外侧围以土堤或开挖水沟，防止地面水流入。施工时应加强对边坡、支撑、土堤等的检查。

（6）土方开挖不宜在冬期施工。如必须在冬期施工时，其施工方法应按冬期施工方案进行。

3. 土方开挖的质量检验

土方开挖工程质量检验标准见表 3-1。

土方开挖工程质量检验标准 表 3-1

类别	序号	检查项目			质量标准	检验方法及器具
主控项目	1	基底土性			应符合设计要求	观察检查及检查试验记录
	2	边坡、表面坡度			应符合设计要求和现行有关标准的规定	观察或坡度尺检查
	3	标高偏差（mm）	柱基、基坑、基槽		0，50	水准仪检查
			挖方场地平整	人工	±30	
				机械	±50	
			管沟		0，−50	
			地（路）面基层①		0，−50	
	4	长度、宽度（由设计中心线向两边量）偏差（mm）	柱基、基坑、基槽		+200，−50	经纬仪和钢尺
			挖方场地平整	人工	+300，−100	
				机械	+500，−150	
			管沟		+100，0	
一般项目	1	表面平整度（mm）	柱基、基坑、基槽		≤20	2m 靠尺和楔形塞尺检查
			挖方场地平整	人工	≤20	
				机械	≤50	
			管沟		≤20	
			地（路）面基层		≤20	

注：①表示地（路）面基层的偏差只适用于直接在挖、填方上做地（路）面的基层。

二、土方回填质量控制

1. 土方回填作业条件

（1）施工前应根据工程特点、填方土料种类、密实度要求、施工条件等，合理确定填方土料含水率控制范围、虚铺厚度和压实遍数等参数。

（2）回填前应对基础、地下防水层、保护层等进行检查验收，并且要办好隐检手续。其基础混凝土强度应达到规定的要求，方可进行回填土。

（3）房心和管沟的回填，应在完成上下水、煤气的管道安装和管沟墙间加固后再进行。

（4）施工前应做好水平标志，以控制回填土的高度或厚度。

2. 土方回填的质量控制要点

（1）填土前应将基坑（槽）底或地坪上的垃圾等杂物清理干净。

（2）检验回填土的质量、有无杂物、粒径是否符合规定，以及回填土的含水率是否在控制范围内。如含水率偏高，可采用翻松、晾晒或均匀掺入干土等措施；如回填土的含水率偏低，可采用预先洒水润湿等措施。

（3）回填土应分层摊铺。每层铺土厚度应根据土质、密实度要求和机具性能确定。一般蛙式打夯机每层铺土厚度为200~250mm，人工打夯不大于200mm。每层摊铺后随之耙平。

（4）回填土每层至少夯打3遍。打夯应一夯压半夯，夯夯相接，行行相连，纵横交叉。

（5）深浅两基坑（槽）相连时，应先填夯深基础，填至与浅基坑相同的标高时，再与浅基础一起填夯。如必须分段填夯，交接处应填成阶梯形，梯形的高宽比一般为1:2，上下层错缝距离不小于1.0m。

（6）基坑（槽）回填应在相对两侧或四周同时进行。基础墙两侧标高不可相差太多，以免把墙挤歪；较长的管沟墙应采用内部加支撑的措施，然后再在外侧回填土方。

（7）回填房心及管沟时，为防止管道中心线位移或损坏管道，应用人工先在管子两侧填土夯实，并应由管道两侧同时进行，直至管顶0.5m以上时，在不损坏管道的情况下，方可采用蛙式打夯机夯实。

（8）回填土每层填土夯实后，应按规范规定进行环刀取样，测出干土的密度，达到要求后，再进行上一层的铺土。

（9）填土全部完成后应进行表面找平，凡超过设计标高的地方及时铲平，凡低于设计标高的地方应补土夯实。

3. 土方回填的质量检验

回填土必须按规定分层夯实。取样测定夯实后土的干密度，其合格率不应小于90%。不合格土的干密度最低值与设计值的差不应大于$0.08g/cm^3$，且不应集中。环刀取样的方法及数量应符合规定。土方回填工程质量标准和检验方法见表3-2。

土方回填工程质量标准和检验方法　　　　　　　　表3-2

类别	序号	检查项目			质量标准	检验方法及器具
主控项目	1	基底处理			必须符合设计要求和现行有关标准的规定	观察检查及检查施工记录
	2	分层压实系数			必须符合设计要求	检查试验记录
	3	边坡坡度			应符合设计要求和现行有关标准及施工技术措施规定	观察或坡度尺检查
	4	标高偏差（mm）	柱基、基坑、基槽		0，-50	水准仪检查
			场地平整	人工	±30	
				机械	±50	
			管沟		0，-50	
			地（路）面基层		0，-50	
一般项目	1	回填土料			应符合设计要求	观察检查或取样试验
	2	分层厚度及含水率			应符合设计要求	观察检查及检查试验记录
	3	表面平整度（mm）	柱基、基坑、基槽		≤20	2m靠尺和楔形塞尺检查
			挖方场地平整	人工	≤20	
				机械	≤30	
			管沟		≤20	
			地（路）面基层		≤20	

任务二　地基基础工程的质量控制

"万丈高楼平地起",任何建筑物都必须有牢固的基础。但地基基础工程事故屡见不鲜,有时甚至酿成重大损失,因此对地基和基础工程进行质量控制至关重要。

一、地基工程质量控制

在工程建设中,需要对不满足承载力和变形要求的软弱地基进行处理和加固。常见的地基处理方式有换填垫层地基、压实地基、砂石桩复合地基、水泥土搅拌桩复合地基等。

1. 换填垫层地基施工质量控制

（1）施工质量控制要点

①应根据不同的换填材料选择施工机械。

②垫层的施工方法、分层铺填厚度、每层压实遍数等宜通过试验确定。

③粉质黏土和灰土垫层土料的施工含水率宜控制在最优含水率$w_{op} \pm 2\%$的范围内,粉煤灰垫层的施工含水率宜控制在最优含水率$w_{op} \pm 4\%$的范围内。

④当垫层底部存在古井、古墓、洞穴、旧基础、暗塘等软硬不均的部位时,应根据建筑对不均匀沉降的要求予以处理,并经检验合格后方可铺填垫层。

⑤垫层底面宜设在同一标高上,如深度不同,基坑底土面应挖成阶梯或斜坡搭接,并按先深后浅的顺序进行垫层施工,搭接处应夯压密实。

⑥灰土应拌和均匀并应当日铺填夯压。灰土夯压密实后3d内不得受水浸泡。

> **小贴士**
> 粉质黏土及灰土垫层分段施工时,不得在柱基、墙角及承重窗间墙下接缝。上下两层的缝距不得小于500mm。接缝处应夯压密实。

（2）施工质量检验要求

①对粉质黏土、灰土、粉煤灰和砂石垫层的施工质量,可用环刀法、贯入仪、静力触探、轻型动力触探或标准贯入试验检验;对砂石、矿渣垫层可用重型动力触探检验,并均应通过现场试验以设计压实系数所对应的贯入度为标准检验垫层的施工质量。

②垫层的施工质量检验必须分层进行,应在每层的压实系数符合设计要求后铺设下一层土。

③采用环刀法检验垫层的施工质量时,取样点应位于每层厚度的2/3深度处。检验点数量:对大基坑每50～100m²不应少于1个检验点;对基槽每10～20m不应少于1个点;每个独立柱基不应少于1个点。采用贯入仪或动力触探检验垫层的施工质量时,每分层检验点的间距应小于4m。

2. 压实地基施工质量控制

（1）压实地基施工质量控制要点

①铺填料前,应清除或处理场地内填土层底面以下的耕土或软弱土层等。

②分层填料的厚度、分层压实的遍数宜根据所选用的压实设备,并通过试验确定。

③采用重锤夯实地基时，每层的虚铺厚度宜通过试夯确定。分层填土时，应取用含水率相当于最佳含水率的土料。每层土铺填后应及时夯实。

④在雨季、冬季进行压实填土施工时，应采取防雨、防冻措施，防止填料（粉质黏土、粉土）受雨水淋湿或冻结，并应采取措施防止出现"橡皮土"。

⑤压实填土的施工缝各层应错开搭接，在施工缝的搭接处应适当增加压实遍数。先振基槽两边，再振中间。压实标准以振动机原地振实不再继续下沉为合格。边角及转弯区域应采取其他措施压实，以达到设计标准。

⑥性质不同的填料应水平分层、分段填筑、分层压实。同一水平层应采用同一填料，不得混合填筑。

（2）压实地基施工质量检验要求

①压实地基的施工质量检验应分层进行，每完成一道工序应按设计要求及时验收，合格后方可进行下道工序。

②在压实填土的过程中，应分层取样检验土的干密度和含水率。每50~100m² 面积内应有一个检测点，压实系数不得低于表3-3的规定，碎石土干密度不得低于2.0t/m³。

压实填土的质量控制　　　　表3-3

结构类型	填土部位	压实系数λ_c	控制含水率（%）
砌体承重结构和框架结构	在地基主要受力层范围内	≥0.97	$w_{op} \pm 2$
	在地基主要受力层范围以下	≥0.95	
排架结构	在地基主要受力层范围内	≥0.96	
	在地基主要受力层范围以下	≥0.94	

注：w_{op}为最优含水率。

③重锤夯实的质量验收，除符合试夯最后下沉量的规定要求外，同时还要求基坑（槽）表面的总下沉量不小于试夯总下沉量的90%为合格。如不合格应进行补夯，直至合格为止。

④碾压法垫层宜进行沉降量、压实度、土的物理力学参数、层厚、弯沉、破碎状况等的监测和检测。

⑤工程质量验收可通过载荷试验并结合动力触探、静力触探、标准贯入试验等原位试验进行。每个单体工程载荷试验不宜少于3点，大型工程可按单体工程的数量或面积确定检验点数。

3. 砂石桩复合地基施工质量控制

砂石桩施工方法根据成孔的方式不同可分为振冲法、振动沉管法等。根据桩体材料可分为碎石桩、砂石桩和砂桩。碎石桩、砂石桩施工可采用振冲法或沉管法，砂桩施工可采用沉管法。砂石桩复合地基适用于处理松散砂土、粉土、挤密效果好的素填土、杂填土等地基。

（1）振冲砂石桩复合地基的施工质量控制要点

①施工前进行振冲试验，确定成孔合适的水压、水量、成孔速度、填料方法，以及达到土体密度时的密实电流、填料量和留振时间。

②振冲前应按设计图要求定出桩孔中心位置并编好孔号，施工时应复查孔位和编号，并做好记录。

③造孔时，振冲器贯入速度一般为 1~2m/min，每贯入 0.5~1.0m 宜悬留振冲 5~10s 扩孔，待孔内泥浆溢出时再继续贯入。

④振冲填料时，宜保持小水量补给，采用边振边填，应对称均匀；将振冲器提出孔口再加填料时，每次加料量以 0.5m 高为宜。每根桩的填料总量必须符合设计要求或规范规定。

⑤填料密实度以振冲器工作电流达到规定值为控制标准。完工后，应在距地表面 1m 左右深度桩身部位加填碎石进行夯实。以保证桩顶的密实度。桩顶密实度必须符合设计要求或施工规范规定。

⑥振冲地基质量检验应在施工结束后间歇一定时间。对砂土地基，间隔 1~2 周；对黏性土地基，间隔 3~4 周；对粉土、杂填土地基，间隔 2~3 周。桩顶部位由于周围土体约束力小，密实度较难达到要求，检验取样时应考虑此因素。

（2）沉管砂石桩复合地基施工质量控制要点

①砂石桩施工可采用振动沉管、锤击沉管或冲击成孔等成桩法。当用于消除粉细砂及粉土液化时，宜用振动沉管成桩法。

②施工前应进行成桩工艺和成桩挤密试验。当成桩质量不能满足设计要求时，应在调整设计与施工有关参数后，重新进行试验或改变设计。

③振动沉管成桩法施工应根据沉管和挤密情况，控制填砂石量、提升高度和速度、挤压次数和时间、电机的工作电流等。

④施工中应选用能顺利出料和有效挤压桩孔内砂石料的桩尖结构。

⑤锤击法挤密应根据锤击的能量，控制分段的填砂石量和成桩的长度。

⑥砂石桩桩孔内材料填料量应通过现场试验确定。如施工中地面有下沉或隆起现象，则填料数量应根据现场具体情况予以增减。

⑦砂石桩的施工顺序：对砂土地基宜从外围或两侧向中间进行；在既有建（构）筑物邻近施工时，应背离建（构）筑物方向进行。

⑧施工时桩位水平偏差不应大于 0.3 倍套管外径，套管垂直度偏差不应大于 1%。

（3）砂石桩复合地基施工质量检验要求

①检查碎石桩施工各项施工记录，如有遗漏或不符合规定要求的桩，应补做或采取有效的补救措施。

②施工后应间隔一定时间，方可进行质量检验。对砂土地基，不宜少于 7d；对粉土和杂填土地基，不宜少于 14d。

③砂石桩复合地基施工质量对桩体可采用动力触探试验检测，对桩间土可采用标准贯入、静力触探、动力触探或其他原位测试等方法进行检测。桩间土质量的检测位置应在等边三角形或正方形的中心。检测数量不应少于桩孔总数的 2%。

④砂石桩地基竣工验收时，承载力检验应采用复合地基载荷试验。

⑤复合地基载荷试验数量不应少于总桩数的 0.5%，且每个单体建筑不应少于 3 点。

4. 水泥土搅拌桩复合地基施工质量控制

（1）水泥土搅拌桩复合地基施工质量控制要点

①水泥土搅拌法施工现场事先应予以平整，必须清除地上和地下的障碍物。遇有明沟、池塘及洼地时应抽水和清淤，回填土料应压实，不得回填生活垃圾。

②水泥土搅拌桩施工前，应根据设计进行工艺性试桩，数量不得少于 3 根，多头搅拌不得少于 3 组。应对工艺试桩的质量进行必要的检验。

③搅拌头翼片的枚数、宽度、与搅拌轴的垂直夹角、搅拌头的回转数、提升速度应相互匹配，钻头每转一圈的提升（或下沉）量以 1.0～1.5cm 为宜，以确保加固深度范围内土体的任何一点均能经过 20 次以上的搅拌。

④竖向承载搅拌桩施工时，停浆（灰）面应高于桩顶设计标高 300～500mm。在开挖基坑时，应将桩顶以上 500mm 土层及搅拌桩顶端施工质量较差的桩段用人工挖除。

⑤施工中应保持搅拌桩机底盘的水平和导向架的竖直，搅拌桩的垂直偏差不得超过 1%；桩位的偏差不得大于 50mm；成桩直径和桩长不得小于设计值。

（2）水泥土搅拌桩复合地基施工质量检验要求

①水泥土搅拌桩的质量应进行施工全过程的施工质量控制。施工过程中应做施工记录和计量记录，并对照规定的施工工艺对每根桩进行质量评定。检查重点是：喷浆压力、水泥用量、桩长、搅拌头转数和提升速度、复搅次数和复搅深度、停浆处理方法等。

②水泥土搅拌桩的施工质量检验可采用以下方法：

a. 成桩 7d 后，采用浅部开挖桩头进行检查，开挖深度宜超过停浆（灰）面下 0.5m，目测检查搅拌的均匀性，量测成桩直径。检查量为总桩数的 5%。

b. 成桩后 3d 内，可用轻型动力触探（N_{10}）检查上部桩身的均匀性。检验数量为施工总桩数的 1%，且不少于 3 根。

c. 桩身强度检验应在成桩 28d 后，用双管单动取样器钻取芯样做搅拌均匀性和水泥土抗压强度检验，检验数量为施工总桩（组）数的 0.5%，且不少于 6 点。钻芯有困难时，可采用单桩抗压静载荷试验检验桩身质量。

③竖向承载水泥土搅拌桩复合地基竣工验收时，承载力检验应采用复合地基载荷试验和单桩载荷试验。

④载荷试验必须在桩身强度满足试验荷载条件时，并宜在成桩 28d 后进行。验收检测检验数量为桩总数的 0.5%～1%，其中每单项工程单桩复合地基载荷试验的数量不应少于 3 根（多头搅拌为 3 组），其余可进行单桩静载荷试验或单桩、多桩复合地基载荷试验。

⑤基槽开挖后，应检验桩位、桩数与桩顶质量，如不符合设计要求，应采取有效补强措施。

二、桩基工程质量控制

1. 混凝土预制桩施工质量控制

混凝土预制桩的施工顺序：预制桩的制作、起吊、运输和堆放、沉桩、接桩、送桩等。混凝土预制桩可在施工现场预制，但目前大多在预制构件厂生产。这里主要介绍预制桩的沉桩、接桩、送桩的施工质量控制。

（1）锤击沉桩的质量控制

①沉桩前必须处理空中和地下障碍物，场地应平整，排水应畅通，并应满足打桩所需的地面承载力。

②桩锤的选用应根据地质条件、桩型、桩的密集程度、单桩竖向承载力及现有施工条

件等因素确定。

③桩打入时应符合下列规定:桩帽或送桩帽与桩周围的间隙应为5~10mm;锤与桩帽、桩帽与桩之间应加设硬木、麻袋、草垫等弹性衬垫;桩锤、桩帽或送桩帽应和桩身在同一中心线上;桩插入时的垂直度偏差不得超过0.5%。

④打桩顺序应符合下列规定:对于密集桩群,自中间向两个方向或四周对称施打;当一侧毗邻建筑物时,由毗邻建筑物处向另一方向施打;根据基础的设计标高,宜先深后浅;根据桩的规格,宜先大后小,先长后短。

⑤打入桩(预制混凝土方桩、预应力混凝土空心桩、钢桩)的桩位偏差应符合表3-4的规定。斜桩倾斜度的偏差不得大于倾斜角正切值的15%(倾斜角系桩的纵向中心线与铅垂线间夹角)。

打入桩桩位的允许偏差　　　　　　　　　　　　　　　　表3-4

项目		允许偏差(mm)
带有基础梁的桩	垂直基础梁的中心线	$100 + 0.01H$
	沿基础梁的中心线	$150 + 0.01H$
桩数为1~3根桩基中的桩		100
桩数为4~16根桩基中的桩		1/2桩径或边长
桩数大于16根桩基中的桩	最外边的桩	1/3桩径或边长
	中间桩	1/2桩径或边长

注:H为施工现场地面标高与桩顶设计标高的距离。

⑥桩终止锤击的控制应符合下列规定:摩擦桩应以控制桩端设计标高为主、贯入度为辅;端承桩应以贯入度控制为主、桩端标高为辅。

贯入度已达到设计要求而桩端标高未达到时,应继续锤击3阵,并按每阵10击的贯入度不应大于设计规定的数值确认,必要时施工控制贯入度应通过试验确定。

⑦当遇到贯入度剧变,桩身突然发生倾斜、位移或有严重回弹、桩顶或桩身出现严重裂缝、破碎等情况时,应暂停打桩并分析原因,采取相应措施。

⑧预应力混凝土管桩的总锤击数及最后1.0m沉桩锤击数应根据当地工程经验确定。

⑨施工现场应配备桩身垂直度观测仪器和观测人员,随时量测桩身的垂直度。

(2)混凝土预制桩的接桩质量控制

1)接桩材料应符合下列规定:

①焊接接桩:钢板宜采用低碳钢,焊条宜采用E43。接头宜采用探伤检测,同一工程检测量不得少于3个接头。

②法兰接桩:钢板和螺栓宜采用低碳钢。

2)采用焊接接桩除应符合现行行业标准的有关规定外,尚应符合下列规定:

①下节桩段的桩头宜高出地面0.5m。

②下节桩的桩头处宜设导向箍。接桩时上下节桩段应保持顺直,错位偏差不宜大于2mm。接桩就位纠偏时,不得采用大锤横向敲打。

③桩对接前,上下端板表面应采用铁刷子清刷干净,坡口处应刷至露出金属光泽。

④焊接宜在桩四周对称进行，待上下桩节固定后拆除导向箍再分层施焊；焊接层数不得少于两层，第一层焊完后必须把焊渣清理干净，方可进行第二层施焊；焊缝应连续、饱满。

⑤焊好后的桩接头应自然冷却后方可继续锤击，自然冷却时间不宜少于8min；严禁采用水冷却或焊好即施打。

⑥雨天焊接时应采取可靠的防雨措施。

⑦焊接接头的质量检查，对于同一工程探伤抽样检验不得少于3个接头。

3）混凝土预制桩的送桩应符合下列规定：

①送桩深度不宜大于2.0m。

②当桩顶打至接近地面需要送桩时，应测出桩的垂直度并检查桩顶质量，合格后应及时送桩。

③送桩的最后贯入度应参考相同条件下不送桩时的最后贯入度并修正。

④送桩后遗留的桩孔应立即回填或覆盖。

4）静力压、送桩的质量控制：

①测量桩的垂直度并检查桩头质量，合格后方可压桩，压、送作业应连续进行。

②送桩应采用专制钢质送桩器，不得将工程桩用作送桩器。

③当场地上多数桩的有效桩长L小于或等于15m或桩端持力层为风化软质岩，可能需要复压时，送桩深度不宜超过1.5m。

④除满足上述3款规定外，当桩的垂直度偏差小于1%，且桩的有效长度大于15m时，静压桩送桩深度不宜超过8m。

⑤送桩的最大压桩力不宜超过桩身允许抱压压桩力的1.1倍。

2. 灌注桩质量控制

（1）成孔深度的控制

①摩擦型桩。摩擦桩应以设计桩长控制成孔深度；端承摩擦桩必须保证设计桩长及桩端进入持力层深度。当采用锤击沉管法成孔时，桩管入土深度控制应以标高为主，以贯入度控制为辅。

②端承型桩。当采用钻（冲）、挖掘成孔时，必须保证桩端进入持力层的设计深度；当采用锤击沉管法成孔时，沉管深度控制以贯入度为主，以设计持力层标高对照为辅。

③灌注桩成孔施工的允许偏差应满足表3-5的要求。

灌注桩成孔施工允许偏差 表3-5

成孔方法		桩径允许偏差（mm）	垂直度允许偏差（%）	桩位允许偏差（mm）	
				1～3根桩、条形桩基沿垂直轴线方向和群桩基础中的边桩	条形桩基沿轴线方向和群桩基础中的中间桩
泥浆护壁钻、挖、冲孔桩	$d \leq 1000mm$	±50	1	$d/6$且不大于100	$d/4$且不大于150
	$d > 1000mm$	±50		$100 + 0.01H$	$150 + 0.01H$
锤击（振动）沉管振动冲击沉管成孔	$d \leq 500mm$	0, −20	1	70	150
	$d > 500mm$			100	150

续上表

成孔方法		桩径允许偏差（mm）	垂直度允许偏差（%）	桩位允许偏差（mm）	
				1～3 根桩、条形桩基沿垂直轴线方向和群桩基础中的边桩	条形桩基沿轴线方向和群桩基础中的中间桩
螺旋钻、机动洛阳铲干作业成孔		0，-20	1	70	150
人工挖孔桩	现浇混凝土护壁	±50	0.5	50	150
	长钢套管护壁	±50	1	100	200

注：1. 桩径允许偏差的负值是指个别断面。
  2. H为施工现场地面标高与桩顶设计标高的距离；d为设计桩径。

（2）钢筋笼制作、安装的质量控制

钢筋笼制作、安装的质量应符合下列要求：

①钢筋笼的材质、尺寸应符合设计要求，制作允许偏差应符合表3-6的规定。

钢筋笼制作允许偏差　　　　　表3-6

项目	允许偏差（mm）	项目	允许偏差（mm）
主筋间距	±10	钢筋笼直径	±10
箍筋间距	±20	钢筋笼长度	±100

②分段制作的钢筋笼，其接头宜采用焊接或机械式接头（钢筋直径大于20mm），并应遵守《钢筋机械连接技术规程》（JGJ 107—2016）、《钢筋焊接及验收规程》（JGJ 18—2012）和《混凝土结构工程施工质量验收规范》（GB 50204—2015）的规定。

③加劲箍宜设在主筋外侧，当因施工工艺有特殊要求时也可置于内侧。

④导管接头处外径应比钢筋笼的内径小100mm以上。

⑤搬运和吊装钢筋笼时应防止其变形，安放应对准孔位，避免碰撞孔壁和自由落下，就位后应立即固定。

（3）泥浆护壁灌注桩的质量控制

1）泥浆的质量控制。

①施工期间护筒内的泥浆面应高出地下水位1.0m以上，在受水位涨落影响时，泥浆面应高出最高水位1.5m以上。

②在清孔过程中，应不断置换泥浆，直至浇筑水下混凝土。

③浇筑混凝土前，孔底500mm以内的泥浆相对密度应小于1.25，含砂率不得大于8%，黏度不得大于28Pa·s。

④在容易产生泥浆渗漏的土层中，应采取维持孔壁稳定的措施。

⑤废弃的浆、渣应进行处理，不得污染环境。

2）护筒的质量控制。

泥浆护壁成孔时，宜采用孔口护筒，护筒设置应符合下列规定：

①护筒埋设应准确、稳定，护筒中心与桩位中心的偏差不得大于50mm。

②护筒可用4～8mm厚的钢板制作，其内径应大于钻头直径100mm，上部宜开设1～

2个溢浆孔。

③护筒的埋设深度：在黏性土中不宜小于1.0m；砂土中不宜小于1.5m。护筒下端外侧应采用黏土填实，其高度尚应满足孔内泥浆面高度的要求。

④受水位涨落影响或水下施工的钻孔灌注桩，护筒应加高加深，必要时应打入不透水层。

3）当在软土层中钻进时，应根据泥浆补给情况控制钻进速度；在硬层或岩层中的钻进速度应以钻机不发生跳动为准。

4）如在钻进过程中发生斜孔、塌孔和护筒周围冒浆、失稳等现象时，应停钻，待采取相应措施后再进行钻进。

5）钻孔达到设计深度，灌注混凝土之前，孔底沉渣厚度指标应符合下列规定：

①对端承型桩，不应大于50mm。

②对摩擦型桩，不应大于100mm。

③对抗拔、抗水平力桩，不应大于200mm。

（4）沉管灌注桩的质量控制

1）锤击沉管灌注桩质量控制。

灌注混凝土和拔管的操作控制应符合下列规定：

①沉管至设计标高后，应立即检查和处理桩管内的进泥、进水和吞桩尖等情况，并立即灌注混凝土。

②当桩身配置局部长度钢筋笼时，第一次灌注混凝土应先灌至笼底标高，然后放置钢筋笼，再灌至桩顶标高。第一次拔管高度应以能容纳第二次灌入的混凝土量为限，不应拔得过高。在拔管过程中应采用测锤或浮标检测混凝土面的下降情况。

③拔管速度应保持均匀，对一般土层拔管速度宜为1m/min，在软弱土层和软硬土层交界处拔管速度宜控制在0.3～0.8m/min。

④混凝土的充盈系数不得小于1.0；对于充盈系数小于1.0的桩，应全长复打，对可能断桩和缩颈桩，应采用局部复打。

⑤成桩后的桩身混凝土顶面应高于桩顶设计标高500mm以上。

⑥全长复打桩施工时应符合：第一次灌注混凝土应达到自然地面，拔管过程中应及时清除粘在管壁上和散落到地面上的混凝土；初打与复打的桩轴线应重合，复打施工必须在第一次灌注的混凝土初凝之前完成。

⑦混凝土的坍落度宜采用80～100mm。

2）振动沉管灌注桩施工。

振动沉管灌注桩应根据土质情况和荷载要求，分别选用单打法、复打法、反插法等。

①振动沉管灌注桩单打法施工的质量控制。

a. 必须严格控制最后30s的电流、电压值，其值按设计要求或根据试桩和当地经验确定。

b. 桩管内灌满混凝土后，应先振动5～10s，再开始拔管，应边振边拔，每拔出0.5～1.0m，停拔，再振动5～10s；如此反复，直至桩管全部拔出。

c. 在一般土层内，拔管速度宜为1.2～1.5m/min，用活瓣桩尖时宜慢，用预制桩尖时可适当加快；在软弱土层中宜控制在0.6～0.8m/min。

②振动沉管灌注桩反插法施工的质量控制。

a. 桩管灌满混凝土后，先振动再拔管，每次拔管高度 0.5~1.0m，反插深度 0.3~0.5m；在拔管过程中，应分段添加混凝土，保持管内混凝土面始终不低于地表面或高于地下水位 1.0~1.5m 以上，拔管速度应小于 0.5m/min。

b. 在距桩尖处 1.5m 范围内，宜多次反插以扩大桩端部断面。

c. 穿过淤泥夹层时，应减慢拔管速度，并减小拔管高度和反插深度，在流动性淤泥中不宜使用反插法。

（5）干作业成孔灌注桩的质量控制

1）钻孔时应符合下列规定：

①钻杆应保持垂直稳固，位置准确，防止因钻杆晃动引起扩大孔径。

②钻进速度应根据电流值变化，及时调整。

③钻进过程中，应随时清理孔口积土，遇到地下水、塌孔、缩孔等异常情况时，应及时处理。

2）成孔达到设计深度后，孔口应予保护，应按规范规定验收，并做好记录。

3）灌注混凝土前，应在孔口安放护孔漏斗，然后放置钢筋笼，并再次测量孔内虚土厚度。扩底桩灌注混凝土时，第一次应灌到扩底部位的顶面，随即振捣密实；浇筑桩顶以下 5m 范围内混凝土时，应随浇筑随振动，每次浇筑高度不得大于 1.5m。

（6）人工挖孔灌注桩的质量控制

混凝土护壁的厚度不应小于 100mm，混凝土强度等级不应低于桩身混凝土强度等级，并应振捣密实；护壁应配置直径不小于 8mm 的构造钢筋，竖向筋应上下搭接或拉接。

1）人工挖孔灌注桩的第一节井圈护壁应符合下列规定：

①井圈中心线与设计轴线的偏差不得大于 20mm。

②井圈顶面应比场地高出 100~150mm，壁厚应比下面井壁厚度增加 100~150mm。

2）井圈护壁还应符合下列规定：

①护壁的厚度、拉接钢筋、配筋及混凝土强度等级均应符合设计要求。

②上下节护壁的搭接长度不得小于 50mm。

③每节护壁均应在当日连续施工完毕。

④护壁混凝土必须保证振捣密实，应根据土层渗水情况使用速凝剂。

⑤护壁模板的拆除应在灌注混凝土 24h 之后。

⑥发现护壁有蜂窝、漏水现象时，应及时补强。

⑦同一水平面上的井圈任意直径的极差不得大于 50mm。

任务三　砌体工程的质量控制

一　砖砌体工程质量控制

1. 材料质量控制

（1）砖的品种、强度等级必须符合设计要求，并应规格一致，有出厂合格证及试验单，严格检验手续，对不合格品坚决退场。

（2）砂浆用砂不得含有害物质及草根等杂物，配制 M10 以上砂浆，砂的含泥量不应超过 3%，并应通过 5mm 筛孔进行筛选。

（3）水泥进场使用前，应分批对其强度、安定性进行复试；检验批应以同一生产厂家、同一编号为一批；当在使用中对水泥质量有怀疑或水泥出厂超过 3 个月时，应复查试验，并按其结果使用；不同品种的水泥不得混合使用。

（4）砂浆配合比应采用质量比，并由试验室确定。水泥计量精度为±2%，砂、掺合料为±5%。砌筑砂浆宜用机械搅拌，搅拌时间不少于 2min。砂浆应随拌随用，一般水泥砂浆和水泥混合砂浆须在拌成后 3～4h 内使用完，不允许使用过夜砂浆。每一施工段或每 250m³ 砌体，各种砂浆每台搅拌机至少抽检一次，做一组试块（一组 6 块）；如砂浆强度等级或配合比变更时，还应制作试块。

2. 砌筑质量控制要点

（1）原材料必须逐车过磅，计量准确；搅拌时间要达到规定的要求；砂浆试块应由专人负责制作与养护。

（2）排砖时必须把立缝排匀，砌完一步架高度，每隔两皮砖在丁砖立楞处用托线板吊直。外墙上有门窗洞口时，上层窗口必须同下层窗口保持垂直。

（3）立皮数杆要保持标高一致，盘角时灰缝要掌握均匀，砌砖时准线要拉紧，防止一层线松，一层线紧。

（4）舌头灰刮尽，保持墙面整洁；正确排砖，避免造成通缝；确保标高及平直度准确，防止墙背面偏差过大，水平灰缝不平直、不均匀。

（5）构造柱砖墙应砌成大马牙槎。设置好拉结筋，从柱脚开始两侧都应先退后进，进退 6cm，并保证混凝土浇筑密实，构造柱内的落地灰、砖渣杂物必须清理干净，防止混凝土内夹渣。

3. 砌筑质量检验

（1）主控项目。

①砖和砂浆的强度等级必须符合设计要求。

抽检数量：每一生产厂家，烧结普通砖、混凝土实心砖每 15 万块为一验收批；烧结多孔砖、混凝土多孔砖、蒸压灰砂砖及蒸压粉煤灰砖每 10 万块各为一验收批；不足上述数量时按一批计，抽检数量为 1 组。砂浆试块的抽检数量执行《砌体结构工程施工质量验收规范》（GB 50203—2011）第 4.0.12 条的有关规定。

检验方法：查砖和砂浆试块试验报告。

②砌体灰缝砂浆应密实饱满，砖墙水平灰缝的砂浆饱满度不得小于 80%，砖柱水平灰缝和竖向灰缝饱满度不得小于 90%。

抽检数量：每检验批抽查不应少于 5 处。

检验方法：用百格网检查砖底面与砂浆的黏结痕迹面积，每处检测 3 块砖，取其平均值。

③砖砌体的转角处和交接处应同时砌筑，严禁无可靠措施的内外墙分砌施工。在抗震设防烈度为 8 度及 8 度以上地区，对不能同时砌筑而又必须留置的临时间断处应砌成斜槎，普通砖砌体斜槎水平投影长度不应小于高度的 2/3，多孔砖砌体斜槎长高比不应小于 1：2。斜槎高度不得超过一步脚手架的高度。

抽检数量：每检验批抽查不应少于 5 处。

检验方法：观察检查。

④非抗震设防及抗震设防烈度为 6 度、7 度地区的临时间断处，当不能留斜槎时，除转角处外，可留直槎，但直槎必须做成凸槎，且应加设拉结钢筋，拉结钢筋应符合下列规定：

每 120mm 墙厚放置 1Φ6 拉结钢筋（120mm 厚墙放置 2Φ6 拉结钢筋），间距沿墙高不应超过 500mm，且竖向间距偏差不应超过 100mm，埋入长度从留槎处算起每边均不应小于 500mm；对抗震设防烈度 6 度、7 度的地区，不应小于 1000mm，末端应有 90°弯钩。

抽检数量：每检验批抽查不应少于 5 处。

检验方法：观察和尺量检查。

（2）一般项目。

①砖砌体组砌方法应正确，内外搭砌，上下错缝。清水墙、窗间墙无通缝，混水墙中不得有长度大于 300mm 的通缝，长度 200～300mm 的通缝每间不超过 3 处，且不得位于同一面墙体上。砖柱不得采用包心砌法。

抽检数量：每检验批抽查不应小于 5 处。

检验方法：观察检查。砌体组砌方法抽检每处应为 3～5m。

②砖砌体的灰缝应横平竖直，厚薄均匀，水平灰缝厚度及竖向灰缝宽度宜为 10mm，但不应小于 8mm，也不应大于 12mm。

抽检数量：每检验批抽查不应小于 5 处。

检验方法：水平灰缝厚度用尺量 10 皮砖砌体高度折算，竖向灰缝宽度用尺量 2m 砌体长度折算。

③砖砌体尺寸、位置的允许偏差及检验应符合表 3-7 的规定。

砖砌体一般尺寸、位置的允许偏差及检验 表 3-7

项次	项目			允许偏差（mm）	检验方法	抽检数量
1	轴线位移			10	用经纬仪和尺或用其他测量仪器检查	承重墙、柱全数检查
2	基础、墙、柱顶面标高			±15	用水准仪和尺检查	不应少于 5 处
3	墙面垂直度	每层		5	用 2m 拖线板检查	不应少于 5 处
		全高	≤10m	10	用经纬仪、吊线和尺或用其他测量仪器检查	外墙全部阳角
			>10m	20		
4	表面平整度	清水墙、柱		5	用 2m 靠尺和楔形塞尺检查	不应少于 5 处
		混水墙、柱		8		
5	水平灰缝平直度	清水墙		7	拉 5m 线和尺检查	不应少于 5 处
		混水墙		10		
6	门窗洞口高、宽（后塞口）			±10	用尺检查	不应少于 5 处
7	外墙上下窗口偏移			20	以底层窗口为准，用经纬仪或吊线检查	不应少于 5 处
8	清水墙游丁走缝			20	以每层第一皮砖为准，用吊线和尺检查	不应少于 5 处

二、混凝土小型空心砌块砌体工程质量控制

1. 混凝土小型空心砌块砌体工程质量控制要点

（1）施工前应按房屋设计图编绘小砌块平、立面排块图，施工中应按排块图施工。

（2）施工所用的小砌块的产品龄期不应小于28d。

（3）砌筑小砌块时，应清除表面污物，剔除外观质量不合格的小砌块。

（4）砌筑小砌块砌体宜选用专用的小砌块砌筑砂浆。

（5）底层室内地面以下或防潮层以下的砌体，应采用强度等级不低于C20（或Cb20）的混凝土灌实小砌块的孔洞。

（6）砌筑普通混凝土小型空心砌块砌体，不需对小砌块浇水湿润，如遇天气干燥炎热，宜在砌筑前对其喷水湿润；对轻骨料混凝土小砌块，应提前浇水湿润，块体的相对含水率宜为40%~50%。下雨及小砌块表面有浮水时，不得施工。

（7）承重墙体使用的小砌块应完整、无破损、无裂缝。

（8）小砌块墙体应孔对孔、肋对肋错缝搭砌。单排孔小砌块的搭接长度应为块体长度的1/2；多排孔小砌块的搭接长度可适当调整，但不宜小于砌块长度的1/3，且不应小于90mm。墙体的个别部位不能满足上述要求时，应在灰缝中设置拉结钢筋或钢筋网片，但竖向通缝仍不得超过两皮小砌块。

（9）小砌块应将生产时的底面朝上反砌于墙上。

（10）小砌块墙体宜逐块坐（铺）浆砌筑。

（11）在散热器、厨房和卫生间等设备的卡具安装处砌筑的小砌块，宜在施工前用强度等级不低于C20（或Cb20）的混凝土将其孔洞灌实。

（12）每步架墙（柱）砌筑完工后，应随即刮平墙体灰缝。

（13）芯柱处小砌块墙体砌筑应符合下列规定：

①每一楼层芯柱处第一皮砌块应采用开口小砌块。

②砌筑时应随砌随清除小砌块孔内的毛边，并将灰缝中挤出的砂浆刮净。砂浆强度大于1MPa时，方可浇灌芯柱混凝土。

（14）芯柱混凝土宜选用专用小砌块灌孔混凝土。浇筑芯柱混凝土应符合下列规定：

①每次连续浇筑的高度宜为半个楼层，但不应大于1.8m。

②浇筑芯柱混凝土时，砌筑砂浆强度应大于1MPa。

③清除孔内掉落的砂浆等杂物，并用水冲淋孔壁。

④浇筑芯柱混凝土前，应先注入适量与芯柱混凝土成分相同去石的砂浆。

⑤每浇筑400~500mm高度捣实一次，或边浇筑边捣实。

2. 混凝土小型空心砌块砌体工程质量验收

（1）主控项目：

①小砌块和芯柱混凝土、砌筑砂浆的强度等级必须符合设计要求。

抽检数量：每一生产厂家，每1万块小砌块为一验收批。不足1万块按一批计，抽检数量为1组，用于多层以上建筑的基础和底层的小砌块抽检数量不应少于2组。砂浆试块的抽

检数量执行《砌体结构工程施工质量验收规范》（GB 50203—2011）第 4.0.12 条的有关规定。

检验方法：检查小砌块和芯柱混凝土、砌筑砂浆试块试验报告。

②砌体水平灰缝和竖向灰缝的砂浆饱满度，按净面积计算不得低于90%。

抽检数量：每检验批抽检不应少于 5 处。

检验方法：用专用百格网检测小砌块与砂浆黏结痕迹，每处检测 3 块小砌块，取其平均值。

③墙体转角处和纵横交接处应同时砌筑。临时间断处应砌成斜槎，斜槎水平投影长度不应小于斜槎高度。施工洞口可预留直槎，但在洞口砌筑和补砌时，应在直槎上下搭砌的小砌块孔洞内用强度等级不低于 C20（或 Cb20）的混凝土灌实。

抽检数量：每检验批抽查不应少于 5 处。

检验方法：观察检查。

④小砌块砌体的芯柱在楼盖处应贯通，不得削弱芯柱截面尺寸；芯柱混凝土不得漏灌。

抽检数量：每检验批抽查不应少于 5 处。

检验方法：观察检查。

（2）一般项目。

①砌体的水平灰缝厚度和竖向灰缝宽度宜为10mm，但不应小于8mm，也不应大于12mm。

抽检数量：每检验批抽查不应少于 5 处。

检验方法：水平灰缝厚度用尺量 5 皮小砌块的高度折算；竖向灰缝宽度用尺量 2m 砌体长度折算。

②小砌块砌体尺寸、位置的允许偏差应按规范规定执行。

三　配筋砌体工程质量控制

1. 一般规定

（1）施工配筋小砌块砌体剪力墙，应采用专用的小砌块砌筑砂浆砌筑，专用小砌块灌孔混凝土浇筑芯柱。

（2）设置在灰缝内的钢筋应居中置于灰缝内，水平灰缝厚度应大于钢筋直径4mm以上。

2. 主控项目

(1) 钢筋的品种、规格、数量和设置部位应符合设计要求。

检验方法：检查钢筋的合格证书、钢筋性能复试试验报告、隐蔽工程记录。

（2）构造柱、芯柱、组合砌体构件、配筋砌体剪力墙构件的混凝土及砂浆的强度等级应符合设计要求。

抽检数量：每检验批砌体，试块不应少于 1 组，验收批砌体试块不得少于 3 组。

检验方法：检查混凝土和砂浆试块试验报告。

（3）柱与墙体的连接处应符合下列规定：

①墙体应砌成马牙槎，马牙槎凹凸尺寸不宜小于 60mm，高度不应超过 300mm，马牙槎应先退后进，对称砌筑；马牙槎尺寸偏差每一构造柱不应超过 2 处。

②预留拉结钢筋的规格、尺寸、数量及位置应正确，拉结钢筋沿墙高每隔 500mm 设 2ϕ6，伸入墙内不宜小于 600mm，钢筋的竖向移位不应超过 100mm，且竖向移位每一构造

柱不得超过2处。

③施工中不得任意弯折拉结钢筋。

抽检数量：每检验批抽查不应少于5处。

检验方法：观察检查和尺量检查。

（4）配筋砌体中受力钢筋的连接方式及锚固长度、搭接长度应符合设计要求。

抽检数量：每检验批抽查不应少于5处。

检验方法：观察检查。

3. 一般项目

（1）构造柱一般尺寸允许偏差及检验方法应符合表3-8的规定。

构造柱一般尺寸允许偏差及检验方法 表3-8

项次	项目		允许偏差（mm）	检验方法
1	中心线位置		10	用经纬仪和尺检查或用其他测量仪器检查
2	层间错位		8	用经纬仪和尺检查或用其他测量仪器检查
3	垂直度	每层	10	用2m托线板检查
		全高 ≤10m	15	用经纬仪、吊线和尺检查或用其他测量仪器检查
		全高 >10m	20	

抽检数量：每检验批抽查不应少于5处。

（2）设置在砌体灰缝中钢筋的防腐保护应符合《砌体结构工程施工质量验收规范》（GB 50203—2011）第3.0.16条的规定，且钢筋防护层完好，不应有肉眼可见的裂纹、剥落和擦痕等缺陷。

抽检数量：每检验批抽查不应少于5处。

检验方法：观察检查。

（3）网状配筋砖砌体中，钢筋网规格及放置间距应符合设计规定。每一构件钢筋网沿砌体高度位置超过设计规定一皮砖厚不得多于一处。

抽检数量：每检验批抽查不应少于5处。

检验方法：通过钢筋网成品检查钢筋规格，钢筋网放置间距采用局部剔缝观察，或用探针刺入灰缝内检查，或用钢筋位置测定仪测定。

（4）钢筋安装位置的允许偏差及检验方法应符合表3-9的规定。

钢筋安装位置的允许偏差及检验方法 表3-9

项目		允许偏差（mm）	检验方法
受力钢筋保护层厚度	网状配筋砌体	±10	检查钢筋网成品，钢筋网放置位置局部剔缝观察，或用探针刺入灰缝内检查，或用钢筋位置测定仪测定
	组合砖砌体	±5	支模前观察与尺量检查
	配筋小砌块砌体	±10	浇筑灌孔混凝土前观察与尺量检查
配筋小砌块砌体墙凹槽中水平钢筋间距		±10	钢尺量连续3档，取最大值

抽检数量：每检验批抽查不应少于5处。

四 填充墙砌体工程质量控制

（1）砌筑填充墙时，轻骨料混凝土小型空心砌块和蒸压加气混凝土砌块的产品龄期不应小于28d，蒸压加气混凝土砌块的含水率宜小于30%。

（2）采用普通砌筑砂浆砌筑填充墙时，烧结空心砖、吸水率较大的轻骨料混凝土小型空心砌块应提前1~2d浇（喷）水湿润。蒸压加气混凝土砌块采用蒸压加气混凝土砌块砌筑砂浆或普通砌筑砂浆砌筑时，应在砌筑当天对砌块砌筑面喷水湿润。

（3）采用薄灰砌筑法施工的蒸压加气混凝土砌块及吸水率较小的轻骨料混凝土小型空心砌块，砌筑前不应对其浇（喷）水浸润。

（4）在厨房、卫生间、浴室等处采用轻骨料混凝土小型空心砌块、蒸压加气混凝土砌块砌筑墙体时，墙底部宜现浇混凝土坎台等，其高度宜为150mm。

（5）填充墙拉结筋处的下皮小砌块宜采用半盲孔小砌块或用混凝土灌实孔洞的小砌块；薄灰砌筑法施工的蒸压加气混凝土砌块砌体，拉结筋应放置在砌块上表面设置的沟槽内。

（6）蒸压加气混凝土砌块、轻骨料混凝土小型空心砌块不应与其他块体混砌，不同强度等级的同类砌块也不得混砌。

①窗台处和因安装门窗需要，在门窗洞口处两侧填充墙上、中、下部可采用其他块体局部嵌砌。

②对与框架柱、梁不脱开方法的填充墙，填塞填充墙顶部与梁之间缝隙可采用其他块体。

（7）填充墙砌体砌筑，应待承重主体结构检验批验收合格后进行。填充墙与承重主体结构间的空（缝）隙部位施工，应在填充墙砌筑14d后进行。

（8）砌筑填充墙时应错缝搭砌，蒸压加气混凝土砌块搭砌长度不应小于砌块长度的1/3；轻骨料混凝土小型空心砌块搭砌长度不应小于90mm；竖向通缝不应大于2皮。

（9）填充墙的水平灰缝厚度和竖向灰缝宽度应正确。

①烧结空心砖、轻骨料混凝土小型空心砌块砌体的灰缝应为8~12mm。

②当蒸压加气混凝土砌块砌体采用水泥砂浆、水泥混合砂浆或蒸压加气混凝土砌块砌筑砂浆时，水平灰缝厚度及竖向灰缝宽度不应超过15mm。

③当蒸压加气混凝土砌块砌体采用蒸压加气混凝土砌块黏结砂浆时，水平灰缝厚度和竖向灰缝宽度宜为3~4mm。

（10）填充墙砌体工程质量检验应按《砌体结构工程施工质量验收规范》（GB 50203—2011）及国家建筑标准设计图集《砌体填充墙结构构造》（22G614-1）执行。

任务四 钢筋混凝土工程的质量控制

一 钢筋工程质量控制

1. 一般规定

（1）当钢筋的品种、级别或规格需作变更时，应办理设计变更文件。

(2) 在浇筑混凝土之前，应进行钢筋隐蔽工程验收，其内容包括：

①纵向受力钢筋的品种、规格、数量、位置等。

②钢筋的连接方式、接头位置、接头数量、接头面积百分率等。

③箍筋、横向钢筋的品种、规格、数量、间距等。

④预埋件的规格、数量、位置等。

2. 原材料

(1) 主控项目

1) 钢筋进场时应按国家现行相关标准的规定抽取试件，作力学性能和质量偏差检验，检验结果必须符合有关标准的规定。

检查数量：按进场的批次和产品的抽样检验方案确定。

检验方法：检查出厂合格证、出厂检验报告和进场复验报告。

2) 对有抗震设防要求的结构，其纵向受力钢筋的性能应满足设计要求；当设计无具体要求时，对按一、三级抗震等级设计的框架和斜撑构件（含梯段）中的纵向受力钢筋应采用 HRB400E、HRB500E、HRBF400E 或 HRBF500E 钢筋，其强度和最大力下总延伸率的实测值应符合下列规定：

①钢筋的抗拉强度实测值与屈服强度实测值的比值不应小于 1.25。

②钢筋的屈服强度实测值与屈服强度标准值的比值不应大于 1.30。

③钢筋在最大力下总延伸率不应小于 9%。

检查数量：按进场的批次和产品的抽样检验方案确定。

检查方法：检查进场复验报告。

3) 当发现钢筋脆断、焊接性能不良或力学性能显著不正常等现象时，应对该批钢筋进行化学成分检验或其他专项检验。

检验方法：检查化学成分等专项检验报告。

(2) 一般项目

钢筋应平直、无损伤，表面不得有裂纹、油污、颗粒状或片状老锈。

检查数量：进场时和使用前全数检查。

检验方法：观察。

3. 钢筋加工

(1) 主控项目。

1) 受力钢筋的弯钩和弯折应符合下列规定：

①HPB300 级钢筋末端应制作 180°弯钩，其弯弧内直径不应小于钢筋直径的 2.5 倍，弯钩的弯后平直部分长度不应小于钢筋直径的 3 倍。

②当设计要求钢筋末端需制作 135°弯钩时，HRB400、RRB400 级钢筋的弯弧内直径不应小于钢筋直径的 4 倍，弯钩的弯后平直部分长度应符合设计要求。

③钢筋制作不大于 90°的弯折时，弯折处的弯弧内直径不应小于钢筋直径的 5 倍。

检查数量：按每工作班同一类型钢筋、同一加工设备抽查不应少于 3 件。

检验方法：钢尺检查。

2) 除焊接封闭环式箍筋外，箍筋的末端应做弯钩，弯钩形式应符合设计要求；当设计无具体要求时，应符合下列规定：

①箍筋弯钩的弯弧内直径除应满足《混凝土结构工程施工质量验收规范》(GB 50204—2015) 第 5.3.1 条的规定外，尚应不小于受力钢筋直径。

②箍筋弯钩的弯折角度：对一般结构不应小于 90°；对有抗震等要求的结构应为 135°。

③箍筋弯后平直部分长度：对一般结构不宜小于箍筋直径的 5 倍；对有抗震等要求的结构不应小于箍筋直径的 10 倍。

检查数量：按每工作班同一类型钢筋、同一加工设备抽查不应少于 3 件。

检验方法：钢尺检查。

（2）一般项目。

①钢筋调直宜采用机械方法。

检查数量：按每工作班同一类型钢筋、同一加工设备抽查不应少于 3 件。

检验方法：观察，钢尺检查。

②钢筋加工的形状、尺寸应符合设计要求，其偏差应符合表 3-10 的规定。

钢筋加工的允许偏差 表 3-10

项目	允许偏差（mm）
受力钢筋顺长度方向全长的净尺寸	±10
弯起钢筋的弯折位置	±20
箍筋内净尺寸	±5

检查数量：按每工作班同一类型钢筋、同一加工设备抽查不应少于 3 件。

检验方法：用钢尺检查。

4. 钢筋连接

（1）钢筋连接可采用绑扎搭接、机械连接或焊接。机械连接接头及焊接接头的类型及质量应符合国家现行有关标准的规定。

混凝土结构中受力钢筋的连接接头宜设置在受力较小处。在同一根受力钢筋上宜少设接头。在结构的重要构件和关键传力部位，纵向受力钢筋不宜设置连接接头。

（2）轴心受拉及小偏心受拉杆件的纵向受力钢筋不得采用绑扎搭接；其他构件中的钢筋采用绑扎搭接时，受拉钢筋直径不宜大于 25mm，受压钢筋直径不宜大于 28mm。

（3）同一构件中相邻纵向受力钢筋的绑扎搭接接头宜互相错开。钢筋绑扎搭接接头连接区段的长度为 1.3 倍搭接长度，凡搭接接头中点位于该连接区段长度内的搭接接头均属于同一连接区段。同一连接区段内纵向受力钢筋搭接接头面积百分率，为该区段内有搭接接头的纵向受力钢筋与全部纵向受力钢筋截面面积的比值。当直径不同的钢筋搭接时，按直径较小的钢筋计算。

位于同一连接区段内的受拉钢筋搭接接头面积百分率：对梁类、板类及墙类构件，不宜大于 25%；对柱类构件，不宜大于 50%。当工程中确有必要增大受拉钢筋搭接接头面积百分率时：对梁类构件不宜大于 50%，对板、墙、柱及预制构件的拼接处，可根据实际情况放宽。

并筋采用绑扎搭接连接时,应按每根单筋错开搭接的方式连接。接头面积百分率应按同一连接区段内所有的单根钢筋计算。并筋中钢筋的搭接长度应按单筋分别计算。

(4) 纵向受拉钢筋绑扎搭接接头的搭接长度,应根据位于同一连接区段内的钢筋搭接接头面积百分率按公式计算,且不应小于 300mm。

(5) 构件中的纵向受压钢筋当采用搭接连接时,其受压搭接长度不应小于纵向受拉钢筋搭接长度的 70%,且不应小于 200mm。

(6) 纵向受力钢筋的机械连接接头宜相互错开。钢筋机械连接区段的长度为 $35d$(d 为连接钢筋的较小直径)。凡接头中点位于该连接区段长度内的机械连接接头均属于同一连接区段。

位于同一连接区段内的纵向受拉钢筋接头面积百分率不宜大于 50%;但对板、墙、柱及预制构件的拼接处,可根据实际情况放宽。纵向受压钢筋的接头百分率可不受限制。

机械连接套筒的保护层厚度宜满足有关钢筋最小保护层厚度的规定。机械连接套筒的横向净间距不宜小于 25mm;套筒处箍筋的间距仍应满足相应的构造要求。

直接承受动力荷载结构构件中的机械连接接头,除应满足设计要求的抗疲劳性能外,位于同一连接区段内的纵向受力钢筋接头面积百分率不应大于 50%。

(7) 细晶粒热轧带肋钢筋以及直径大于 28mm 的带肋钢筋,其焊接应经试验确定;余热处理钢筋不宜焊接。

纵向受力钢筋的焊接接头应相互错开。钢筋焊接接头连接区段的长度为 $35d$(d 为连接钢筋的较小直径)且不小于 500mm,凡接头中点位于该连接区段长度内的焊接接头均属于同一连接区段。

纵向受拉钢筋的接头面积百分率不宜大于 50%,但对预制构件的拼接处,可根据实际情况放宽。纵向受压钢筋的接头百分率可不受限制。

(8) 需进行疲劳验算的构件,其纵向受拉钢筋不得采用绑扎搭接接头,也不宜采用焊接接头,除端部锚固外不得在钢筋上焊有附件。

当直接承受吊车荷载的钢筋混凝土吊车梁、屋面梁及屋架下弦的纵向受拉钢筋采用焊接接头时,应符合下列规定:

①应采用闪光对焊,并去掉接头的毛刺及卷边。

②同一连接区段内纵向受拉钢筋焊接接头面积百分率不应大于 25%,焊接接头连接区段的长度应取为 $45d$(d 为纵向受力钢筋的较大直径)。

5. 钢筋安装

钢筋安装位置的偏差应符合表 3-11 的规定。

钢筋安装位置的允许偏差和检验方法　　　　表 3-11

项目		允许偏差(mm)	检验方法
绑扎钢筋网	长、宽	±10	钢尺检查
	网眼尺寸	±20	钢尺量连续 3 档,取最大值
绑扎钢筋骨架	长	±10	钢尺检查
	宽、高	±5	钢尺检查

续上表

项目		允许偏差（mm）	检验方法
受力钢筋	间距	±10	钢尺量两端、中间各一点，取最大值
	排距	±5	
	保护层厚度 基础	±10	钢尺检查
	保护层厚度 柱、梁	±5	钢尺检查
	保护层厚度 板、墙、壳	±3	钢尺检查
绑扎箍筋、横向钢筋间距		±20	钢尺量连续3档，取最大值
钢筋弯起点位置		+20，0	钢尺检查
预埋件	中心线位置	+5，0	钢尺检查
	水平高差	+3，0	钢尺和塞尺检查

注：1. 检查预埋件中心线位置时，应沿纵、横两个方向量测，并取其中的较大值。
2. 梁、板类构件上部纵向受力钢筋保护层厚度的合格点率应达到90%及以上，且不得有超过表中数值1.5倍的尺寸偏差。

检查数量：在同一检验批内，对梁、柱和独立基础应抽查构件数量的10%，且不少于3件；对墙和板应按有代表性的自然间抽查10%，且不少于3间；对大空间结构，墙可按相邻轴线间高度5m左右划分检查面，板可按纵、横轴线划分检查面，抽查10%，且均不少于3面。

二　模板工程质量控制

1．一般规定

（1）模板及其支架应根据工程结构形式、荷载大小、地基土类别、施工设备和材料供应等条件进行设计。模板及其支架应具有足够的承载能力、刚度和稳定性，能可靠地承受浇筑混凝土的质量、侧压力以及施工荷载。

（2）在浇筑混凝土之前，应对模板工程进行验收。

模板安装和浇筑混凝土时，应对模板及其支架进行观察和维护。发生异常情况时，应按施工技术方案及时进行处理。

（3）模板及其支架拆除的顺序及安全措施应按施工技术方案执行。

2．模板安装

（1）主控项目。

①装现浇结构的上层模板及其支架时，下层模板应具有承受上层荷载的承载能力，也可加设支架；上、下层支架的立柱应对准，并铺设垫板。

检查数量：全数检查。

检验方法：对照模板设计文件和施工技术方案观察。

②在涂刷模板隔离剂时，不得污染钢筋和混凝土接槎处。

检查数量：全数检查。

检验方法：观察。

（2）一般项目。

①模板安装应满足下列要求：模板的接缝不应漏浆；在浇筑混凝土前，木模板应浇水湿润，但模板内不应有积水。

②模板与混凝土的接触面应清理干净并涂刷隔离剂，但不得采用影响结构性能或妨碍装饰工程施工的隔离剂。

③浇筑混凝土前，模板内的杂物应清理干净。

④对清水混凝土工程及装饰混凝土工程，应使用能达到设计效果的模板。

检查数量：全数检查。

检验方法：观察。

⑤用作模板的地坪、胎模等应平整光洁，不得产生影响构件质量的下沉、裂缝、起砂或起鼓。

检查数量：全数检查。

检验方法：观察。

⑥对跨度不小于 4m 的现浇钢筋混凝土梁、板，其模板应按设计要求起拱；当设计无具体要求时，起拱高度宜为跨度的 1/1000～3/1000。

检查数量：在同一检验批内，对梁，应抽查构件数量的 10%，且不少于 3 件；对板，应按有代表性的自然间抽查 10%，且不少于 3 间；对大空间结构，板可按纵、横轴线划分检查面，抽查 10%，且不少于 3 面。

检验方法：采用水准仪或拉线、钢尺检查。

⑦固定在模板上的预埋件、预留孔和预留洞均不得遗漏，且应安装牢固，其偏差应符合表 3-12 的规定。

预埋件和预留孔洞的允许偏差　　　　　表 3-12

项目		允许偏差（mm）
预埋钢板中心线位置		3
预埋管、预留孔中心线位置		3
插筋	中心线位置	5
	外露长度	0，+10
预埋螺栓	中心线位置	2
	外露长度	0，+10
预留洞	中心线位置	10
	尺寸	0，+10

注：检查中心线位置时，应沿纵、横两个方向量测，并取其中的较大值。

检查数量：在同一检验批内，对梁、柱和独立基础，应抽查构件数量的 10%，且不少于 3 件；对墙和板，应按有代表性的自然间抽查 10%，且不少于 3 间；对大空间结构，墙可按相邻轴线间高度 5m 左右划分检查面，板可按纵横轴线划分检查面，抽查 10%。

检验方法：钢尺检查。

⑧现浇结构模板安装的偏差应符合表 3-13 的规定。

检查数量：在同一检验批内，对梁、柱和独立基础，应抽查构件数量的10%，且不少于3件；对墙和板，应按有代表性的自然间抽查10%，且不少于3间；对大空间结构，墙可按相邻轴线间高度5m左右划分检查面，板可按纵、横轴线划分检查面，抽查10%，且均不少于3面。

现浇结构模板安装的允许偏差及检验方法　　　　　　　　　　　　　表3-13

项目		允许偏差（mm）	检验方法
轴线位置		5	钢尺检查
底模上表面标高		±5	水准仪或拉线、钢尺检查
截面内部尺寸	基础	±10	钢尺检查
	柱、墙、梁	+4，-5	钢尺检查
层高垂直度	不大于5m	6	经纬仪或吊线、钢尺检查
	大于5m	8	经纬仪或吊线、钢尺检查
相邻两板表面高低差		2	钢尺检查
表面平整度		5	2m靠尺和塞尺检查

注：检查轴线位置时，应沿纵、横两个方向量测，并取其中的较大值。

⑨预制构件模板安装的偏差应符合表3-14的规定。

预制构件模板安装的允许偏差及检验方法　　　　　　　　　　　　　表3-14

项目		允许偏差（mm）	检验方法
长度	板、梁	±5	钢尺量两角边，取其中较大值
	薄腹梁、桁架	±10	
	柱	0，-10	
	墙、板	0，-5	
宽度	板、墙板	0，-5	钢尺量一端及中部，取其中较大值
	梁、薄腹梁、桁架、柱	+2，-5	
高（厚）度	板	+2，-3	钢尺量一端及中部，取其中较大值
	墙、板	0，-5	
	梁、薄腹梁、桁架、柱	+2，-5	
侧向弯曲	梁、板、柱	$l/1000$ 且 $\leqslant 15$	拉线、钢尺量最大弯曲处
	墙板、薄腹梁、桁架	$l/1500$ 且 $\leqslant 15$	
板的表面平整度		3	2m靠尺和塞尺检查
相邻两板表面高低差		1	钢尺检查
对角线差	板	7	钢尺量两个对角线
	墙板	5	
翘曲	板、墙板	$l/1500$	调平尺在两端量测
设计起拱	薄腹梁、桁架、梁	±3	拉线、钢尺量跨中

注：l为构件长度（mm）。

检查数量：首次使用及大修后的模板应全数检查；使用中的模板应定期检查，并根据使用情况不定期抽查。

3. 模板拆除质量控制

（1）底模及其支架拆除时，检查同条件养护试件强度试验报告，混凝土强度应符合设计要求；当设计无具体要求时，混凝土强度应符合表3-15的规定。

底模拆除时的混凝土强度要求　　　　　　　　　　表3-15

构件类型	构件跨度（m）	按达到设计混凝土强度等级值的百分率计（%）
板	≤2	≥50
板	>2，≤8	≥75
板	>8	≥100
梁、拱、壳	≤8	≥75
梁、拱、壳	>8	≥100
悬臂结构	—	≥100

（2）对后张法预应力混凝土结构构件，侧模宜在预应力张拉前拆除；底模支架的拆除应按施工技术方案执行，当无具体要求时，不应在结构构件建立预应力前拆除。

（3）侧模拆除时的混凝土强度应能保证其表面及棱角不受损伤。

（4）模板拆除时不应对楼层形成冲击荷载。拆除的模板和支架宜分散堆放并及时清运。

三、混凝土工程质量控制

1. 主控项目

（1）结构混凝土的强度等级必须符合设计要求。用于检查结构构件混凝土强度的试件，应在混凝土的浇筑地点随机抽取。取样与试件留置应符合下列规定：

①每拌制100盘且不超过100m³的同配合比的混凝土，取样不得少于一次。

②每工作班拌制的同一配合比的混凝土不足100盘时，取样不得小于一次。

③当一次连续浇筑超过1000m³时，同一配合比的混凝土每200m³取样不得少于一次。

④每一楼层、同一配合比的混凝土，取样不得少于一次。

⑤每次取样应至少留置一组标准养护试件，同条件养护试件的留置组数应根据实际需要确定。

检验方法：检查施工记录及试件强度试验报告。

（2）对有抗渗要求的混凝土结构，其混凝土试件应在浇筑地点随机取样。同一工程、同一配合比的混凝土，取样不应少于一次，留置组数可根据实际需要确定。

检验方法：检查试件抗渗试验报告。

（3）混凝土原材料每盘称量的偏差应符合表3-16的规定。

检查数量：每工作班抽查不应少于一次。

检验方法：复称。

原材料每盘称量的允许偏差　　　　　　　　　　表 3-16

材料名称	允许偏差	材料名称	允许偏差
水泥、掺合料	±2%	水、外加剂	±2%
粗、细骨料	±3%	—	—

注：1. 各种衡器应定期校验，每次使用前应进行零点校核，保持计量准确。
　　2. 当遇雨天或含水率有显著变化时，应增加含水率检测次数，并及时调整水和骨料的用量。

（4）混凝土运输、浇筑及间歇的全部时间不应超过混凝土的初凝时间。同一施工段的混凝土应连续浇筑，并应在底层混凝土初凝之前将上一层混凝土浇筑完毕。当底层混凝土初凝后浇筑上一层混凝土时，应按施工技术方案中对施工缝的要求进行处理。

检查数量：全数检查。

检验方法：观察；检查施工记录。

2. 一般项目

（1）施工缝的位置应在混凝土浇筑前按设计要求和施工技术方案确定。施工缝的处理应按施工技术方案执行。

检查数量：全数检查。

检验方法：观察；检查施工记录。

（2）后浇带的留置位置应按设计要求和施工技术方案确定。后浇带混凝土浇筑应按施工技术方案进行。

检查数量：全数检查。

检验方法：观察，检查施工记录。

（3）混凝土浇筑完毕后，应按施工技术方案及时采取有效的养护措施，并应符合下列规定：

①应在浇筑完毕后的 12h 以内对混凝土加以覆盖并保湿养护。

②混凝土浇水养护的时间：对采用硅酸盐水泥、普通硅酸盐水泥或矿渣硅酸盐水泥拌制的混凝土，不得少于 7d；对掺用缓凝型外加剂或有抗渗要求的混凝土，不得少于 14d。

③浇水次数应能保护混凝土处于湿润状态，混凝土养护用水应与拌制用水相同。

④采用塑料布覆盖养护的混凝土，其敞露的全部表面应覆盖严密，并应保护塑料布内有凝结水。

⑤混凝土强度达到 $1.2N/mm^2$ 前，不得在其上踩踏或安装模板及支架。

应当注意的是：当日平均气温低于 5℃时，不得浇水；当采用其他品种水泥时，混凝土的养护时间应根据所采用水泥的技术性能确定；混凝土表面不便浇水或使用塑料布时，宜涂刷养护剂；对大体积混凝土的养护，应根据气候条件按施工技术方案采取控温措施。

检查数量：全数检查。

检验方法：观察；检查施工记录。

四 现浇混凝土工程外观质量和尺寸偏差的质量验收

1. 一般规定

（1）现浇结构的外观质量缺陷，应由监理（建设）单位、施工单位等各方根据其对结构性能和使用功能影响的严重程度，按表3-17确定。

现浇结构外观质量缺陷　　　　　　　　　　　　表3-17

名称	现象	严重缺陷	一般缺陷
露筋	构件内钢筋未被混凝土包裹而外露	纵向受力钢筋有露筋	其他钢筋有少量露筋
蜂窝	混凝土表面缺少水泥砂浆面形成石子外露	构件主要受力部位有蜂窝	其他部位有少量蜂窝
孔洞	混凝土中孔穴深度和长度均超过保护层厚度	构件主要受力部位有孔洞	其他部位有少量孔洞
夹渣	混凝土中夹有杂物且深度超过保护层厚度	构件主要受力部位有夹渣	其他部位有少量夹渣
疏松	混凝土中局部不密实	构件主要受力部位有疏松	其他部位有少量疏松
裂缝	缝隙从混凝土表面延伸至混凝土内部	构件主要受力部位有影响结构性能或使用功能的裂缝	其他部位有少量不影响结构性能或使用功能的裂缝
连接部位缺陷	构件连接处混凝土缺陷及连接钢筋、连接件松动	连接部位有影响结构传力性能的缺陷	连接部位有基本不影响结构传力性能的缺陷
外形缺陷	缺棱掉角、棱角不直、翘曲不平、飞边凸肋等	清水混凝土构件有影响使用功能或装饰效果的外形缺陷	其他混凝土构件有不影响使用功能的外形缺陷
外表缺陷	构件表面麻面、掉皮、起砂、污染等	具有重要装饰效果的清水混凝土构件有外表缺陷	其他混凝土构件有不影响使用功能的外表缺陷

（2）现浇结构拆模后，应由监理（建设）单位、施工单位对外观质量和尺寸偏差进行检查，做出记录，并应及时按施工技术方案对缺陷进行处理。

2. 外观质量

（1）主控项目。

现浇结构的外观质量不应有严重缺陷。

对已经出现的严重缺陷，应由施工单位提出技术处理方案，并经监理（建设）单位认可后进行处理。对经过处理的部位，应重新检查验收。

检查数量：全数检查。

检验方法：观察；检查技术处理方案。

（2）一般项目。

现浇结构的外观质量不宜有一般缺陷。

对已经出现的一般缺陷，应由施工单位按技术处理方案进行处理，并重新检查验收。

检查数量：全数检查。

检验方法：观察；检查技术处理方案。

3. 尺寸偏差

（1）主控项目。

现浇结构不应有影响结构性能和使用功能的尺寸偏差。混凝土设备基础不应有影响结构性能和设备安装的尺寸偏差。

对超过尺寸允许偏差且影响结构性能和安装、使用功能的部位，应由施工单位提出技术处理方案，并经监理（建设）单位认可后进行处理。对经处理的部位，应重新检查验收。

检查数量：全数检查。

检验方法：量测；检查技术处理方案。

（2）一般项目。

现浇结构和混凝土设备基础折模后的尺寸偏差应符合表 3-18、表 3-19 的规定。

现浇结构尺寸允许偏差和检验方法 表 3-18

项目		允许偏差（mm）	检验方法
轴线位置	基础	15	钢尺检查
	独立基础	10	
	墙、柱、梁	8	
	剪力墙	5	
垂直度	层高 ≤5m	8	经纬仪或吊线、钢尺检查
	层高 >5m	10	经纬仪或吊线、钢尺检查
	全高（H）	H/1000 且 ≤30	经纬仪、钢尺检查
标高	层高	±10	水准仪或拉线、钢尺检查
	全高	±30	
截面尺寸		+8，-5	钢尺检查
电梯井	井筒长、宽对定位中心线	+25，0	钢尺检查
	井筒全高（H）垂直度	H/1000 且 ≤30	经纬仪、钢尺检查
表面平整度		8	2m 靠尺和塞尺检查
预埋设施中心线位置	预埋件	10	钢尺检查
	预埋螺栓	5	
	预埋管	5	
预留洞中心线位置		15	钢尺检查

注：检查轴线、中心线位置时，应沿纵、横两个方向量测，并取其中的较大值。

混凝土设备基础尺寸允许偏差和检验方法 表 3-19

项目		允许偏差（mm）	检验方法
坐标位置		20	钢尺检查
不同平面的标高		0，-20	水准仪或拉线、钢尺检查
平面外形尺寸		±20	钢尺检查
凸台上平面外形尺寸		0，-20	钢尺检查
凹穴尺寸		+20，0	钢尺检查
平面水平度	每米	5	水平尺、塞尺检查

续上表

项目		允许偏差（mm）	检验方法
平面水平度	全长	10	水准仪或拉线、钢尺检查
垂直度	每米	5	经纬仪或吊线、钢尺检查
	全高	10	
预埋地脚螺栓	标高（顶部）	+20, 0	水准仪或拉线、钢尺检查
	中心距	±2	钢尺检查
预埋地脚螺栓孔	中心线位置	10	钢尺检查
	深度	+20, 0	钢尺检查
	孔垂直度	10	吊线、钢尺检查
预埋活动地脚螺栓锚板	标高	+20, 0	水准仪或拉线、钢尺检查
	中心线位置	5	钢尺检查
	带槽锚板平整度	5	钢尺、塞尺检查
	带螺纹孔锚板平整度	2	钢尺、塞尺检查

注：检查坐标、中心线位置时，应沿纵、横两个方向量测，并取其中的较大值。

检查数量：按楼层、结构缝或施工段划分检验批。在同一检验批内，对梁、柱和独立基础，应抽查构件数量的10%，且不少于3件；对墙和板，应按有代表性的自然间抽查10%，且不少于3间；对大空间结构，墙可按相邻轴线间高度5m左右划分检查面，板可按纵、横轴线划分检查面，抽查10%，且均不少于3面；对电梯井，应全数检查。对设备基础，应全数检查。

任务五　装配式混凝土工程的质量控制

一　一般规定

装配式结构作为混凝土结构子分部工程的一个分项进行验收。装配式结构分项工程的验收包括预制构件进场、预制构件安装以及装配式结构特有的钢筋连接和构件连接等内容。对于装配式结构现场施工中涉及的钢筋绑扎、混凝土浇筑等内容，应分别纳入钢筋、混凝土等分项工程进行验收，参考本项目的任务四钢筋、混凝土工程进行质量控制。

本任务的预制构件包括在工厂生产和施工现场制作的构件：现场制作的预制构件应按本项目任务四的规定进行各分项工程验收；工厂生产的预制构件应按本任务五的规定进行进场验收。装配式结构分项工程可按楼层、结构缝或施工段划分检验批。

（1）在连接节点及叠合构件浇筑混凝土之前，应进行隐蔽工程验收，其内容应包括：
①现浇结构的混凝土结合面。
②后浇混凝土处钢筋的牌号、规格、数量、位置、锚固长度等。
③抗剪钢筋、预埋件、预留专业管线的数量、位置。

（2）预应力混凝土简支预制构件应定期进行结构性能检验。对生产数量较少的大型预应力混凝土简支受弯构件，可不进行结构性能检验，或只进行部分检验内容。

预制构件结构性能检验尚应符合国家现行相关产品标准及设计的有关要求。

（3）装配式结构采用钢件焊接、螺栓等连接方式时，其材料性能及施工质量验收应符合《钢结构工程施工质量验收标准》（GB 50205—2020）的相关要求。

二、预制构件进场质量控制与验收

1. 主控项目

（1）对工厂生产的预制构件，进场时应检查其质量证明文件和表面标识。预制构件的质量、标识应符合本规范及国家现行相关标准、设计的有关要求。

检查数量：全数检查。

预制构件应具有出厂合格证及相关质量证明文件，应根据不同预制构件类型与特点，分别包括：混凝土强度报告、钢筋复试报告、钢筋套筒灌浆接头复试报告、保温材料复试报告、面砖及石材拉拔试验、结构性能检验报告等相关文件。

预制构件生产企业的产品合格证应包括下列内容：合格证编号、构件编号、产品数量、预制构件型号、质量情况、生产企业名称、生产日期、出厂日期、质检员和质量负责人签名等。

表面标识通常包括项目名称、构件编号、安装方向、质量合格标志、生产单位等信息，标识应易于识别及使用。

（2）预制构件的外观质量不应有严重缺陷，且不应有影响结构性能和安装、使用功能的尺寸偏差。

检查数量：全数检查。

检验方法：观察；尺量检查。

2. 一般项目

（1）预制构件的外观质量不应有一般缺陷。

检查数量：全数检查。

检验方法：观察。

（2）预制构件的尺寸偏差应符合表 3-20 的规定。对于施工过程用临时使用的预埋件中心线位置及后浇混凝土部位的预制构件尺寸偏差可按表 3-20 的规定放大一倍执行。

预制构件尺寸的允许偏差及检验方法 表 3-20

项目			允许偏差（mm）	检验方法
长度	板、梁、柱、桁架	< 12m	±5	尺量检查
		≥ 12m 且 < 18m	±10	
		≥ 18m	±20	
	墙板		±5	
宽度、高（厚）度	板、梁、柱、墙板、桁架		±5	钢尺量一端及中部，取其中偏差绝对值较大处

续上表

项目		允许偏差（mm）	检验方法
表面平整度	板、梁、柱、墙板内表面	5	2m靠尺和塞尺检查
	墙板外表面	3	
侧向弯曲	板、梁、柱	l/750且≤20	拉线、钢尺量最大侧向弯曲处
	墙板、桁架	l/1000且≤20	
翘曲	板	l/750	调平尺在两端量测
	墙板	l/1000	
对角线差	板	10	钢尺量两个对角线
	墙板	5	
预留孔	中心线位置	5	尺量检查
	孔尺寸	±5	
预留洞	中心线位置	10	尺量检查
	洞口尺寸	±10	
预埋件	预埋板中心线位置	5	尺量检查
	预埋板与混凝土面平面高差	±5	
	预埋螺栓、预埋套筒中心位置	2	
	预埋螺栓外露长度	+10，−5	

注：1. l为构件长度（mm）。
  2. 检查中心线、螺栓和孔道位置偏差时，应沿纵、横两个方向量测，并取其中偏差较大值。

  检查数量：按同一生产企业、同一品种的构件，不超过100个为一批，每批抽查构件数量的5%，且不少于3件。

  （3）预制构件上的预埋件、预留钢筋、预埋管线及预留孔洞等规格、位置和数量应符合设计要求。

  检查数量：按同一生产企业、同一品种的构件，不超过100个为一批，每批抽查构件数量的5%，且不少于3件。

  检验方法：观察；尺量检查。

  （4）预制构件的结合面应符合设计要求。

  检查数量：全数检查。

  检验方法：观察。

三　预制构件安装与连接质量控制

1. 主控项目

（1）预制构件与结构之间的连接应符合设计要求。

①后浇连接部分钢筋的品种、级别、规格、数量和间距对结构的受力性能有重要影响，

必须符合设计要求。

检查数量：全数检查。

检验方法：观察；检查施工记录。

②预制构件与主体结构之间，预制构件和预制构件之间的钢筋接头应符合设计要求。施工前应对接头施工进行工艺检验。

检查数量：全数检查。

检查方法：观察；检查施工记录和检测报告。

③采用机械连接时，接头质量应符合《钢筋机械连接技术规程》（JGJ 107—2016）的要求；采用灌浆套筒时，接头抗拉强度及残余变形应符合《钢筋机械连接技术规程》（JGJ 107—2016）中I级接头的要求。

④采用浆锚搭接连接钢筋浆锚搭接连接接头时，对预留成孔工艺、孔道形状和长度、构造要求、灌浆料和被连接钢筋，应进行力学性能以及适用性的实验验证。直径大于20mm的钢筋不宜采用浆锚搭接连接，直接承受动力荷载构件的纵向钢筋不应采用浆锚搭接连接。

⑤采用焊接连接时，接头质量应符合《钢筋焊接及验收规程》（JGJ 18—2012）的要求，检查焊接产生的焊接应力和温差是否造成预制构件出现影响结构性能的质量（如缺陷），对已出现的缺陷，应处理合格再进行混凝土浇筑。

（2）承受内力的接头和拼缝，当其混凝土强度未达到设计要求时，不得吊装上一层结构构件。已安装完毕的装配式结构，应在混凝土强度达到设计要求后，方可承受全部设计荷载。

检查数量：全数检查。

检验方法：检查施工记录及试件强度试验报告。

2．一般项目

（1）装配式结构安装完毕后，尺寸偏差应符合表3-21要求。

预制结构构件安装尺寸的允许偏差及检验方法 表3-21

项目			允许偏差（mm）	检验方法
构件中心线对轴线位置	基础		15	尺量检查
	竖向构件（柱、墙板、桁架）		10	
	水平构件（梁、板）		5	
构件标高	梁、板底面或顶面		±5	水准仪或尺量检查
构件垂直度	柱、墙板	<5m	5	经纬仪量测
		≥5m且<10m	10	
		≥10m	20	
构件倾斜度	梁、桁架		5	垂线、钢尺量测
相邻构件平整度	板端面		5	钢尺、塞尺量测
	梁、板下表面	抹灰	5	
		不抹灰	3	
	柱、墙板侧表面	外露	5	
		不外露	10	

续上表

项目		允许偏差（mm）	检验方法
构件搁置长度	梁、板	±10	尺量检查
支座、支垫中心位置	板、梁、柱、墙板、桁架	±10	尺量检查
接缝宽度	板 <12m	±10	尺量检查

检查数量：按楼层、结构缝或施工段划分检验批。在同一检验批内，对梁、柱，应抽查构件数量的10%，且不少于3件；对墙和板，应按有代表性的自然间抽查10%，且不少于3间；对大空间结构，墙可按相邻轴线间高度5m左右划分检查面，板可按纵、横轴线划分检查面，抽查10%，且均不少于3面。

（2）预制构件安装完成后，外观质量不应有影响结构性能的缺陷，且不宜有一般缺陷，判定方法见表3-22。对已经出现的影响结构性能的缺陷，应由施工单位提出技术处理方案，并经监理（建设）单位认可后进行处理。对经处理的部位，应重新检查验收。

预制构件外观质量判定方法　　　　表3-22

项目	现象	质量要求	判定方法
露筋	钢筋未被混凝土完全包裹而外露	受力主筋不应有；其他构造钢筋和箍筋允许少量	观察
蜂窝	混凝土表面石子外露	受力主筋部位和支撑点位置不应有；其他部位允许少量	观察
孔洞	混凝土中孔穴深度和长度超过保护层厚度	不应有	观察
夹渣	混凝土中夹有杂物且深度超过保护层厚度	禁止夹渣	观察
外形缺陷	内表面缺棱掉角、表面翘曲、抹面凹凸不平，外表面面砖黏结不牢、位置偏差、面砖嵌缝没有达到横平竖直、转角面砖棱角不直、面砖表面翘曲不平	内表面缺陷基本不允许，要求达到预制构件允许偏差；外表面仅允许极少量缺陷，但禁止面砖黏结不牢、位置偏差、面砖翘曲不平不得超过允许值	观察
外表缺陷	内表面麻面、起砂、掉皮、污染，外表面面砖污染、窗框保护纸破坏	允许少量污染等不影响结构使用功能和结构尺寸的缺陷	观察
连接部位缺陷	连接处混凝土缺陷及连接钢筋、连接件松动	不应有	观察
破损	影响外观	影响结构性能的破损不应有；不影响结构性能和使用功能的破损不宜有	观察
裂缝	裂缝贯穿保护层到达构件内部	影响结构性能的裂缝不应有；不影响结构性能和使用功能的裂缝不宜有	观察

检查数量：全数检查。

检验方法：观察；检查技术处理方案。

四　现场灌浆施工质量检验

1．进场材料验收

（1）套筒灌浆料型式检验报告

检验报告应符合《钢筋连接用套筒灌浆料》（JG/T 408—2019）的要求，同时应符合预制构件内灌浆套筒的接头型式检验报告中灌浆料的强度要求。在灌浆施工前，应提前将灌浆料送指定检测机构进行复验。

（2）灌浆套筒进场检验

灌浆套筒进场时，应抽取套筒采用与之匹配的灌浆料制作对中连接接头，并进行抗拉强度检验，检验结果应符合《钢筋机械连接技术规程》（JGJ 107—2016）中I级接头对抗拉强度的要求。

检查数量：同一原材料、同一炉（批）号、同一类型、同一规格的灌浆套筒检验批量不应大于 1000 个，每批随机抽取 3 个灌浆套筒制作接头，并应制作不少于 1 组 40mm×40mm×160mm 灌浆料强度试件。

检验方法：检查质量证明文件和抽样检验报告。

灌浆套筒进场时，应抽取试件检验外观质量和尺寸偏差，检验结果应符合《钢筋连接用灌浆套筒》（JG/T 398—2019）的有关规定。

检查数量：同一原材料、同一炉（批）号、同一类型、同一规格的灌浆套筒，检验批量不应大于1000 个，每批随机抽取10 个灌浆套筒。

检验方法：观察；尽量检查。

（3）灌浆料进场检验

此项检验主要对灌浆料拌合物（按比例加水制成的浆料）30min 流动度、泌水率、1d 抗压强度、28d 抗压强度、3h 竖向膨胀率、24h 与 3h 竖向膨胀率差值进行检验。检验结果应符合《钢筋连接用套筒灌浆料》（JG/T 408—2019）的有关规定，见表3-23～表3-25。

灌浆料拌合物流动度要求　　　　　　　　表3-23

项目		工作性能要求
流动度（mm）	初始	≥300
	30min	≥260
泌水率（%）		0

灌浆料抗压强度要求　　　　　　　　表3-24

时间（龄期）	抗压强度（N/mm²）
1d	≥35
28d	≥85

灌浆料竖向膨胀率要求　　　　　　　　表3-25

项目	竖向膨胀率（%）
3h	≥0.02
24h 与 3h 差值	0.02～0.50

检查数量：同一成分、同一工艺、同一批号的灌浆料，检验批量不应大于50t，每批按《钢筋连接用套筒灌浆料》（JG/T 408—2019）的有关规定随机抽取灌浆料制作试件。

检验方法：检查质量证明文件和抽样检验报告。

2. 套筒灌浆施工质量检验

（1）抗压强度检验

施工现场灌浆施工中，需要检验灌浆料的28d抗压强度符合设计要求并应符合《钢筋连接用套筒灌浆料》（JG/T 408—2019）有关规定。用于检验抗压强度的灌浆料试件应在施工现场制作、实验室条件下标准养护。

检查数量：每工作班取样不得少于1次，每楼层取样不得少于三次。每次抽取1组试件每组3个试块，试块规格为40mm×40mm×160mm，标准养护28d后进行抗压强度试验。

检验方法：检查灌浆施工记录及试件强度试验报告。

（2）灌浆料充盈度检验

灌浆料凝固后，对灌浆接头100%进行外观检查。检查项目包括灌浆、排浆孔口内灌浆料充满状态。取下灌排浆孔上封堵胶塞，检查孔内凝固的灌浆料上表面应高于排浆孔下缘5mm以上。

（3）灌浆接头抗拉强度检验

如果在构件厂检验灌浆套筒抗拉强度时，采用的灌浆料与现场所用一样，试件制作也是模拟施工条件，那么，该项试验就不需要再做。否则就要重做，做法如下：

检查数量：同一批号、同一类型、同一规格的灌浆套筒，检验批量不应大于1000个，每批随机抽取3个灌浆套筒制作对中接头。

检验方法：有资质的实验室进行拉伸试验。

检验结果：结果应符合《钢筋机械连接技术规程》（JGJ 107—2016）中对I级接头抗拉强度的要求。

（4）施工过程检验

采用套筒灌浆连接时，应检查套筒中连接钢筋的位置和长度满足设计要求，套筒和灌浆材料应采用经同一厂家认证的配套产品，套筒灌浆施工尚应符合以下规定：

①灌浆前应制定套筒灌浆操作的专项质量保证措施，被连接钢筋偏离套筒中心线偏移不超过5mm，灌浆操作全过程应有人员旁站监督施工。

②灌浆料应由经培训合格的专业人员按配置要求计量灌浆材料和水的用量，经搅拌均匀后测定其流动度满足设计要求后方可灌注。

③浆料应在制备后半小时内用完，灌浆作业应采取压浆法从下口灌注，当浆料从上口流出时应及时封堵，持压30s后再封堵下口。

④冬期施工时环境温度应在5℃以上，并应对连接处采取加热保温措施，保证浆料在48h凝结硬化过程中连接部位温度不低于10℃。

任务六　钢结构工程的质量控制

一　钢结构工程原材料及成品进场质量控制

1. 钢材

（1）主控项目

①钢材、钢铸件的品种、规格、性能等应符合现行国家产品标准和设计要求。进口钢

材产品的质量应符合设计和合同规定标准的要求。

检查数量：全数检查。

检验方法：检查质量合格证明文件、中文标志及检验报告等。

②对属于下列情况之一的钢材，应进行抽样复验，其复验结果应符合现行国家产品标准和设计要求：国外进口钢材；钢材混批；板厚等于或大于40mm，且设计有Z向性能要求的厚板；建筑结构安全等级为一级，大跨度钢结构中主要受力构件所采用的钢材；设计有复验要求的钢材；对质量有疑义的钢材。

检查数量：全数检查。

检验方法：检查复验报告。

（2）一般项目

①钢板厚度及允许偏差应符合其产品标准的要求。

检查数量：每一品种、规格的钢板抽查5处。

检验方法：用游标卡尺量测。

②型钢的规格尺寸及允许偏差应符合其产品标准的要求。

检查数量：每一品种、规格的型钢抽查5处。

检验方法：用钢尺和游标卡尺量测。

③钢材的表面外观质量除应符合国家有关标准的规定外，尚应符合下列规定：

a. 当钢材的表面有锈蚀、麻点或划痕等缺陷时，其深度不得大于该钢材厚度负允许偏差值的1/2。

b. 钢材表面的锈蚀等级应符合《涂覆涂料前钢材表面处理 表面清洁度的目视评定 第1部分：未涂覆过的钢材表面和全面清除原有涂层后的钢材表面的锈蚀等级和处理等级》（GB/T 8923.1—2011）的规定。

c. 钢材端边或断口处不应有分层、夹渣等缺陷。

检查数量：全数检查。

检验方法：观察检查。

2. 焊接材料

（1）主控项目

①焊接材料的品种、规格、性能等应符合现行国家产品标准和设计要求。

检查数量：全数检查。

检验方法：检查焊接材料的质量合格证明文件、中文标志及检验报告等。

②重要钢结构采用的焊接材料应进行抽样复验，复验结果应符合现行国家产品标准和设计要求。

检查数量：全数检查。

检验方法：检查复验报告。

（2）一般项目

①焊钉及焊接瓷环的规格、尺寸及偏差应符合《电弧螺柱焊用圆柱头焊钉》（GB/T 10433—2002）中的规定。

检查数量：按量抽查1%，且不应少于10套。

检验方法：用钢尺和游标卡尺量测。

②焊条外观不应有药皮脱落、焊芯生锈等缺陷；焊剂不应受潮结块。

检查数量：按量抽查1%，且不应少于10包。

检验方法：观察检查。

3. 连接用紧固标准件

（1）主控项目

①钢结构连接用高强度大六角头螺栓连接副、扭剪型高强度螺栓连接副，钢网架用高强度螺栓、普通螺栓、铆钉、自攻钉、拉铆钉、射钉、锚栓（机械型和化学试剂型）、地脚锚栓等紧固标准件及螺母、垫圈等标准配件，其品种、规格、性能等应符合现行国家产品标准和设计要求。高强度大六角头螺栓连接副和扭剪型高强度螺栓连接副出厂时应分别随箱带有扭矩系数和紧固轴力（预拉力）的检验报告。

检查数量：全数检查。

检验方法：检查产品的质量合格证明文件、中文标志及检验报告等。

②高强度大六角头螺栓连接副、扭剪型高强度螺栓连接副应按《钢结构工程施工质量验收标准》（GB 50205—2020）规定检验其扭矩系数，其检验结果应符合规定。

检验方法：检查复验报告。

（2）一般项目

①高强度螺栓连接副应按包装箱配套供货，包装箱上应标明批号、规格、数量及生产日期。螺栓、螺母、垫圈外观表面应涂油保护，不应出现生锈或沾染脏物，螺纹不应损伤。

检查数量：按包装箱数抽查5%，且不应少于3箱。

检验方法：观察检查。

②对建筑结构安全等级为一级，跨度40m及以上的螺栓球节点钢网架结构，其连接高强度螺栓应进行表面硬度试验，对8.8级的高强度螺栓其硬度应为HRC21~29；10.9级高强度螺栓其硬度应为HRC32~36，且不得有裂纹或损伤。

检查数量：按规格抽查8颗。

检验方法：硬度计、10倍放大镜或磁粉探伤。

二 钢构件焊接工程质量控制

1. 主控项目

（1）焊条、焊丝、焊剂、电渣焊熔嘴等焊接材料与母材的匹配应符合设计要求及《钢结构焊接规范》（GB 50661—2011）的规定。焊条、焊剂、药芯焊丝、熔嘴等在使用前，应按其产品说明书及焊接工艺文件的规定进行烘焙和存放。

检查数量：全数检查。

检验方法：检查质量证明书和烘焙记录。

（2）焊工必须经考试合格并取得合格证书。持证焊工必须在其考试合格项目及其认可范围内施焊。

检查数量：全数检查。

检验方法：检查焊工合格证及其认可范围、有效期。

（3）施工单位对其首次采用的钢材、焊接材料、焊接方法、焊后热处理等，应进行焊接工艺评定，并应根据评定报告确定焊接工艺。

检查数量：全数检查。

检验方法：检查焊接工艺评定报告。

（4）设计要求全焊透的一、二级焊缝应采用超声波探伤进行内部缺陷的检验，超声波探伤不能对缺陷作出判断时，应采用射线探伤，其内部缺陷分级及探伤方法应符合《焊缝无损检测 超声检测 技术、检测等级和评定》（GB/T 11345—2013）的规定。

焊接球节点网架焊缝、螺栓球节点网架焊缝及圆管T、K、Y形点相贯线焊缝，其内部缺陷分级及探伤方法应分别符合国家现行标准的规定。

一级、二级焊缝的质量等级及缺陷分级应符合表3-26的规定。

一、二级焊缝质量等级及缺陷分级　　　　表3-26

焊缝质量等级		一级	二级
内部缺陷超声波探伤	评定等级	Ⅱ	Ⅲ
	检验等级	B级	B级
	探伤比例	100%	20%
内部缺陷射线探伤	评定等级	Ⅱ	Ⅲ
	检验等级	AB级	AB级
	探伤比例	100%	20%

注：探伤比例的计数方法应按以下原则确定：
（1）对工厂制作焊缝，应按每条焊缝计算百分比，且探伤长度应不小于200mm，当焊缝长度不足200mm时，应对整条焊缝进行探伤。
（2）对现场安装焊缝，应按同一类型、同一施焊条件的焊缝条数计算百分比，探伤长度应不小于200mm，并应不少于1条焊缝。

检查数量：全数检查。

检验方法：检查超声波或射线探伤记录。

（5）T形接头、十字接头、角接接头等要求熔透的对接和角对接组合焊缝，其焊脚尺寸不应小于$t/4$（t为焊接件厚度）；设计有疲劳验算要求的起重机梁或类似构件的腹板与上翼缘连接焊缝的焊脚尺寸为$t/2$，且不应小于10mm。焊脚尺寸的允许偏差为0～4mm。

检查数量：资料全数检查；同类焊缝抽查10%，且不应少于3条。

检验方法：观察；用焊缝量规抽查测量。

（6）焊缝表面不得有裂纹、焊瘤等缺陷。一级、二级焊缝不得有表面气孔、夹渣、弧坑裂纹、电弧擦伤等缺陷。且一级焊缝不许有咬边、未焊满、根部收缩等缺陷。

检查数量：每批同类构件抽查10%，且不应少于3件；被抽查构件中，每一类型焊缝按条数抽查5%，且不应少于1条；每条检查1条，总抽查数不应少于10处。

检验方法：观察检查或使用放大镜、焊缝量规和钢尺检查，当存在疑义时，采用渗透或磁粉探伤检查。

2. 一般项目

（1）对于需要进行焊前预热或焊后热处理的焊缝，其预热温度或后热温度应符合国家现行有关标准的规定或通过工艺试验确定。预热区在焊道两侧，每侧宽度均应大于焊件厚度的 1.5 倍以上，且不应小于 100mm；后热处理应在焊后立即进行，保温时间应根据板厚按每 25mm 板厚 1h 确定。

检查数量：全数检查。

检验方法：检查预、后热施工记录和工艺试验报告。

（2）二级、三级焊缝外质量标准应符合规范附录 A 中表 A.0.1 的规定。三级对接缝应按二级焊缝标准进行外观质量检验。

检查数量：每批同类构件抽查 10%，且不应少于 3 件；被抽查构件中，每一类型焊缝按条数抽查 5%，且不应少于 1 条；每条检查 1 条，总抽查数不应少于 10 条。

检验方法：观察检查或使用放大镜、焊缝量规和钢尺检查。

（3）焊缝尺寸允许偏差应符合规范附录 A 中表 A.0.2 的规定。

检查数量：每批同类构件抽查 10%，且不应少于 3 件；被抽查构件中，每种焊缝按条数各抽查 5%，但不应少于 1 条；每条检查 1 条，总抽查数不应少于 10 处。

检验方法：用焊缝量规检查。

（4）焊出凹形的角焊缝，焊缝金属与母材间应平缓过渡；加工成凹形的角焊缝，不得在其表面留下切痕。

检查数量：每批同类构件抽查 10%，且不应少于 3 件。

检验方法：观察。

（5）焊缝感观应达到：外形均匀、成形较好，焊道与焊道、焊道与基本金属间过渡较平滑，焊渣和飞溅物基本清除干净。

检查数量：每批同类构件抽查 10%，且不应少于 3 件；被抽查构件中，每种焊缝按数量各抽查 5%，总抽查处不应少于 5 处。

检验方法：观察。

三 钢构件螺栓连接工程质量控制

1. 普通紧固件连接工程质量控制

（1）主控项目

① 普通螺栓作为永久性连接螺栓时，当设计有要求或对其质量有疑义时，应进行螺栓实物最小拉力载荷复验，其结果应符合《紧固件机械性能 螺栓、螺钉和螺柱》（GB/T 3098.1—2010）的规定。

检查数量：每一规格螺栓抽查 8 个。

检验方法：检查螺栓实物复验报告。

② 连接薄钢板采用的自攻螺、拉铆钉、射钉等，其规格尺寸应与连接钢板相匹配，其间距、边距等应符合设计要求。

检查数量：按连接节点数抽查 1%，且不应少于 3 个。

检验方法：观察；尺量检查。

（2）一般项目

①永久普通螺栓紧固应牢固、可靠、外露螺纹不应少于 2 扣。

检查数量：按连接节点数抽查 10%，且不应少于 3 个。

检验方法：观察检查；用小锤敲击检查。

②自攻螺栓、钢拉铆钉、射钉等与连接钢板应紧固密贴，外观排列整齐。

检查数量：按连接节点数抽查 10%，且不应少于 3 个。

检验方法：观察或用小锤敲击检查。

2. 高强度螺栓连接工程质量控制

（1）主控项目

①钢结构制作和安装单位应按规定分别进行高强度螺栓连接摩擦面的抗滑移系数试验和复验，现场处理的构件摩擦应单独进行摩擦面抗滑移系数试验，其结果应符合设计要求。

检验方法：检查摩擦面抗滑移系数试验报告和复验报告。

②高强度大六角头螺栓连接副终拧完成 1h 后，48h 内应进行终拧扭矩检查，检查结果应符合规范规定。

检查数量：按节点数检查 10%，且不应少于 10 个；每个被抽查节点按螺栓数抽查 10%，且不应少于 2 个。

③扭剪型高强度螺栓连接副终拧后，除因构造原因无法使用专用扳手终拧掉梅花头者外，未在终拧中拧掉梅花头的螺栓数不应大于该节点螺栓数的 5%。对所有梅花头未拧掉的扭剪型高强度螺栓连接副应采用扭矩法或转角头进行，终拧掉的扭剪型高强度螺栓连接副应采用扭矩法或转角法进行终拧并用标记，且进行拧扭矩检查。

检查数量：按节点数抽查 10%。但不应少于 10 节点。被抽查节点中梅花头未拧掉的扭剪型高强度螺栓连接副全数进行终拧扭矩检查。

检验方法：观察。

（2）一般项目

①高强度螺栓连接副的施拧顺序和初拧、复拧扭矩应符合设计要求和《钢结构高强度螺栓连接技术规程》（JGJ 82—2011）的规定。

检查数量：全数检查资料。

检验方法：检查扭矩扳手标定记录和螺栓施工记录。

②高强度螺栓连接副拧后，螺栓外露螺纹应为 2～3 扣，其中允许有 10%的螺栓螺纹外露 1 扣或 4 扣。

检查数量：按节点数抽查 5%，且不应少于 10 个。

检验方法：观察。

③高强度螺栓连接摩擦面应保持干燥、整洁，不应有飞边、毛刺、焊接飞溅物、焊疤、氧气铁皮、污垢等，除设计要求外摩擦面不应涂漆。

检查数量：全数检查。

检验方法：观察。

④高强度螺栓应自由穿入螺栓孔。高强度螺栓孔不应采用气割扩孔，扩孔数量应征得

设计同意，扩孔后的孔径不应超过1.2d（d为螺栓直径）。

检查数量：被扩螺栓孔全数检查。

检验方法：观察；用卡尺检查。

⑤螺栓球节点网架总拼完成后，高强度螺栓与球节点应紧固连接，高强度螺栓拧入螺栓球内的螺纹长度不应小于1.0d（d为螺栓直径），连接处不应出现有间隙、松动等未拧紧情况。

检查数量：按节点数抽查5%，且不应少于10个。

检验方法：普通扳手及尺量检查。

四 多层及高层钢结构安装工程质量控制

1. 一般规定

（1）多层及高层钢结构安装工程可按楼层或施工段等划分为一个或若干个检验批。地下钢结构可按不同地下层划分检验批。

（2）柱、梁、支撑等构件的长度尺寸应包括焊接收缩余量等变形值。

（3）安装柱时，每节柱的定位轴线应从地面控制轴线直接引上，不得从下层柱的轴线引上。

（4）结构的楼层标高可按相对标高或设计标高进行控制。

（5）钢结构安装检验批应在进场验收和焊接连接、紧固件连接、制作等分项工程验收合格的基础上进行验收。

2. 安装和校正

（1）主控项目

①钢构件应符合设计要求和规范。运输、堆放和吊装等造成的钢构件变形及涂层脱落，应进行矫正和修补。

检查数量：按构件数检查10%，且不应少于3个。

检验方法：用拉线、钢尺现场实测或观察。

②柱子安装的允许偏差应符合表3-27的规定。

柱子安装的允许偏差　　　　　表3-27

项目	允许偏差（mm）	项目	允许偏差（mm）
底层柱柱底轴线对定位轴线偏移	3.0	单节柱的垂直度	$h/1000$，且应大于10.0
柱子定位轴线	1.0		

注：h为柱子高度。

检查数量：标准柱全部检查；非标准柱抽查10%，且不应少于3根。

检验方法：用全站仪或激光经纬仪和钢尺实测。

③设计要求顶紧的节点，接触面不应少于70%紧贴，且边缘最大间隙不应大于0.8mm。

检查数量：按节点数抽查10%，且不应少于3个。

检验方法：用钢尺及0.3mm、0.8mm厚的塞尺现场实测。

④钢主梁、次梁及受压杆件的垂直度和侧向弯曲矢高的允许偏差应符合表3-28中有关钢屋（托）架允许偏差的规定。

钢屋（托）架、桁架、梁及受压杆件垂直度和侧向弯曲矢高的允许偏差　　表3-28

项目	允许偏差（mm）	
跨中的垂直度	$h/250$，且不应大于15.0	
侧向弯曲矢高 f	$l \leqslant 30m$	$l/1000$，且不应大于10.0
	$30m < l \leqslant 60m$	$l/1000$，且不应大于30.0
	$l > 60m$	$l/1000$，且不应大于50.0

注：1. l 为钢屋（托）架、桁架、梁及受压杆件的长度。
　　2. h 为钢屋（托）架、桁架、梁及受压杆的截面高度。

检查数量：按同类构件数抽查10%，且不应少于3个。

检验方法：用吊线、拉线、经纬仪和钢尺现场实测。

⑤多层及高层钢结构主体结构的整体垂直度和整体平面弯曲矢高的允许偏差符合表3-29的规定。

整体垂直度和整体平面弯曲矢高的允许偏差　　表3-29

项目	允许偏差（mm）	项目	允许偏差（mm）
主体结构的整体垂直度	（$H/2500 + 10.0$）且不应大于25.0	主体结构的整体平面弯曲	$L/1500$，且不应大于25.0

注：1. H 为主体结构的总高度。
　　2. L 为主体结构的总长度。

检查数量：对主要立面全部检查。对每个所检查的立面，除两列角柱外，尚应至少选取一列中间柱。

检验方法：对于整体垂直度可采用激光经纬仪、全站仪测量，也可根据各节柱的垂直度允许偏差累计（代数和）计算。对于整体平面弯曲，可按产生的允许偏差累计（代数和）计算。

（2）一般项目

①钢结构表面应干净，结构主要表面不应有疤痕、泥沙等污垢。

检查数量：按同类构件数抽查10%，且不应少于3件。

检验方法：观察检查。

②钢柱等主要构件的中心线及高基准点等标记应齐全。

检查数量：按同类构件数抽查10%，且不应少于3件。

检验方法：观察检查。

③钢构件安装的允许偏差应符合表3-30的规定。

检查数量：按同类构件或节点数抽查10%。其中柱和梁各不应少于3件，主梁与次梁连接节点不应少于3个，支承压型金属板的钢梁长度不应少于5mm。

检验方法：见表3-30。

多层及高层钢结构中构件安装的允许偏差　　　　表 3-30

项目	允许偏差（mm）	检验方法
上、下柱连接处的错口 Δ	3.0	用钢尺检查
同一层柱的各柱顶高度差 Δ	5.0	用水准仪检查
同一根梁两端顶面的高差 Δ	$l/1000$，且不应大于 10.0	用水准仪检查
主梁和次梁表面的高差 Δ	±2.0	用直尺和钢尺检查
压型金属板在钢梁上相邻列的错位 Δ	15.00	用直尺和钢尺检查

注：l 为梁的长度。

④主体结构总高度的允许偏差应符合表 3-31 的规定。

多层及高层钢结构主体结构总高度的允许偏差　　　　表 3-31

项目	允许偏差（mm）
用相对标高控制安装	$\pm\sum(\Delta_h + \Delta_z + \Delta_w)$
用设计标高控制安装	$H/1000$，且不应大于 30.0； $-H/1000$，且不应大于 -30.0

注：1. Δ_h 为每节柱子长度的制造允许偏差。
　　2. Δ_z 为每节柱子长度受荷载后的压缩值。
　　3. Δ_w 为每节柱子接头焊缝的收缩值。
　　4. H 为主体结构的总长度。

检查数量：按标准柱列数抽查 10%，且不应少于 4 例。

检验方法：采用全站仪、水准仪和钢尺实测。

⑤当钢构件安装在混凝土柱上时，其支座中心对定位轴线的偏差不应大于 10mm；当采用大型混凝土屋面板时，钢梁（或桁架）间距的偏差不应大于 10mm。

检查数量：按同类构件数抽查 10%，且不应少于 3 榀。

检验方法：用拉线和钢尺现场实测。

⑥多层及高层钢结构中钢起重机梁或直接承受动力荷载的类似构件，其安装的允许偏差应符合《钢结构工程施工质量验收标准》（GB 50205—2020）附录表 E.0.2 的规定。

检查数量：按钢起重机梁数抽查 10%，且不应少于 3 榀。

⑦多层及高层钢结构中檩条、墙架等次要构件安装的允许偏差应符合表 3-32 规定。

墙架、檩条等次要构件安装的允许偏差　　　　表 3-32

项目		允许偏差（mm）	检验方法
墙架立柱	中心线对定位轴线的偏移	10.0	用钢尺检查
	垂直度	$H/1000$，且不应大于 10.0	用经纬仪或吊线和钢尺检查
	弯曲矢高	$H/1000$，且不应大于 15.0	用经纬仪或吊线和钢尺检查
抗风桁架的垂直度		$h/250$，且不应大于 15.0	用吊线和钢尺检查
檩条、墙梁的间距		±5.0	用钢尺检查
檩条的弯曲矢高		$L/750$，且不应大于 12.0	用拉线和钢尺检查
墙梁的弯曲矢高		$L/750$，且不应大于 12.0	用拉线和钢尺检查

注：1. H 为墙架立柱的高度。
　　2. h 为抗风桁架的高度。
　　3. L 为檩条或墙梁的长度。

⑧多层及高层钢结构中钢平台、钢梯、栏杆安装应符合现行国家标准的规定。钢平台、钢梯和防护栏杆安装的允许偏差应符合表3-33的规定。

钢平台、钢梯和防护栏杆安装的允许偏差　　　　　表3-33

项目	允许偏差（mm）	检验方法
平台高度	±15.0	用水准仪检查
平台梁水平度	$l/1000$，且不应大于20.0	用水准仪检查
平台支柱垂直度	$H/1000$，且不应大于15.0	用经纬仪或吊线和钢尺检查
垂直平台梁侧向弯曲	$l/1000$，且不应大于10.0	用拉线和钢尺检查
垂直平台梁垂直度	$h/250$，且不应大于15.0	用吊线和钢尺检查
直梯垂直度	$l/1000$，且不应大于15.0	用吊线和钢尺检查
栏杆高度	±15.0	用钢尺检查
栏杆立柱间距	±15.0	用钢尺检查

注：1. l为平台梁长度。
　　2. h为平台截面高度。
　　3. H为平台支柱高度。

检查数量：按钢平台总数抽查10%，栏杆、钢梯按总长度各抽查10%，但钢平台不应少于1个，栏杆不应少于5mm，钢梯不应少于1跑。

⑨多层及高层多结构中现场焊缝组对间隙的允许偏差应符合表3-34的规定。

现场焊缝组对间隙的允许偏差　　　　　表3-34

项目	允许偏差（mm）	项目	允许偏差（mm）
无垫板间隙	+3.0，0.0	有垫板间隙	+3.0，−2.0

检查数量：按同类节点数抽查10%，且不应少于3个。
检验方法：尺量检查。

五　钢结构分部工程合格质量标准

钢结构分部工程合格质量标准应符合下列规定：
（1）各分项工程合格质量标准。
（2）质量控制资料和文件应完整。
（3）有关安全及功能的检验和见证检测结果应符合《钢结构工程施工质量验收标准》（GB 50205—2020）相应合格质量标准的要求。
（4）有关观感质量应符合《钢结构工程施工质量验收标准》（GB 50205—2020）相应合格质量标准的要求。

六　钢结构工程竣工验收时的文件和记录

钢结构工程竣工验收时，应提供下列文件和记录：

(1)钢结构工程竣工图纸及相关设计文件。

(2)施工现场质量管理检查记录。

(3)有关安全及功能的检验和见证检测项目检查记录。

(4)有关观感质量检验项目检查记录。

(5)分部工程所含各分项目工程质量验收记录。

(6)分项工程所含各检验批质量验收记录。

(7)强制性条文检验项目检查记录及证明文件。

(8)隐蔽工程检验项目检查验收记录。

(9)原材料、成品质量合格证明文件、中文标志及性能检测报告。

(10)不合格项的处理记录及验收记录。

(11)重大质量、技术问题实施及验收记录。

(12)其他有关文件和记录。

任务七 防水工程的质量控制

防水工程是房屋建筑中的一项功能质量保证工程。但是在防水工程施工中,屋顶漏水、外墙渗漏等工程质量问题仍有发生,不仅影响到房屋建筑的使用功能、使用寿命及结构安全。究其原因,主要是施工材料把关不严,施工方案考虑不周,施工管理不到位,施工工序有误等。此任务重点介绍屋面防水和地面防水工程施工质量控制。

一、屋面防水工程质量控制

1. 屋面防水工程基层质量控制要点

(1)基层验收后,将基层表面的落地砂浆、灰尘等,用铲刀、扫把等清扫干净。

(2)基层要干燥,含水率控制在9%~12%。测试方法:将一块1m²的卷材平铺在基层上,3~4h后揭开卷材,无明显水印即可。

(3)先将分隔缝的渣土、灰尘清理干净,再用沥青建筑密封膏,将所有分格嵌满。

(4)用配套的防水涂料改善基层与卷材的黏结强度。

(5)在女儿墙、排气道等阳角及转角处先做一层不小于250mm宽的附加层,粘牢贴实。阳角在外侧做一道附加层;天沟、檐沟转角处空铺一层附加层。

2. 高聚物防水卷材热熔施工质量控制要点

(1)先在防水基层上按卷材的宽度弹出每幅卷材基线。

(2)将卷材对齐所弹卷材的基准线,进行卷材预铺,然后再卷起。热熔施工时,两人配合,一个人点燃汽油喷灯,加热基层与卷材交接处,喷灯距加热面保持300mm左右的距离,往返喷烤。观察当卷材的沥青刚刚熔化(即卷材表面光亮发黑)时,用脚将卷材向前缓缓滚动,两侧渗出沥青为宜,另一人随后用滚辊压实。

(3)铺贴上层卷材,上层卷材与下层卷材平行铺贴,长边接缝错开1/3幅宽以上,短边接缝错开不小于 500mm。

（4）铺设时要求用力均匀、不窝气、铺设压边宽度应掌握好。长向和短向搭接宽度均应满足规范要求；铺贴时将卷材自然松铺且无皱折即可，不可拉紧，以免影响质量。

（5）搭接缝封口及收头的卷材必须 100% 烘烤，粘铺时必须有熔融沥青从边端挤出，用刮刀将挤出的热溶胶刮平，沿边端封严。搭接缝及封口收头粘贴后，可用火焰及抹子沿缝边缘再行均匀加热抹压封严。

3. 合成高分子卷材冷粘施工质量控制要点

（1）先在防水基层上按卷材的宽度弹出每幅卷材基线。

（2）将卷材对齐所弹的卷材的基准线，将卷材铺开，粘贴卷材采用条粘，先将卷材折过 1/3，沿卷材和基层用板刷或滚刷，将胶液均匀地刷在卷材和基层上，待胶液干燥后（手摸不粘手为宜），将卷材与基层黏结牢固，随后用滚辊压实。

（3）待一侧粘贴完后，再将另一侧折起 1/3，做法同上；但卷材搭接处不涂胶。

（4）铺设时要求用力均匀、不窝气、铺设压边宽度应掌握好。长短边搭接和错缝应满足规范要求。铺贴时将卷材自然松铺且无皱折即可，不可拉紧，以免影响质量。

（5）待所有防水层全部铺贴完毕后，再将卷材搭接缝处折起，在两搭接处两层的卷材上涂刷专用的封口胶，待胶液干燥后，将两层卷材黏结在一起，用压辊压平、压实，不得翘边、打折，最后封底一道 10mm 宽的密封胶。

4. 屋面防水层质量验收

（1）技术资料检查

①防水施工单位资质，施工人员的上岗证。

②防水材料出厂合格证、性能检测报告，现场复试报告。

③防水基层处理、防水附加层隐蔽验收记录。

④淋水（蓄水）试验记录。

⑤检验批验收记录。

（2）外观质量检查

①卷材防水层接缝黏结牢固，密封严密，无皱折、翘边、鼓泡等缺陷。

②防水层收头与基层黏结并固定牢固，缝口封闭严密，无翘边、滑脱等缺陷。

③卷材铺贴方向正确，搭接宽度小于允许偏差值 −10mm。

④防水层的细部构造（出屋顶管、烟道、天沟等）附加层做法符合规范要求，且外观规矩、美观。

⑤涂膜防水层厚度均匀一致，平均厚度符合设计要求，最小厚度不小于设计厚度的 80%。

⑥涂膜防水层与基层黏结牢固，表面平整，涂刷均匀，无流淌、皱折、鼓泡、胎体外露、翘边等缺陷。

⑦有排气屋面的排气管道要纵横贯通、不得堵塞，排气管安装牢固，位置正确，封闭严密，排气口、出屋面高度一致。

二 地下防水工程质量控制

1. 地下工程防水混凝土施工质量控制与验收

（1）主控项目。

①防水混凝土的原材料、配合比及坍落度必须符合设计要求。

检验方法：检查产品合格证、产品性能检测报告、计量措施和材料进场检验报告。

②防水混凝土的抗压强度和抗渗性能必须符合设计要求。

检验方法：检查混凝土抗压强度、抗渗性能检验报告。

③防水混凝土结构的变形缝、施工缝、后浇带、穿墙管、埋设件等设置和构造必须符合设计要求。

检验方法：观察检查和检查隐蔽工程验收记录。

（2）一般项目。

①防水混凝土结构表面应坚实、平整，不得有露筋、蜂窝等缺陷，埋设件位置应准确。

检验方法：观察检查。

②防水混凝土结构表面的裂缝宽度不应大于0.2mm，且不得贯通。

检验方法：用刻度放大镜检查。

③防水混凝土结构厚度不应小于250mm；其允许偏差应为+8mm，−5mm。主体结构迎水面钢筋保护层厚度不应小于50mm，其允许偏差为±5mm。

检验方法：尺量检查和检查隐蔽工程验收记录。

2. 地下工程卷材防水施工质量控制与验收

（1）冷粘法铺贴卷材应符合下列规定：

①胶黏剂涂刷应均匀，不得露底，不堆积。

②根据胶黏剂的性能，应控制胶结剂涂刷与卷材铺贴的间隔时间。

③铺贴时不得用力拉伸卷材，排除卷材下面的空气，辊压黏结牢固。

④铺贴卷材应平整、顺直，搭接尺寸准确，不得有扭曲、皱折。

⑤卷材接缝部位应采用专用黏结剂或胶结带满粘，接缝口应用密封材料封严，其宽度不应小于10mm。

（2）热熔法铺贴卷材应符合下列规定：

①火焰加热器加热卷材应均匀，不得加热不足或烧穿卷材。

②卷材表面热熔后应立即滚铺，排除卷材下面的空气，并黏结牢固。

③铺贴卷材应平整、顺直，搭接尺寸准确，不得有扭曲、皱折。

④卷材接缝部位应溢出热熔的改性沥青胶料，并黏结牢固，封闭严密。

（3）自粘法铺贴卷材应符合下列规定：

①铺贴卷材时，应将有黏性的一面朝向主体结构。

②外墙、顶板铺贴时，排除卷材下面的空气，并黏结牢固。

③铺贴卷材应平整、顺直，搭接尺寸准确，不得有扭曲、皱折。

④立面卷材铺贴完成后，应将卷材端头固定，并应用密封材料封严。

⑤低温施工时，宜对卷材和基面采用热风适当加热，然后铺贴卷材。

（4）卷材接缝采用焊接法施工应符合下列规定：

①焊接前卷材应铺放平整，搭接尺寸准确，焊接缝的结合面应清扫干净。

②焊接前应先焊长边搭接缝，后焊短边搭接缝。

③控制热风加热温度和时间，焊接处不得漏焊、跳焊或焊接不牢。

④焊接时不得损害非焊接部位的卷材。

（5）卷材防水层完工并经验收合格后应及时做保护层。保护层应符合下列规定：

①顶板的细石混凝土保护层与防水层之间宜设置隔离层。细石混凝土保护层厚度：机械回填时不宜小于70mm，人工回填时不宜小于50mm。

②底板的细石混凝土保护层厚度不应小于50mm。

③侧墙宜采用软质保护材料或铺抹20mm厚的1∶2.5水泥砂浆。

（6）卷材防水层分项工程检验批的抽检数量，应按铺贴面积每100m²抽查1处，每处10m²，且不得少于3处。

（7）地下工程卷材施工质量标准。

①主控项目。

a.卷材防水层所用卷材及其配套材料必须符合设计要求。

检验方法：检查产品合格证、产品性能检测报告和材料进场检验报告。

b.卷材防水层在转角处、变形缝、施工缝、穿墙管等部位做法必须符合设计要求。

检验方法：观察检查和检查隐蔽工程验收记录。

②一般项目。

a.卷材防水层的搭接缝应粘贴或焊接牢固，密封严密，不得有扭曲、皱折、翘边和起泡等缺陷。

检验方法：观察检查。

b.采用外防外贴法铺贴卷材防水层时，立面卷材接槎的搭接宽度：高聚物改性沥青类卷材应为150mm，合成高分子类卷材应为100mm，且上层卷材应盖过下层卷材。

检验方法：观察；尺量检查。

c.侧墙卷材防水层的保护层与防水层应结合紧密、保护层厚度应符合设计要求。

检验方法：观察；尺量检查。

d.卷材搭接宽度的允许偏差应为−10mm。

检验方法：观察；尺量检查。

任务八　装饰装修工程的质量控制

装饰装修工程主要包括抹灰工程、饰面板（砖）工程、幕墙工程、涂饰工程、裱糊与软包工程、门窗工程、楼地面工程、吊顶工程、轻质隔墙工程、细部工程等十项，本节只介绍前面五项工程的施工质量控制和验收。

一、抹灰工程质量控制

1. 抹灰工程验收检查

抹灰工程验收时应检查以下文件和记录：

（1）抹灰工程施工图、设计说明及其他设计文件。

（2）材料的产品合格证书、性能检测报告、进场验收记录和复验报告。

（3）隐蔽工程验收记录。

（4）施工记录。

2. 检查数量规定

检查数量应按下列规定：

（1）室内每个检验批应至少抽查10%，并不得少于3间；不足3间应全数检查。

（2）室外每个检验批每100m²应至少抽查一处，每处不得少于10m²。

3. 一般抹灰工程施工质量控制

一般抹灰工程分普通抹灰和高级抹灰，当设计无要求时，按普通抹灰验收。

（1）主控项目

①抹灰前基层表面的尘土、污垢、油渍等应清除干净，并应洒水湿润。

②一般抹灰所用材料的品种和性能应符合设计要求。

③抹灰工程应分层进行。

④抹灰层与基层之间及各抹灰层之间必须黏结牢固，抹灰层应无脱落、空鼓，面层应无爆灰和裂缝。

（2）一般项目

①一般抹灰工程的表面质量应符合规定。

②护角、孔洞、槽、盒周围的抹灰表面应整齐、光滑，管道后面的抹灰表面应平整。

③抹灰层的总厚度应符合设计要求，水泥砂浆不得抹在石灰砂浆上，罩面石膏灰不得抹在水泥砂浆上。

④抹灰分格缝的设置应符合设计要求，宽度和深度应均匀，表面应光滑，棱角应整齐。

⑤有排水要求的部位应做滴水线（槽）。

⑥一般抹灰工程质量的允许偏差和检验方法应符合表3-35的规定。

一般抹灰的允许偏差和检验方法　　　　表3-35

项次	项目	允许偏差（mm）		检验方法
		普通抹灰	高级抹灰	
1	立面垂直度	4	3	用2m垂直检测尺检
2	表面平整度	4	3	用2m靠尺和塞尺检查
3	阴阳角方正	4	3	用直角检测尺检查
4	分格条（缝）直线度	4	3	拉5m线，不足5m拉通线，用钢直尺检查
5	墙裙、勒脚上口直线度	4	3	拉5m线，不足5m拉通线，用钢直尺检查

二、饰面板（砖）工程质量控制

1. 一般规定

（1）板（砖）工程验收时应检查下列文件和记录：

①饰面板（砖）工程的施工图、设计说明及其他设计文件。

②材料的产品合格证书、性能检测报告、进场验收记录和复验报告。

③后置埋件的现场拉拔检测报告。

④外墙饰面砖样板件的黏结强度检测报告。

⑤隐蔽工程验收记录。

⑥施工记录。

（2）饰面板（砖）工程应对下列材料及其性能指标进行复验：

①室内用花岗石的放射性。

②粘贴用水泥的凝结时间、安定性和抗压强度。

③外墙陶瓷面砖的吸水率。

④寒冷地区外墙饰面砖的抗冻性。

（3）饰面板（砖）工程应对下列隐蔽工程项目进行验收：

①预埋件（或后置埋件）。

②连接节点。

③防水层。

（4）各分项工程的检验批应按下列规定划分：

①相同材料、工艺和施工条件的室内饰面板（砖）工程每 50 间（大面积房间和走廊按施工面积 30m^2 为一间）应划分为一个检验批，不足 50 间也应划分为一个检验批。

②相同材料、工艺和施工条件的室外饰面板（砖）工程每 500～1000m^2 应划分为一个检验批，不足 500m^2 也应划分为一个检验批。

（5）检查数量应符合下列规定：

①室内每个检验批应至少抽查 10%，并不得少于 3 间，不足 3 间时应全数检查。

②室外每个检验批每 100m^2 应至少抽查一处，每处不得小于 10m^2。

（6）饰面板（砖）工程的抗震缝、伸缩缝、沉降缝等部位的处理应保证缝的使用功能和饰面的完整性。

2. 饰面板安装工程质量要求

（1）饰面板的品种、规格、颜色和性能应符合设计要求，木龙骨、木饰面板和塑料饰面板的燃烧性能等级应符合设计要求。

（2）饰面板孔、槽的数量、位置和尺寸应符合设计要求。

（3）饰面板安装工程的预埋件（或后置埋件）、连接件的数量、规格、位置、连接方法和防腐处理必须符合设计要求。后置埋件的现场拉拔强度必须符合设计要求。饰面板安装必须牢固。

（4）饰面板表面应平整、洁净、色泽一致，无裂痕和缺损。石材表面应无泛碱等污染。

（5）饰面板嵌缝应密实、平直，宽度和深度应符合设计要求，嵌填材料色泽应一致。

（6）采用湿作业法施工的饰面板工程，石材应进行防碱背涂处理。饰面板与基体之间的灌注材料应饱满、密实。

（7）饰面板上的孔洞应套割吻合，边缘应整齐。

（8）饰面板安装的允许偏差和检验方法应符合表3-36的规定。

饰面板安装的允许偏差和检验方法　　　　　　　表3-36

项次	项目	允许偏差（mm）							检验方法
		石材			瓷板	木材	塑料	金属	
		光面	剁斧石	蘑菇石					
1	立面垂直度	2	3	3	2	1.5	2	2	用2m垂直检测尺检查
2	表面平整度	2	3	—	1.5	1	3	3	用2m靠尺和塞尺检查
3	阴阳角方正	2	4	4	2	1	1	1	用直角检测尺检查
4	接缝直线度	2	4	4	2	1	1	1	拉5m线，不足5m拉通线，用钢直尺检查
5	墙裙、勒脚上口直线度	2	3	3	2	2	2	2	拉5m线，不足5m拉通线，用钢直尺检查
6	接缝高低差	0.5	3	—	0.5	0.5	1	1	用钢直尺和塞尺检查
7	接缝宽度	1	2	2	1	1	1	1	用钢直尺检查

3. 饰面砖粘贴工程质量要求

（1）饰面砖的品种、规格、图案、颜色和性能应符合设计要求。

（2）饰面砖粘贴工程的找平、防水、黏结和勾缝材料及施工方法应符合设计要求及国家现行产品标准和工程技术标准的规定。

（3）饰面砖粘贴必须牢固。

（4）满粘法施工的饰面砖工程应无空鼓、裂缝。

（5）饰面砖表面应平整、洁净、色泽一致，无裂痕和缺损。

（6）阴阳角处搭接方式、非整砖使用部位应符合设计要求。

（7）墙面突出物周围的饰面砖应整砖套割吻合，边缘应整齐。墙裙、贴脸突出墙面的厚度应一致。

（8）饰面砖接缝应平直、光滑，填嵌应连续、密实；宽度和深度应符合设计要求。

（9）有排水要求的部位应做滴水线（槽）。滴水线（槽）应顺直，流水坡向应正确，坡度应符合设计要求。饰面砖安装的允许偏差和检验方法应符合表3-37的规定。

饰面砖允许偏差和检验方法　　　　　　　表3-37

项次	项目	允许偏差（mm）		检验方法
		外墙面砖	内墙面砖	
1	立面垂直度	3	2	用2m垂直检测尺检查
2	表面平整度	4	3	用2m直尺和塞尺检查

续上表

项次	项目	允许偏差（mm）		检验方法
		外墙面砖	内墙面砖	
3	阴阳角方正	3	3	用直角测尺检查
4	接缝直线度	3	2	拉 5m 线，不足 5m 拉通线，用钢直尺检查
5	接缝高低差	1	0.5	用钢直尺和塞尺检查
6	接缝宽度	1	1	用钢直尺检查

三、幕墙工程质量控制

幕墙工程质量控制

四、涂料工程质量控制

涂料工程质量控制

五、裱糊工程质量控制

裱糊工程质量控制

思考与练习

1. 简述土方开挖质量控制要点。
2. 土方回填的质量检验项目有哪些？
3. 振冲砂石桩复合地基的质量控制要点有哪些？
4. 简述预制桩锤击沉桩的顺序和终击锤击的规定。
5. 泥浆护壁灌注桩护筒的质量控制要点有哪些？

6. 简述砖砌体斜槎的质量要求和抽检数量。
7. 钢筋隐蔽工程验收内容有哪些？
8. 简述模板的拆除要求。
9. 混凝土取样与试件留置应符合哪些规定？
10. 装配式混凝土工程灌浆料进场检验项目有哪些？
11. 装配式结构在连接节点及叠合构件浇筑混凝土之前，应进行隐蔽工程验收，验收项目有哪些？
12. 预制墙板尺寸的允许偏差检验项目有哪些？
13. 什么情况下，要对钢材进行抽样复验？
14. 简述高聚物防水卷材热熔施工质量控制要点。
15. 一般抹灰主控项目检验内容有哪些？

技能测试题

一、单选题

1. 下列选项中，（　　）不是静力压桩的主控项目。
   A. 桩体质量检验　B. 桩位偏差　C. 承载力　D. 成品桩外形
2. 方桩桩尖中心线允许偏差值为（　　）mm。
   A. 8　B. 10　C. 12　D. 15
3. 砂和砂石地基的最优含水率，可采用（　　）方法求得。
   A. 轻型击实试验　B. 环刀取样试验　C. 烘干试验　D. 称重试验
4. 砌筑砂浆应采用机械搅拌，自投料完算起，搅拌时间应符合下列规定：水泥砂浆和水泥混合砂浆不得小于（　　）min。
   A. 1　B. 2　C. 3　D. 5
5. 当施工期间最高气温超过30℃，水泥砂浆在拌成后（　　）h内使用完毕。
   A. 2　B. 3　C. 4　D. 8
6. 施工时施砌的蒸压（养）砖的产品龄期不应小于（　　）d。
   A. 7　B. 14　C. 28　D. 60
7. 砖和砂浆的强度等级必须符合设计要求。烧结砖进场时，按（　　）万块为一验收批。
   A. 5　B. 10　C. 15　D. 50
8. 防水混凝土终凝后应立即进行养护，养护时间不得少于（　　）d。
   A. 7　B. 14　C. 21　D. 28
9. 当混凝土浇筑高度超过（　　）m时，应采用串筒、流槽或振动串筒下落。
   A. 2　B. 3　C. 4　D. 5
10. 后浇带处的混凝土宜用（　　），强度等级宜比原结构的混凝土提高5~10MPa，并保持不少于15d的潮湿养护。
    A. 细石混凝土　B. 防冻混凝土　C. 高性能混凝土　D. 微膨胀混凝土

11. 混凝土浇筑前施工单位应填报浇筑申请单，并经（　　）签字确认。
    A. 设计单位　　B. 混凝土厂家　　C. 建设单位　　D. 监理单位
12. 当混凝土试件强度评定不合格时，可采用（　　）的检测方法，按国家现行有关标准的规定对结构构件中的混凝土强度进行推定，并作为处理的依据。
    A. 现场同条件养护试件　　　　B. 按原配合比、原材料重做试件
    C. 非破损或局部破损　　　　　D. 混凝土试件材料配合比分析
13. 有主次梁的楼板宜顺着次梁方向浇筑，施工缝应留置在（　　）。
    A. 主梁跨度的中间1/3范围内　　B. 次梁跨度的中间1/3范围内
    C. 主梁跨度的1/3范围内　　　　D. 次梁跨度的1/3范围内
14. 下列钢材不需要进行抽样复验的是（　　）。
    A. 国外进口钢材
    B. 钢材混批
    C. 厚度为30mm，无Z向性能要求钢板
    D. 建筑结构安全等级为一级，大跨度钢结构中主要受力构件所采用的钢材
15. 施工单位对首次采用的钢材、焊材、焊接方法等，应再进行（　　）。
    A. 外观检查　　B. 焊接工艺评定　　C. 内部缺陷检查　　D. 取样送检
16. 厚度小于（　　）mm的高聚物改性沥青防水卷材，严禁采用热熔法施工。
    A. 4　　　　B. 3　　　　C. 2　　　　D. 1
17. 砌体施工时，楼面和屋面堆载不得超过（　　）。
    A. 2kN/m²　　　　　　　　　B. 楼板的允许载荷值
    C. 3kN/m²　　　　　　　　　D. 楼板允许荷载值的1.5倍
18. 混凝土必须养护至其强度达到（　　）MPa时，才能够在其上行人或安装模板支架。
    A. 1.2　　　　B. 1.8　　　　C. 2.4　　　　D. 3
19. 采用缓凝型外加剂、大掺量矿物掺合料配制的混凝土，不应少于（　　）d。
    A. 7　　　　B. 14　　　　C. 21　　　　D. 28
20. 采用多层卷材时，上下两层和相邻两幅卷材的搭接缝应错开（　　）幅宽，且两层卷材不得相互垂直铺贴。
    A. 1/3~2/3　　B. 1/4~1/3　　C. 1/3~1/2　　D. 1/4~1/2
21. 叠合板进场后，检查叠合板的（　　）、型号、外观质量等，应符合设计要求。
    A. 规格　　B. 强度　　C. 刚度　　D. 出厂时间
22. 灌浆料在标准温度和湿度条件下，30min的流动度要求为（　　）mm。
    A. ≥260　　B. ≥300　　C. ≥360　　D. ≥160
23. 灌浆料在标准温度和湿度条件下，28d的抗压强度要求为不小于（　　）MPa。
    A. 75　　　B. 60　　　C. 35　　　D. 85
24. 灌浆料宜在加水后（　　）min内用完，以防后续灌浆遇到意外情况时灌浆料可流动的操作时间不足。
    A. 20　　　B. 30　　　C. 40　　　D. 60
25. 装配整体式混凝土结构中预制构件的连接处混凝土强度等级（　　）。

A. 提高一个强度等级
B. 等于各预制构件的强度等级
C. 不应低于所连接的各预制构件混凝土强度等级中的较小值
D. 不应低于所连接的各预制构件混凝土强度等级中的较大值。

二、多选题

1. 关于土方回填的说法，正确的有（   ）。
   A. 回填料应控制含水率
   B. 根据回填工期要求，确定压实遍数
   C. 下层的压实系数试验合格后，进行上层施工
   D. 冬期回填时，分层厚度可适当增加
   E. 回填土料可混杂

2. 混凝土收缩裂缝产生的原因是（   ）。
   A. 混凝土原材料不合格
   B. 配合比不合适
   C. 混凝土水灰比不合适、坍落度偏大
   D. 混凝土强度太高
   E. 混凝土浇捣不密实、养护不及时

3. 现浇钢筋混凝土构件中经常出现蜂窝的质量问题，产生蜂窝的主要原因有（   ）。
   A. 配合比不当   B. 浇筑方法不当
   C. 垫块位移   D. 振捣不密实
   E. 混凝土坍落度偏大

4. 现浇钢筋混凝土楼盖，主梁跨度为8.4m，次梁跨度为4.5m，次梁轴线间距为4.2m，施工缝宜留置在（   ）的位置。
   A. 距主梁轴线1m，且平行于主梁轴线
   B. 距主梁轴线1.8m，且平行于主梁轴线
   C. 距主梁轴线2m，且平行于主梁轴线
   D. 距次梁轴线2m，且平行于次梁轴线
   E. 距次梁轴线1m，且平行于次梁轴线

5. 下列选项中，符合钢结构焊接工程规定的有（   ）。
   A. 焊接材料与母材应匹配
   B. 焊条、焊剂等在使用前应按说明书及焊接工艺文件进行烘焙和存放
   C. 焊工必须取得焊工证
   D. 焊工是特殊工种
   E. 焊工持证后可以在任何范围内施焊

6. 地下工程防水混凝土主控项目施工质量验收应包括（   ）。
   A. 防水混凝土的原材料、配合比及坍落度必须符合设计要求
   B. 防水混凝土的抗压强度和抗渗性能必须符合设计要求

C. 防水混凝土结构的变形缝、施工缝等设置和构造必须符合设计要求

D. 防水混凝土结构的穿墙管、埋设件等设置和构造必须符合设计要求

E. 防水混凝土结构厚度不应小于250mm

7. 构件采用钢筋灌浆套筒连接时，可向套筒内灌注（　　）水泥基灌浆料。

A. 无收缩　　　　B. 缓凝型　　　　C. 早强型　　　　D. 微膨胀型

E. 速凝型

8. 关于灌浆料流动度的检验，下列说法正确的有（　　）。

A. 流动度低于要求值的灌浆料，可加少量水后用于灌浆连接施工

B. 在灌浆施工前，应首先进行流动度的检测，在流动度值满足要求后方可施工

C. 施工中应注意灌浆时间需短于灌浆料具有规定流动度值的时间（可操作时间）

D. 每工作班应检查灌浆料拌合物初始流动度不少于1次，确认合格后，方可用于灌浆

E. 灌浆料流动度是保证灌浆连接施工的关键性能指标，受施工环境的温度、湿度影响

三、判断题

1. 力学性能满足建筑物的承载和变形能力要求的地层称为人工地基。（　　）

2. 配筋砌体可采用掺氯盐的砂浆施工。（　　）

3. 保温层厚度的允许偏差：松散保温材料和整体现浇保温层为+10%，−5%；板状保温材料为±5%，且不得大于4mm。（　　）

4. 倒置式屋面应采用吸水率小、长期浸水不腐烂的保温材料。（　　）

5. 屋面工程各子分部划分为卷材防水屋面、涂膜防水屋面、刚性防水屋面、瓦屋面、隔热屋面、种植屋面等。（　　）

6. 圈梁兼做过梁时，过梁部分的钢筋，如圈梁的构造配筋能满足时，不必另行增加。（　　）

7. 屋盖上设置保温层、隔热层的目的是防止混凝土由于收缩和温度变化而引起的顶层墙体裂缝。（　　）

8. 软土地基具有变形特别大、强度低的特点。（　　）

9. 涂料防水中，冬期施工宜选用反应性涂料。（　　）

10. 现场制作的混凝土预制桩，应检查成品桩的合格证和外观质量，不需要检查原材料、钢筋骨架、混凝土强度。（　　）

项 目 四

建筑工程施工质量验收

🎯 能力目标

1. 具备组织、完成建筑工程质量验收的综合能力。
2. 能够根据相关验收规范进行建筑工程施工质量验收。
3. 能够按照规范要求收集、整理、编制工程资料。

🎯 素质要求

1. 培养学生积极向上的职业精神和学习态度。
2. 培养学生执行行业标准和法规的意识,注重安全和劳动保护。
3. 培养学生团结协作的意识。

🎯 知识导图

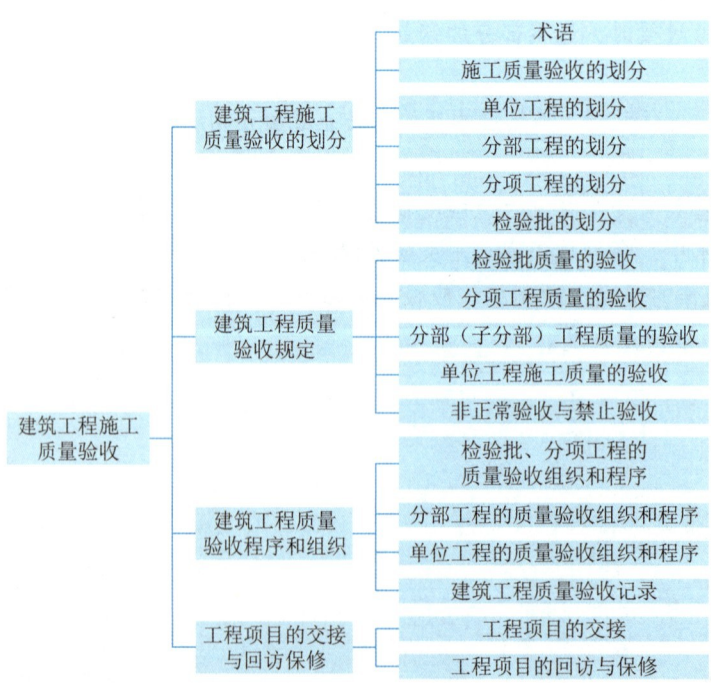

项目四 建筑工程施工质量验收

【项目引导】 某高校的教学楼工程项目完工后，施工单位向建设单位提交工程竣工报告，申请竣工验收。工程项目在竣工验收交付使用后，教学楼卫生间出现了渗水现象。建设单位要求施工单位维修，施工单位认为房屋已验收合格交付，没有维修义务。

【试　　问】 建筑工程施工质量验收如何划分？单位工程竣工验收应具备的条件有哪些？如何组织单位工程竣工验收？此教学楼卫生间渗水的质量纠纷该如何处理？

任务一　建筑工程施工质量验收的划分

一　术语

（1）建筑工程：为新建、改建或扩建房屋建筑物和附属构筑物设施所进行的规划、勘察、设计和施工、竣工等各项技术工作和完成的工程实体。

（2）建筑工程质量：反映建筑工程满足相关标准规定或合同约定的要求，包括其在安全、使用功能及其在耐久性、环境保护等方面所有明显和隐含能力的特性总和。

（3）验收：建筑工程在施工单位自行质量检查评定的基础上，参与建设活动的有关单位共同对检验批、分项、分部、单位工程的质量进行抽样复验，根据相关标准的书面形式对工程质量达到合格与否做出确认。

（4）检验批：按同一生产条件或按规定的方式汇总起来供检验用的，由一定数量样本组成的检验体。

（5）检验：对检验项目中的性能进行量测、检查、试验等，并将结果与标准规定要求进行比较，以确定每项性能是否合格所进行的活动。

（6）主控项目：建筑工程中的对安全、卫生、环境保护和公众利益起决定性作用的检验项目。

（7）一般项目：除主控项目以外的检验项目。

二　施工质量验收的划分

工程质量评定项目一般划分为检验批、分项工程、分部工程和单位工程（图4-1）。由于各类工程的内容、特点、规模、形式、形成的过程和管理方法的不同，划分分项、分部和单位工程的方法也不一样，但应该特别注意的是：不论如何划分分项工程，都要有利于质量控制，能取得较完整的技术数据。

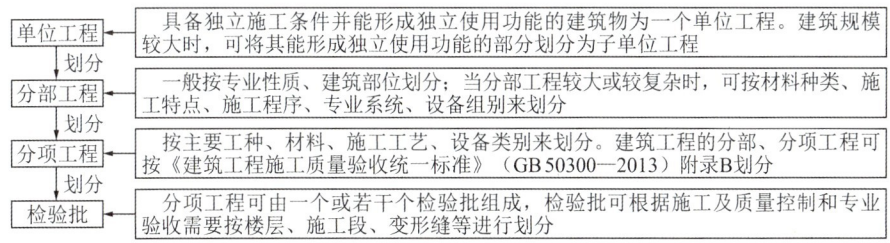

图4-1 建筑工程施工质量验收的划分

三、单位工程的划分

1. 房屋建筑工程

房屋建筑工程是由建筑和主体结构及建筑设备安装工程共同构成的,目的是突出房屋建筑的整体质量。一个独立的、单独的建筑物均为一个单位工程,如在一个住宅小区内的建筑群中,每一个独立的建筑物,即一栋住宅楼、一个商店、一个锅炉房、一座变电站、一所学校的一栋教学楼、一间办公楼、一间传达室等均为一个单位工程。

对于建筑规模较大的单位工程,可将其能形成独立使用功能的部分划分为一个子单位工程,这样有利于大型、高层及超高层建筑的分段验收。如一栋带裙房高层建筑,主楼30层,裙房7层,业主在裙房施工完具备使用功能后,计划先投入使用,就可以先以子单位工程进行验收;如果塔楼30层分两个或3个子单位工程验收也是可以的。各子单位工程验收完,整个单位工程也就验收完了,整个单位工程验收完后再办理竣工验收手续。

2. 室外单位工程

室外建筑根据专业类别、工程规模划分为室外建筑环境和室外安装两个室外单位工程,并进一步分成附属建筑、室外环境、给排水与采暖和电气子单位工程。为保证分项、分部、单位工程的划分评定,应将其作为施工组织设计的一个组成部分,事前给予明确规定,则会对质量控制起到好的作用。表4-1为室外工程的划分。

室外工程的划分 表4-1

单位工程	子单位工程	分部工程
室外设施	道路	路基、基层、面层、广场与停车场、人行道、人行地道、挡土墙、附属构筑物
	边坡	土石方、挡土墙、支护
附属建筑及室外环境	附属建筑	车棚、围墙、大门、挡土墙
	室外环境	建筑小品、亭台、水景、连廊、花坛、场坪绿化、景观桥

四、分部工程的划分

有的单位工程由地基与基础、主体结构、屋面、装饰装修4个建筑及结构分部工程,以及建筑给水排水及采暖、建筑电气、通风与空调、电梯和智能建筑5个建筑设备安装分部工程,共9个分部工程组成。不论其工作量大小,都作为一个分部工程参与单位工程的验收。但有的单位工程中不一定全有这些分部工程,如有的建筑可能没有通风与空调分部工程,没有电梯安装分部工程,没有智能建筑分部工程;而一些高级宾馆、公共建筑可能包括全部建筑设备安装5个分部工程。所以,房屋建筑的单位工程最多由9个分部工程组成。

地基与基础分部工程包括在标高±0.00以下的结构及防水分项工程。凡有地下室的工程,其首层地面下的结构(现浇混凝土楼板或预制楼板)以下的项目,均纳入"地基与基础"分部工程;没有地下室的工程,墙体以防潮层分界,室内以地面垫层以下分界,灰土、混凝土等垫层应纳入装饰工程的建筑地面部分;桩基础以承台上皮分界。地基与基础分部工程又划分为无支护土方、有支护土方、地基处理、桩基、地下防水、混凝土基础、砌体基础、劲性钢筋混凝土结构、钢结构等子分部工程。

主体分部工程，凡使用板块材料，经砌筑的隔墙纳入主体分部工程，如各种砌块、加砌条板等；凡采用轻钢、木材等用铁钉、螺栓或胶类黏结的均纳入装饰装修分部工程，如轻钢龙骨、木龙骨的隔墙、石膏板隔墙等。主体结构分部工程按材料不同又划分为混凝土结构、劲性钢筋混凝土结构、钢结构、木结构、网架结构、索膜结构等子分部工程。

建筑装饰装修分部工程包括地面与楼面工程（包括基层及面层）、门窗工程、幕墙工程及室内外的装修、装饰项目，如清水砖墙的勾缝工程、细木装饰、油漆、刷浆、玻璃工程等。建筑装饰装修分部工程又划分为地面工程、抹灰工程、门窗、吊顶、轻质隔墙、饰面板、幕墙、涂饰、裱糊与软包、细部等子分部工程。

建筑屋面分部工程包括屋面找平层、防水层、保温隔热层等。建筑屋面分部工程又划分为卷材防水屋面、涂膜防水屋面、刚性防水屋面、瓦屋面和隔热屋面等子分部工程。

有关地下防水、地面防水、墙面防水分别纳入"地基与基础""装饰装修""主体"分部工程。对有地下室的工程，除在标高±0.000以下的结构及防水部分的分项工程列入"地基与基础"分部工程外，其他地面、装饰、门窗等分项工程仍纳入建筑装饰装修分部工程内。

建筑给水排水及采暖分部工程，包括给水排水管道、采暖、卫生设施等。具体又细分为室内给水系统、室内排水系统、室内热水供应系统、洁具安装、室内采暖系统、室外给水管网、室外排水管网、室外供热管网、建筑中水系统及游泳池系统、供热锅炉及辅助设备安装等子分部工程。

建筑电气安装分部工程，主要针对强电部分，包括室外电气、变配电室、供电干线、电气动力、电气照明安装、备用和不间断电源安装、防雷及接地安装等子分部工程。

智能建筑分部工程即通常的弱电部分，包括通信网络系统、办公自动化系统、建筑设备监控系统、智能化集成系统、电源与接地、环境、住宅（小区）智能化系统等子分部工程。

通风与空调分部工程按系统又划分为送排风系统、防排烟系统、防尘系统、空调风系统、制冷设备系统、空调水系统等子分部工程。

电梯安装分部工程按其种类又划分为电力驱动式电梯安装、液压式电梯安装、自动扶梯、自动人行道安装等子分部工程。

五　分项工程的划分

建筑和结构工程分项工程的划分应按主要工种工程划分，如砌砖工程、钢筋安装工程、油漆工程等，也可按施工工艺和使用材料的不同来划分。

设备安装工程的分项工程一般应按工种种类及设备组别等划分，同时也可按系统、区段来划分。

分项工程的划分，要根据工程具体情况，既要便于对工程质量的管理，也要便于对工程质量的控制和验收。分项工程划分得是否合理，在很大程度上反映出施工现场工程管理水平。

建筑工程分部、分项工程的划分详见二维码内容。

建筑工程分部
（子分部）
分项工程的划分

六、检验批的划分

检验批的划分可根据施工、质量控制和专业验收的需要，按楼层、施工段、变形缝等进行划分。

1. 主体结构分部的分项工程检验批的划分

（1）多层及高层建筑，按楼层或施工缝（段）划分检验批。

（2）单层建筑按变形缝来划分检验批。

2. 地基基础分部的分项工程检验批的划分

（1）有地下室时，应按不同地下楼层划分检验批。

（2）无地下室时，划分为一个检验批。

3. 屋面分部工程的分项工程检验批的划分

按不同楼层屋面划分为不同的检验批。

4. 其他分部工程的分项工程检验批的划分

对结构形式比较单一的普通建筑物，一般按楼层划分检验批。

5. 工程量较小的分项工程检验批的划分

统一划分为一个检验批。

6. 安装工程检验批的划分

一般按一个系统或设备组别划分为一个检验批。

7. 室外工程检验批的划分

室外工程中散水、明沟、台阶等统一作为一个检验批，纳入地面检验批中。

任务二　建筑工程质量验收规定

在工程项目管理过程中，进行工程项目质量的验收是施工项目质量管理的重要内容。施工企业必须根据合同和设计图纸的要求，严格执行国家颁发的有关工程项目质量验收标准，及时地配合监理工程师、质量监督站等有关人员进行质量评定和办理竣工验收交接手续。工程项目质量验收程序是按检验批、分项工程、分部工程、单位工程依次进行。工程项目质量等级只有合格和优良，凡不合格的项目则不予验收。

一、检验批质量的验收

检验批是工程验收的最小单元，是分项工程乃至整个建筑工程质量验收的基础。检验批是施工过程中条件相同并有一定数量的材料、构配件或安装项目，由于其质量基本均匀一致，因此可以作为检验的基础单位，按批组织验收。

检验批合格质量应符合下列规定：

（1）主控项目和一般项目的质量经抽样检验合格。

对检验批的实物检验，应检验主控项目和一般项目。

关于检验批的合格质量指标在各专业工程质量验收规范中给出。对一个特定的检验批来讲，应按照各专业验收规范对各检验批主控项目、一般项目规定的指标逐项进行检查验收。检验批合格质量的验收主要取决于对主控项目和一般项目的检验结果。

1）主控项目检验。

主控项目是对检验批的基本质量起决定性影响的检验项目，是确保工程安全和使用功能的重要检验项目，是对安全、卫生、环境保护和公众利益起决定作用的检验项目，是决定检验批主要性能的项目，因此检验批主控项目必须全部符合有关专业工程验收规范的规定。这意味着主控项目不允许有不符合要求的检验结果，即主控项目的检查结果具有否决权。所以对检查中发现检验批主控项目有不合格的点、位、处存在，则必须进行修补、返工重做、更换器具，使其最终达到合格的质量要求。如果检验批主控项目达不到规定的质量指标，降低要求就相当于降低该工程项目的性能指标，就会严重影响工程的安全性能；如果提高要求就等于提高性能指标，就会增加工程造价。如对混凝土、砂浆的强度等级要求，钢筋力学性能指标要求、地基基础承载力要求等，都直接影响结构安全，降低要求就将降低工程质量，而提高要求必然增加工程造价。

检验批主控项目主要包括：

①重要原材料、构配件、成品、半成品、设备性能及附件的材质、技术指标要合格。检查出厂合格证明及进场复验检测报告，确认其技术数据、检测项目参数符合有关技术标准的规定。如检查进场钢筋出厂合格证明、进场复验检测报告，确认其产地、批量、型号、规格，确认其屈服强度、极限抗拉强度、伸长率符合要求。

②结构的强度、刚度和稳定性等检验数据、工程性能的检测数据及项目要求符合设计要求和验收规范的规定，如混凝土、砂浆的强度，钢结构的焊缝强度，管道的压力试验，风管的系统测定与调整，电气的绝缘、接地测试，电梯的安全保护、试运转结果记录等。检查测试记录或报告，其数据及项目要符合设计要求和验收规范规定。

③所有主控项目不允许有不符合要求的检验结果存在。

对一些有龄期要求的检测项目，在其龄期不到不能提供试验数据时，可先将其他评价项目先评价，并根据施工现场的质量保证和控制情况暂时验收该项目，待检测数据出来后再填入数据。如果数据达不到规定数值，以及对一些材料、构配件质量及工程性能的测试数据有疑问时，应进行复试、鉴定及现场检验。

2）一般项目检验。

一般项目是指除主控项目以外的检验项目，其要求也是应该达到的，只不过可以适当放宽一些，也不影响工程安全和使用功能的。这些项目虽不像主控项目那样重要，但对工程安全、使用功能和美观都有较大影响。一般项目包括的内容主要有：

①允许有一定偏差的项目放在一般项目中，用数据规定的标准，可以有偏差范围。具体讲，就是要求80%以上的这种检查点、位、项的测试结果与设计要求之间的偏差在规范规定的允许偏差范围内，允许有20%以下的检查点的偏差值超出规范允许偏差值，但不得超出允许偏差值的150%。

②对不能确定偏差值而又允许出现一定缺陷的项目，则以缺陷的数量来区分。如砖砌

体预埋拉结筋，其留置间距偏差、钢筋混凝土钢筋的露筋长度、饰面砖空鼓的限制等。

③一些无法定量而只能定性检验的项目，如碎拼大理石地面颜色协调，无明显裂缝和坑洼；油漆工程中油漆的光亮和光滑要求；洁具给水配件安装项目，接口严密；门窗启闭灵活等。

（2）具有完整的施工操作依据和质量检查记录。

对检验批的质量保证资料的检查，主要是检查从原材料进场到检验批验收的各施工工序的操作依据、质量检查情况及质量控制的各项管理制度。由于质量保证资料是工程质量的记录，所以对资料完整性的检查，实际是对施工过程质量控制的再确认，是检验批合格的先决条件。

二 分项工程质量的验收

分项工程质量验收合格应符合下列规定：

（1）分项工程所含的检验批均应符合合格质量的规定。

（2）分项工程所含的检验批的质量验收记录应完整。

对分项工程的验收是在检验批验收的基础上进行的，是一个统计过程，没有直接的验收内容，主要是对构成分项工程的检验批的验收资料的完整性的核查。

> **小贴士**
>
> 在验收分项工程时应注意两点：①核对检验批的部位、区段是否全部覆盖分项工程的范围，有没有漏、缺、差的部位没有验收到；②检验批验收记录的内容及签字人是否齐全、正确。

三 分部（子分部）工程质量的验收

分部、子分部工程的验收内容、程序都是一样的，在一个分部工程中只有一个子分部工程时，子分部就是分部工程。当有多个子分部工程时，各个子分部依次进行质量验收，然后应将各子分部的质量控制资料进行核查；地基与基础、主体结构和设备安装工程等分部工程中的子分部工程，要对其有关安全及功能的检验和抽样检测结果的资料核查。分部工程质量验收合格应符合下列规定：

（1）分部工程所含的分项工程的质量均应验收合格。

对分部工程所含的分项工程的质量均应验收合格，在做这项工作时应注意以下三点：

①检查每个分项工程验收程序是否正确。

②检查核对分部工程所包含的分项工程是否全面覆盖了分部工程的全部内容，有没有遗漏的部分、残缺不全的部分、未被验收的部分存在。

③注意检查每个分项工程资料是否完整，每份验收资料的格式、内容、签字是否符合要求，规范要求的检查内容是否全数检查，表格内该有的验收意见是否完整。

（2）质量控制资料应完整。

对质量控制资料应完整的核查，重点是对三个方面资料的核查：

①检查和核对各检验批的验收记录资料是否完整。

②在检验批验收时，其对应具备的资料应准确完整才能验收。在分部、子分部工程验收时，主要是检查和归纳各检验批的施工操作依据、质量检查记录，查对其是否配套完整，包括有关施工工艺（企业标准）、原材料、构配件出厂合格证及按规定进行的进场复验检验报告的完整程度。

③注意核对各种资料的内容、数据及验收人员的签字是否规范等。

> **小贴士**
> 一个分部、子分部工程能否具有数量和内容完整的质量控制资料，是验收规范指标能否通过验收的关键。

（3）地基与基础、主体结构和设备安装等分部工程有关安全及功能的检验和抽样检测结果应符合有关规定。

对地基与基础、主体结构和设备安装等分部工程有关安全及功能的检验和抽样检测结果应符合有关规定的核查，主要是检查安全及功能两方面的检测资料。要求抽测的与安全和使用功能有关的检测项目在各专业验收规范中已做出明确规定。在验收时应做好以下三个方面的工作：

①检查各规范中规定的检测项目是否都进行了检测。

②如果规范规定的检测项目都进行了检测，就要进一步检查各项检测报告的格式、内容、程序、方法、参数、数据、结果是否符合相关标准要求。

③检查资料的检测程序是否符合要求，要求实行见证取样送检的项目是否按规定取样送检，检测人员、校核人员、审核人员是否签字，检测报告用章是否符合规范要求。

（4）观感质量验收应符合要求。

分部（子分部）工程观感质量的检查，是由参加分部（子分部）工程施工质量验收的验收人员共同对验收对象工程实体的观感质量做出的好、一般、差的评价，在检查评价时应注意以下几点：

①对分部工程进行验收检查时，一定要在施工现场对验收的分部工程各个部位全都看到，能操作的应操作，观察其方便性、灵活性或有效性等；能打开观看的应打开观看，不能只看外观，应全面了解分部（子分部）的实物质量。

②观感质量项目基本上是各检验批的一般性验收项目。参加分部工程验收的人员宏观掌握。只要不是明显达不到设计要求就可以评为一般；如果某些部位质量较好，细部处理到位，则评为好；如果有的部位达不到设计要求或有明显缺陷，但不影响安全或使用功能，则评为差；如果有影响安全和使用功能的项目，则必须修理后再评价。

分部工程观感质量评价仍应坚持施工企业自行检查合格后，由监理单位来验收。参加评价的人员应具备相应资格，由总监理工程师组织，不少于三位监理工程师参加检查。在听取其他参加人员的意见后，共同做出评价，但总监理工程师的意见应为主导意见。在进行评价时，可分项目评价，也可分大的方面综合评价，最后对分部作出评价。

分部工程施工质量的验收要求如图4-2所示。

```
┌─────────────────────────────────┐       ┌─────────────────────────────────┐
│ (1) 每个分项工程验收是否正确；  │       │ (1) 各检验批的质量验收记录应完整；│
│ (2) 分项工程有无漏、缺、差项；  │       │ (2) 应备资料应准确完整无差缺；   │
│ (3) 分项工程资料有无漏、缺、差项│       │ (3) 各种资料的内容、数据、签字符合要求│
└─────────────────────────────────┘       └─────────────────────────────────┘
                ↓                                         ↓
┌───────────────────────────────────────────────────────────────────────────┐
│ (1) 分部工程所含的分项工程的质量均应验收合格；                            │
│ (2) 质量控制资料应完整；                                                  │
│ (3) 地基与基础、主体结构和设备安装等分部工程有关安全及功能的检验和抽样检测结果应符合有关规定； │
│ (4) 观感质量验收应符合要求                                                │
└───────────────────────────────────────────────────────────────────────────┘
                ↑                                         ↑
┌─────────────────────────────────┐       ┌─────────────────────────────────┐
│ (1) 规范规定的检测项目是否检测；│       │ (1) 现场检查核对分部工程实物质量；│
│ (2) 报告内容数据参数项目符合要求│       │ (2) 掌握评价好、一般、差的尺度； │
│ (3) 检测原理方法取样签字用章规范│       │ (3) 坚持施工企业自评监理检查验收│
└─────────────────────────────────┘       └─────────────────────────────────┘
```

图 4-2　分部工程施工质量的验收要求

四、单位工程施工质量的验收

单位工程质量的验收是单位工程竣工验收，是建筑工程投入使用前的最后一次验收，是工程质量验收的最后一道把关，是对工程质量的一次总体综合评价，所以规范将其规定为强制性条文，列为工程质量管理的一道重要环节。单位工程施工质量验收要求如图 4-3 所示。

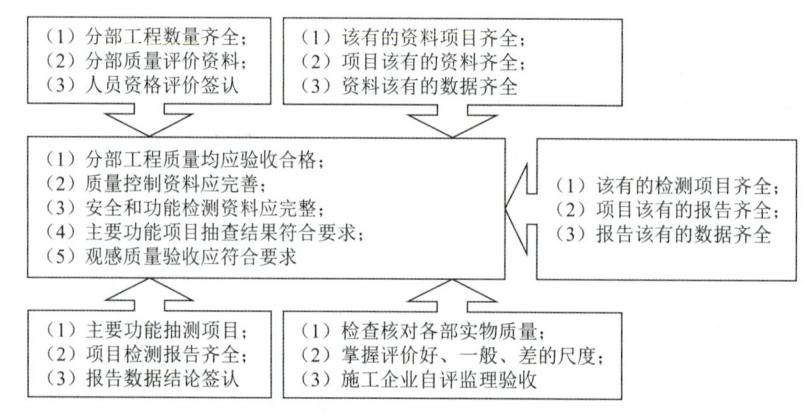

图 4-3　单位工程施工质量的验收要求

单位工程质量验收合格应符合以下条件：

（1）单位（子单位）工程所含分部（子分部）工程的质量均应验收合格。

一个单位工程质量要合格，它所包含的分部（子分部）工程的质量均应验收合格，这是基本条件。总承包单位应在单位工程验收前认真进行准备，将所有分部、子分部工程质量验收记录表及时进行收集整理，并列出目次表，按要求依序装订成册。在检查及整理过程中，应注意以下三点：

①检查各分部工程所含的子分部工程是否齐全。

②检查核对各分部、子分部工程质量验收记录表的质量评价是否完善，是否有分部、子分部工程质量的综合评价，有质量控制资料的评价，有地基与基础、主体结构和设备安装分部、子分部工程规定的有关安全及功能的检测和抽测项目的检测记录，以及分部、子分部观感质量的评价等。

③检查分部、子分部工程质量验收记录表的验收人员是否是规定的有相应资质的技术人员，并进行了评价和签认。

（2）质量控制资料应完整。

总承包单位应将各分部、子分部工程应有的质量控制资料进行核查，图纸会审及变更记录，定位测量放线记录，施工操作依据，原材料、构配件等质量证书，按规定进行检验的检测报告，隐蔽工程验收记录，施工中有关试验测试、检验以及抽样检测项目的检测报告等，由总监理工程师进行核查确认，可按单位工程所包含的分部、子分部分别核查、也可综合检查。目的是强调建筑结构、设备性能、使用功能方面主要技术性能的检验。

（3）单位（子单位）工程所含的分部工程有关安全和功能的检测资料应完整。

单位（子单位）工程安全和功能的检测资料检查及主要功能抽查项目应符合要求。在单位工程、子单位工程验收时，监理工程师应对各分部、子分部工程应检测项目进行检查核对，对检测的数量、数据及使用的检测方法标准、检测程序进行核查，以及核查有关人员的签字情况。核查后将核查的情况填入记录表中，并做出通过与否的结论。

每个单位工程的情况不同，因此什么是资料完整，要视工程特点、已有资料情况来定。有一点验收人员必须掌握的，就是这些资料能否反映工程的结构安全和使用功能，是否达到设计要求。如果资料能保证该工程结构安全和使用功能，能达到设计要求，就可以认为是完整的。

（4）主要功能项目的抽查结果应符合相关专业质量验收的规定。

主要功能抽查的目的主要是综合检验工程质量能否保证工程的功能，满足使用要求。这种抽查检测多数是复查性和验证性的。具体抽测项目在各分部、子分部工程中列出，有的在分部、子分部工程施工中或完成后进行检测，有的只能在单位工程全部完成后才能进行检测。这些检测项目应该在单位工程完工后，施工单位向建设单位提交工程验收报告前全部进行完毕，并将检测报告写好。

> **小贴士**
> 主要功能项目抽测多数情况是施工单位检测时，监理、建设单位都参加。不再重复检测，防止造成不必要的重复浪费和对工程的损害。

（5）观感质量验收应符合要求。

观感质量评价是工程的一项重要评价工作，是全面评价一个分部、子分部、单位工程的外观及使用功能质量，促进施工过程的管理、成品保护、提高社会效益和环境效益的手段。观感质量检查绝不是单纯的外观检查，而是实地对工程的一个全面检查，核实质量控制资料，核查分项、分部工程验收的正确性，及对在分项工程中不能检查的项目进行检查等。分项分部无法测定和不便测定的项目，在单位工程观感评价中给予检查。如建筑物的全高垂直度、上下窗口位置偏移及一些线角顺直等项目，只有在单位工程质量最终检查时才能了解得更确切。观感质量的验收方法和内容与分部、子分部工程观感质量验收方法一样，只是范围不同。

观感质量验收检查时应将建筑工程外观全部看到，对建筑的重要部位、项目及有代表性的房间、部位、设备、项目都应检查到。对其评价时，可先逐点评价再综合评价，也可逐项给予评价，也可按大的方面综合评价。评价时要在现场由参加检查验收的监理工程师共同确定，确定时可多听取被验收单位及参加验收的其他人员的意见，并由总监理工程师签认，总监理工程师的意见要有主导性。

观感质量是评优良等级的主要质量指标，其评价结果为好、一般、差。如果观感质量评价为差，能进行修理的尽量修理，不能修理的尽可能协商解决。建筑与结构分部工程观感质量检查表详见二维码内容。

建筑与结构
分部工程观感
质量检查表

五 非正常验收与禁止验收

当建筑工程质量不符合要求时，应按规定进行处理。一般情况下，不合格现象通常在检验批验收时就应及时发现，及时处理，否则将影响后续检验批和相关的分项工程、分部工程的验收，因此所有质量隐患必须尽快消灭在萌芽状态。建筑工程质量不符合要求的处理办法如下：

（1）经返工重做或更换器具、设备的，应重新进行验收。

在检验批验收时，其主控项目不能满足验收规范要求或一般项目超过偏差限值的子项不符合检验规定的要求，应及时处理。其中，严重缺陷应推倒重来，一般的缺陷应通过翻修或更换器具、设备予以解决，应允许施工单位在采取相应的措施后重新验收。如果符合相应的专业工程质量验收规范，则认为该检验批合格。如某住宅楼一层砌砖，验收时发现砖的强度等级为MU5，达不到MU10的设计要求，将墙推倒后重新用MU10砖砌筑，其砖砌体工程的质量，应重新按程序进行验收。重新验收时，要对该项目工程按规定，重新抽样、选点、检查和验收，重新填检验批质量验收记录表。

（2）经有资质的检测单位检测鉴定能够达到设计要求的检验批，应予以验收。

当不符合验收要求，需经检测鉴定时，经有资格的检测单位对工程实体进行检测鉴定，能够达到设计要求的检验批，应予以验收。这种情况多是某项质量指标不够，例如留置试块失去代表性、因故缺少试块、试块报告缺少某项有关主要内容、对试块试验报告有怀疑时；经有资质的检测单位对工程实体检测，检测结果证明该检验批的实际质量能够达到设计要求，就应该按正常情况给予验收。

如钢筋混凝土结构设计混凝土强度等级为C40，留置混凝土标准试块在标准养护条件下28d抗压强度为38MPa，小于40MPa，经委托法定检测单位对检验批的实体混凝土强度进行检测，检测结果为42MPa，大于40MPa，这种情况就应按正常情况给予验收。

（3）经有资质的检测单位检测鉴定达不到设计要求，但经原设计单位核算认可能满足结构安全和使用功能的检验批，可予以验收。

不符合验收要求，经有资质的检测单位检测鉴定达不到设计要求，但经原设计单位核算认可能满足结构安全和使用功能的检验批，由设计单位出具正式的核验证明书，可予以验收。这种情况和前述第二种情况类似，多是针对某项质量指标不够，例如留置试块失去代表性、因故缺少试块、试块报告缺少某项有关主要内容、对试块试验报告有怀疑时，经有资质的检测单位对工程实体检测，检测结果证明该检验批的实际质量虽不能达到设计要求，但经原设计单位核算，认可能满足结构安全和使用功能需要，就应该按正常情况给予验收。

如钢筋混凝土结构设计混凝土强度等级为 C40，留置混凝土标准试块在标准养护条件下 28d 抗压强度为 36MPa，小于 40MPa。经委托法定检测单位对检验批的实体混凝土强度进行检测，检测结果为 38MPa，小于 40MPa，但经原设计单位核算认可能满足结构安全和使用功能，是安全的。在经原设计单位认可的情况下，就应按正常情况给予验收。

（4）经返修或加固处理的分项、分部工程，虽然改变外形尺寸但仍能满足安全使用要求，可按技术处理方案和协商文件进行验收。

不符合验收要求，经检测单位检测鉴定达不到设计要求，经设计验算确认其不能满足结构安全和使用功能需要，经分析找出了事故原因，分清了事故责任，经与建设单位、监理单位、设计单位协商，同意加固或返修处理，落实了加固费用来源和加固后的验收事宜，由原设计单位提出加固返修处理方案，施工单位按照加固或返修方案进行加固或返修处理的分项、分部工程，虽然改变外形尺寸，包括改变工程用途在内，但只要其能满足安全使用要求，可按技术处理方案和协商文件进行验收。这种验收事实上是一种条件验收，实际是工程质量达不到验收规范的合格规定，应算在不合格工程的范围。

如某钢筋混凝土柱，截面尺寸为 400mm×500mm，设计混凝土强度等级为 C40，留置混凝土标准试块在标准养护条件下 28d 抗压强度为 34MPa，小于 40MPa，经委托法定检测单位对检验批的实体混凝土强度进行检测，检测结果为 35MPa，小于 40MPa。经与建设单位、监理单位、设计单位协商，采取加大截面法进行加固，加固后柱截面增大为 500mm×600mm，经验收确认加固施工质量符合加固技术文件要求，应按加固处理技术文件要求给予验收。

（5）通过返修或加固处理仍不能满足安全和使用要求的分部工程、单位（子单位）工程，严禁验收。

任务三　建筑工程质量验收程序和组织

一　检验批、分项工程的质量验收组织和程序

检验批、分项工程的质量验收由监理工程师（建设单位项目技术负责人）组织施工单位项目技术负责人、项目专业质检员、分包项目技术负责人、班组长等进行验收。

验收程序是先由施工单位的项目专业质检员、项目专业技术负责任人组织对检验批、分项工程的自检评定，符合设计要求和规范规定的合格质量后，项目专业质检员、项目专业技术负责人分别在检验批和分项工程质量检验记录表相关栏目签字，然后提交由监理工程师或建设单位项目技术负责人进行验收。

监理工程师或建设单位项目技术负责人及时组织有关人员到施工现场，对该项工程的质量进行验收。监理人员或建设单位的现场质量检查人员，在施工过程中进行旁站、平行或巡回检查，根据自身对工程质量的了解程度；对检验批的质量控制，可采取抽样检查的方法、宏观检查的方法、对关键重点部位检查的方法、对质量怀疑点检查的方法进行必要的检查，确认其工程质量符合标准规定，监理或建设单位要签字认可，否则不得进行下道工序的施工。

二、分部工程的质量验收组织和程序

分部工程的质量验收人员由总监理工程师（建设单位项目负责人）组织施工单位项目负责人、项目技术负责人、项目质量负责人、分包单位负责人、分包技术负责人、建设单位项目专业技术负责人、勘察设计单位项目负责人等组成，地基与基础、主体结构、幕墙分部工程的勘察设计单位项目负责人、施工单位技术负责人、质量部门负责人也应参加验收。

分部工程完工后，由施工单位项目负责人组织自检评定合格后，向监理单位（或建设单位项目负责人）提出分部工程验收报告，总监理工程师组织有关人员进行验收。

工程监理实行总监理工程师负责制。总监理工程师享有合同赋予监理单位的全部权利，全面负责受监委托的监理工作。

由于地基基础、主体结构、幕墙分部工程在单位工程中所处的重要地位，结构技术性能要求特殊，直接关系到整个单位工程的建筑结构安全和重要使用功能，有关技术资料和质量问题归施工企业质量、技术部门掌握，因此规定这些分部工程的验收，施工企业质量、技术部门负责人和勘察、设计单位工程项目负责人，工程质量监督人员均应参加验收。

三、单位工程的质量验收组织和程序

单位工程完工后，施工单位应依据建筑工程质量标准、设计图纸等组织有关人员，进行自检自查评定符合要求后，形成质量检验评定资料，向建设单位提交工程竣工验收报告，提请建设单位组织竣工验收。

工程正式竣工验收之前应进行工程竣工预验收，也称"工程（含专项工程）竣工初验"。工程竣工预验收阶段，往往根据计划组织情况，穿插进行专项工程竣工验收。按照建筑主管部门规定，先是由监理组织相关各施工单位（总、分包）进行预验收，预验收合格后，再由建设单位组织各责任主体进行竣工验收。

1. 单位工程竣工验收条件

单位工程竣工验收应具备以下条件：

（1）完成工程设计和合同约定的各项内容。

（2）施工单位提出了经项目负责人和施工单位有关负责人审核签字的工程竣工报告。

（3）监理单位提出了经总监理工程师和监理单位负责人审核签字的工程质量评估报告。

（4）勘察、设计单位提出了经项目负责人和勘察、设计单位有关负责人审核签字的质量检查报告。

（5）技术档案和施工管理资料完整。

（6）有主要建材、构配件和设备进场试验报告。

（7）建设单位已按合同约定支付工程款。

（8）有施工单位签署的工程质量保修书。

（9）有规划、公安消防、环保等部门出具的认可文件或准许使用文件。

（10）建设行政主管部门及其质量监督机构责令整改的问题全部整改完成。

单位工程具备上述条件后，就可以按程序组织单位工程竣工验收。

2. 单位工程竣工验收程序

（1）工程完工后，施工单位向建设单位提交工程竣工报告，申请竣工验收。实行监理的工程，工程竣工报告须经总监理工程师签署意见。

（2）建设单位收到工程竣工报告后，对符合竣工验收要求的工程组织勘察、设计、施工、监理等单位和其他有关方面的专家组成验收组，制定验收方案。

（3）建设单位应当在工程竣工验收7个工作日前将验收的时间、地点及验收组名单书面通知负责监督该工程的工程质量监督机构。

（4）建设单位组织工程竣工验收。

负责监督该工程的工程质量监督机构应当对工程竣工验收的组织形式、验收程序、执行标准等情况进行现场监督，发现有违反建设工程质量管理规定行为的，责令改正，并将对工程竣工验收的监督情况作为工程质量监督报告的重要内容。因此，建设单位在组织工程竣工验收前，应将组织情况书面报给当地工程质量监督机构，待工程质量监督机构审核同意后，方可组织竣工验收。

单位工程竣工验收会议由建设单位主持，工程质量监督机构人员参与验收过程并监督验收的程序。当参加验收的各方对工程质量验收意见不一致时，可提请当地建设行政主管部门或工程质量监督机构组织协调，达成一致意见。

在一个单位工程中，可将能满足生产要求或具备使用条件、施工单位已预检、监理工程师已初验通过的某一部分，由建设单位组织进行子单位工程验收。由几个施工单位负责施工的单位工程，当其中的施工单位所负责的子单位工程已按设计完成，并经自行检验评定，也可组织正式验收，办理交工手续。在整个单位工程进行全部验收时，将已验收的子单位工程验收资料作为单位工程验收的附件而加以说明。

《建筑法》规定：总承包单位就单位工程质量对建设单位负责，分包单位就其分包施工的工程质量对总包单位负责。总承包单位和分包单位对分包工程质量对建设单位承担连带责任。表4-2为建筑工程质量验收程序关系对照表。

建筑工程质量验收程序关系对照表　　　　　表4-2

验收表格名称	建筑工程施工质量自检		建筑工程施工质量验收		
	组织人	参加人	参加人	组织人	验收人
××××检验批质量验收记录表	项目专业质量检查员	施工单位项目专业技术质量负责人、分包项目技术负责人、班组长	项目专业技术负责人、项目专业质量检查员、分包项目技术负责人、班组长	监理工程师	建设单位项目技术负责人
××××分项工程质量验收记录表	项目专业技术负责人	施工单位项目专业质检员、分包项目技术负责人、班组长等			
××××分部工程质量验收记录表	项目负责人（分包项目负责人）	施工项目技术负责人、分包项目技术负责人	项目负责人和技术、质量负责人，建设单位项目专业技术负责人，监理工程师（施工企业质量、技术部门负责人，分包项目技术负责人，勘察设计单位项目负责人）	总监理工程师	建设单位项目负责人

续上表

验收表格名称	建筑工程施工质量自检		建筑工程施工质量验收		
	组织人	参加人	参加人	组织人	验收人
单位工程质量验收记录表	施工单位技术负责人	施工项目负责人，项目技术负责人，施工企业质量技术部门负责人，分包负责人，技术负责人	施工单位负责人，施工企业质量、技术部门负责人，施工项目负责人，分包单位负责人，设计单位项目负责人，总监理工程师	建设单位项目负责人	建设单位负责人

四、建筑工程质量验收记录

1. 检验批质量验收记录

检验批的质量验收记录由施工项目专业质检员填写，监理工程师（建设单位项目专业技术负责人）组织项目专业质检员等进行验收，并按表4-3进行记录。

检验批质量验收记录 表4-3

工程名称			分项工程名称		验收部位	
施工单位			专业工长		项目经理	
施工执行标准名称及编号						
分包单位			分包项目经理		施工班组长	
	质量验收规范的规定		施工单位检查评定记录		监理（建设）单位验收记录	
主控项目	1					
	2					
	3					
	4					
	5					
	6					
	7					
	8					
	9					
	10					
一般项目	1					
	2					
	3					
	4					
施工单位检查评定结果		项目专业质量检查员			年 月 日	
监理（建设）单位验收结论		监理工程师（建设单位项目专业技术负责人）			年 月 日	

续上表

序号	分项工程名称	检验批数	施工单位检查评定	验收意见
3				
4				
5				
6				
7				
质量控制资料				
安全和功能检验（检测）报告				
观感质量验收				
验收单位	分包单位	项目经理		年　月　日
	施工单位	项目经理		年　月　日
	勘察单位	项目负责人		年　月　日
	设计单位	项目负责人		年　月　日
	监理（建设）单位	总监理工程师 （建设单位项目专业负责人）		年　月　日

4. 单位（子单位）工程质量验收记录

单位（子单位）工程质量验收应按表 4-6 记录，表 4-7 为单位（子单位）工程质量控制资料核查记录，表 4-8 为单位（子单位）工程安全和功能检验资料核查及主要功能抽查记录表，表 4-9 为单位（子单位）工程观感质量检查记录表。

单位（子单位）工程质量竣工记录　　　　　　表 4-6

工程名称		结构类型		层数/建筑面积	
施工单位		技术负责人		开工日期	
项目经理		项目技术负责人		竣工日期	
序号	项目	验收记录		验收结论	
1	分部工程	共　分部，经查　分部 符合标准及设计要求　分部			
2	质量控制资料核查	共　项，经审查符合要求　项， 经核定符合规范要求　项			
3	安全和主要使用功能 核查及抽查结果	共核查　项，符合要求　项， 共抽查　项，符合要求　项， 经返工处理符合要求　项			
4	观感质量验收	共抽查　项，符合要求　项， 不符合要求　项			
5	综合验收结论				
参加验收单位	建设单位 （公章） 单位（项目）负责人 年　月　日		监理单位 （公章） 总监理工程师 年　月　日	施工单位 （公章） 单位负责人 年　月　日	设计单位 （公章） 单位（项目）负责人 年　月　日

单位（子单位）工程质量控制资料核查记录

表 4-7

工程名称			施工单位		
序号	项目	资料名称	份数	核查意见	核查人
1	建筑与结构	图纸会审、设计变更、洽商记录			
2		工程定位测量、放线记录			
3		原材料出厂合格证书及进场检（试）验报告			
4		施工试验报告及见证检测报告			
5		隐蔽工程验收记录			
6		施工记录			
7		预制构件、预拌混凝土合格证			
8		地基基础、主体结构检验及抽样检测资料			
9		分项、分部工程质量验收记录			
10		工程质量事故及事故调查处理资料			
11		新材料、新工艺施工记录			
1	给排水与采暖	图纸会审、设计变更、洽商记录			
2		材料、配件出厂合格证书及进场检（试）验报告			
3		管道、设备强度试验、严密性试验记录			
4		隐蔽工程验收记录			
5		系统清洗、灌水、通水、通球试验记录			
6		施工记录			
7		分项、分部工程质量验收记录			
1	建筑电气	图纸会审、设计变更、洽商记录			
2		材料、设备出厂合格证书及进场检（试）验报告			
3		设备调试记录			
4		接地、绝缘电阻测试记录			
5		隐蔽工程验收记录			
6		施工记录			
7		分项、分部工程质量验收记录			

续上表

序号	项目	资料名称	份数	核查意见	核查人
1	通风与空调	图纸会审、设计变更、洽商记录			
2		材料、设备出厂合格证书及进场检（试）验报告			
3		制冷、空调、水管道强度试验、严密性试验记录			
4		隐蔽工程验收记录			
5		制冷设备运行调试记录			
6		通风、空调系统调试记录			
7		施工记录			
8		分项、分部工程质量验收记录			
1	电梯	土建布置图纸会审、设计变更、洽商记录			
2		设备出厂合格证书及开箱检验记录			
3		隐蔽工程验收记录			
4		施工记录			
5		接地、绝缘电阻测试记录			
6		负荷试验、安全装置检查记录			
7		分项、分部工程质量验收记录			
1	建筑智能化	图纸会审、设计变更、洽商记录、竣工图及设计说明			
2		材料、设备出厂合格证及技术文件及进场检（试）验报告			
3		隐蔽工程验收记录			
4		系统功能测定及设备调试记录			
5		系统技术、操作和维护手册			
6		系统管理、操作人员培训记录			
7		系统检测报告			
8		分项、分部工程质量验收报告			

结论：

施工单位项目经理　　　　　　　　年　月　日　　　　总监理工程师（建设单位项目负责人）　　年　月　日

单位（子单位）工程安全和功能检验资料核查及主要功能抽查记录   表 4-8

工程名称			施工单位			
序号	项目	安全和功能检查项目	份数	核查意见	抽查结果	核查（抽查）人
1	建筑与结构	屋面淋水试验记录				
2		地下室防水效果检查记录				
3		有防水要求的地面蓄水试验记录				
4		建筑物垂直度、标高、全高测量记录				
5		抽气（风）道检查记录				
6		幕墙及外窗气密性、水密性、耐风压检测报告				
7		建筑物沉降观测测量记录				
8		节能、保温测试记录				
9		室内环境检测报告				
1	给排水与采暖	给水管道通水试验记录				
2		暖气管道、散热器压力试验记录				
3		卫生器具满水试验记录				
4		消防管道、燃气管道压力试验记录				
5		排水干管通球试验记录				
1	电气	照明全负荷试验记录				
2		大型灯具牢固性试验记录				
3		避雷接地电阻测试记录				
4		线路、插座、开关接地检验记录				
1	通风与空调	通风、空调系统试运行记录				
2		风量、温度测试记录				
3		洁净室洁净度测试记录				
4		制冷机组试运行调试记录				
1	电梯	电梯运行记录				
2		电梯安全装置检测报告				
1	智能建筑	系统试运行记录				
2		系统电源及接地检测报告				

结论：

施工单位项目经理　　　　　年　月　日　　　　总监理工程师（建设单位项目负责人）　　　　年　月　日

注：抽查项目由验收组协商确定。

单位（子单位）工程观感质量检查记录

表 4-9

工程名称			施工单位								
序号	项目		抽查质量状况						质量评价		
									好	一般	差
1	建筑与结构	室外墙面									
2		变形缝									
3		水落管，屋面									
4		室内墙面									
5		室内顶棚									
6		室内地面									
7		楼梯、踏步、护栏									
8		门窗									
1	给排水与采暖	管道接口、坡度、支架									
2		卫生器具、支架、阀门									
3		检查口、扫除口、地漏									
4		散热器、支架									
1	建筑电气	配电箱、盘、板、接线盒									
2		设备器具、开关、插座									
3		防雷、接地									
1	通风与空调	风管、支架									
2		风口、风阀									
3		风机、空调设备									
4		阀门、支架									
5		水泵、冷却塔									
6		绝热									
1	电梯	运行、平层、开关门									
2		层门、信号系统									
3		机房									
1	智能建筑	机房设备安装及布局									
2		现场设备安装									
观感质量综合评价												
检查结论	施工单位项目经理　　年　月　日			总监理工程师 （建设单位项目负责人）　　年　月　日								

注：质量评价为差的项目，应进行返修。

任务四　工程项目的交接与回访保修

一　工程项目的交接

工程项目竣工和交接是两个不同的概念。所谓竣工是针对承包单位而言，它有以下几层含义：第一，承包单位按合同要求完成了工作内容；第二，承包单位按质量要求进行了自检；第三，项目的工期、进度、质量均满足合同的要求。工程项目交接则是对工程的质量进行验收之后，由承包单位向业主进行移交项目所有权的过程。能否交接取决于承包单位所承包的工程项目是否通过了竣工验收。

> **小贴士**
> 工程项目的交接是建立在竣工验收的基础上。

工程项目经竣工验收合格后，便可办理工程交接手续，即将工程项目的所有权移交给建设单位。交接手续应及时办理，以便使项目早日投产使用，充分发挥投资效益。

在办理工程项目交接前，施工单位要编制竣工结算书，以此向建设单位结算最终拨付的工程价款。在工程项目交接时，还应将成套的工程技术资料进行分类整理、编目建档后移交给建设单位。

二　工程项目的回访与保修

1. 工程项目的回访

工程项目在竣工验收交付使用后，承包人应编制回访计划，主动对交付使用的工程进行回访。回访计划包括以下内容：

（1）确定主管回访保修业务的部门。

（2）确定回访保修的执行单位。

（3）被回访的发包人（或使用人）及其工程名称。

（4）回访时间安排及主要工程内容。

（5）回访工程的保修期限。

每次回访结束，执行单位应填写回访记录，主管部门依据回访记录对回访服务的实施效果进行验证。回访记录应包括：参加回访的人员，回访发现的质量问题，建设单位的意见，回访单位对发现的质量问题的处理意见，回访主管部门的验收签证。

回访一般采用三种形式：一是季节性回访，大多数是雨季回访屋面、墙面的防水情况，冬季回访采暖系统的情况，发现问题采取有效措施及时加以解决；二是技术性回访，主要了解在工程施工过程中所采用的新材料、新技术、新工艺、新设备等的技术性能和使用后的效果，发现问题及时加以补救和解决，同时也便于总结经验，获取科学依据，为改进、完善和推广创造条件；三是保修期满前的回访，这种回访一般是在保修期即将结束之前进行回访。

2. 工程项目的保修

建设工程承包单位在向建设单位提交工程竣工验收报告时，应当向建设单位出具质量保修书。《建设工程质量保修书》包括的内容有质量保修项目内容及范围、质量保修期、质量保修责任、质量保修金的支付方法等。

在正常使用条件下，建设工程的最低保修期限：

（1）基础设施工程、房屋建筑的地基基础工程和主体结构工程，为设计文件规定的合理使用年限。

（2）屋面防水工程、有防水要求的卫生间、房间和外墙面的防渗漏，为5年。

（3）供热与供冷系统，为2个采暖期、供冷期。

（4）电气管线、给排水管道、设备安装和装修工程，为2年。

其他项目的保修期限，由发包方与承包方约定。

> **小贴士**
> 建设工程的保修期，自竣工验收合格之日起计算。

在保修期内，属于施工单位施工过程中造成的质量问题要负责维修，不留隐患。一般施工项目竣工后，各承包单位的工程款保留5%左右作为保修金，按照合同在保修期满退回承包单位。如属于设计原因造成的质量问题，在征得甲方和设计单位认可后，协助修补，其费用由设计单位承担。

施工单位在接到用户来访、来信的质量投诉后，应立即组织力量维修，发现影响安全的质量问题应紧急处理。项目经理对于回访中发现的质量问题，应组织有关人员进行分析，制定措施，作为进一步改进和提高质量的依据。

对所有的回访和保修都必须予以记录，并提交书面报告，作为技术资料归档。项目经理还应不定期听取用户对工程质量的意见。对于某些质量纠纷或问题应尽量协商解决，若无法达成统一意见，则由有关仲裁部门负责仲裁。

思考与练习

1. 什么是主控项目？什么是一般项目？
2. 建筑工程质量评定项目一般如何划分？
3. 检验批根据什么划分？检验批验收合格的规定是什么？
4. 单位工程验收合格的规定是什么？
5. 建筑工程非正常验收与禁止验收的情形有哪些？
6. 单位工程竣工验收应具备的条件有哪些？
7. 简述单位工程竣工验收的程序与组织。
8. 在正常使用条件下，建设工程的最低保修期限是多长？

技能测试题

一、单选题

1. 根据《建筑工程施工质量验收统一标准》(GB 50300—2013)规定，施工质量验收的最小单位是（　　）。
   A. 单位工程　　　B. 分部工程　　　C. 分项工程　　　D. 检验批
2. 隐蔽工程验收时，质量验收记录中的验收结论应由（　　）签字。
   A. 施工单位质检员　　　　　　B. 施工单位技术负责人
   C. 监理工程师　　　　　　　　D. 质量监督站监督员
3. 子分部工程质量验收时，所含（　　）必须合格。
   A. 分部工程　　　B. 分项工程　　　C. 子分项工程　　　D. 单位工程
4. 在建筑工程施工质量验收时，对涉及结构安全和使用功能的分部工程应进行（　　）检测。
   A. 抽样　　　B. 全数　　　C. 无损　　　D. 见证取样
5. 全面考核项目建设成果，检查设计和施工质量，确认项目能否投入使用的最主要的环节是（　　）。
   A. 过程控制　　　B. 中间验收　　　C. 竣工验收　　　D. 工程评估
6. 经返修或加固的分部、分项工程，虽然改变了外形尺寸但仍能满足安全使用的要求，可以按技术处理方案和（　　）进行验收。
   A. 设计单位意见　　　　　　B. 协商文件
   C. 建设单位意见　　　　　　D. 质量监督部门意见
7. 在《建筑工程施工质量验收统一标准》(GB 50300—2013)中（　　）是指对安全、卫生、公众利益起决定性作用的检验项目。
   A. 主控项目　　　B. 一般项目　　　C. 保证项目　　　D. 基本项目
8. 具备独立施工条件并能形成独立使用功能的建筑物及构筑物为一个（　　）。
   A. 分部工程　　　B. 分项工程　　　C. 单位工程　　　D. 建筑工程
9. 按《建筑工程施工质量验收统一标准》(GB 50300—2013)的规定，依专业性质、建筑部位来划分的工程属于（　　）。
   A. 单位工程　　　B. 分部工程　　　C. 分项工程　　　D. 子分部工程
10. 在制定检验批抽样方案时，对于一般项目，对应于合格质量水平的α不宜超过5%，β不宜超过（　　）。
    A. 5%　　　B. 8%　　　C. 10%　　　D. 12%
11. 隐蔽工程在隐蔽前应通知（　　）进行验收，并形成验收文件。
    A. 施工单位质量部门　　　　B. 设计单位
    C. 监理单位　　　　　　　　D. 政府质量监督部门
12. 根据国家现行的管理制度，房屋建筑工程及市政基础设施工程验收合格后，尚须在规定的时间内,将验收文件报( )备案。

    A. 施工单位   B. 建设单位   C. 监理单位   D. 政府管理部门

13. 根据《建设工程质量管理条例》,( )应按照国家有关规定组织竣工验收,建设工程验收合格的,方可交付使用。

    A. 建设单位   B. 施工单位   C. 监理单位   D. 设计单位

二、多选题

1. 工程项目质量包含( )。
   - A. 工序质量
   - B. 分项工程质量
   - C. 分部工程质量
   - D. 单位工程质量
   - E. 工作质量

2. 建筑工程施工质量验收,检验批质量验收的内容包括( )检查。
   - A. 质量资料
   - B. 允许偏差项目
   - C. 主控项目
   - D. 观感质量
   - E. 一般项目

3. 建设工程施工质量验收中分项工程是按( )划分的。
   - A. 主要工种
   - B. 主要材料
   - C. 施工工艺
   - D. 设备类别
   - E. 施工程序

4. 对于分部工程观感质量进行验收检查,通常给出综合质量评价,其结论分为( )。
   - A. 优
   - B. 良
   - C. 好
   - D. 一般
   - E. 差

5. 工程项目正式竣工验收前,监理工程师应督促施工单位( )。
   - A. 完成收尾工程
   - B. 做好工程资料准备工作
   - C. 做好工程的预验收
   - D. 做好工程质量的总体评价工作
   - E. 做好工程经济效果的评价工作

6. 建设工程竣工验收应当具备的条件为( )。
   - A. 有施工单位签署的工程保修书
   - B. 有完整的技术档案和施工管理资料
   - C. 有勘察、设计、监理、施工、质监站等分别签署的质量合格文件
   - D. 已完成建设工程设计和合同约定的各项内容
   - E. 材料合格证和试验报告

7. 工程质量事故处理完成后,监理工程师应根据( )检查验收。
   - A. 经批准的施工图设计文件
   - B. 工程质量事故调查报告
   - C. 工程质量事故处理报告

D. 施工验收标准及有关规范的规定

E. 质量事故处理方案设计要求

8. 建设工程施工质量验收应符合的要求是（　　）。

A. 工程质量验收均应在施工单位自行检查评定的基础上进行

B. 参加工程施工质量验收的各方人员，应该具有规定的资格

C. 建设工程的施工应符合工程勘察、设计文件的要求

D. 建设工程的验收应按照政府主管部门的要求进行

E. 工程施工质量应该符合相关验收规范的规定

9. 工程质量不符合要求时，应按规定进行处理，其中有（　　）。

A. 经返工或更换设备的工程，应该重新检查验收

B. 经有资质的检测单位检测鉴定，能达到设计要求的工程，应予以验收

C. 经返修或加固处理的工程，若局部尺寸等不符合设计要求，不能通过验收

D. 经返修和加固后仍不能满足使用要求的工程严禁验收

E. 只要经政府主管部门批准合格，工程即可通过验收

10. 按《建筑工程施工质量验收统一标准》（GB 50300—2013）规定，下列验收层次中包括有观感质量验收项目的有（　　）。

A. 检验批　　　　　　　　　　B. 分项工程

C. 分部工程　　　　　　　　　D. 子单位工程

E. 单位工程

11. 分项工程质量验收合格的规定有（　　）。

A. 所含的检验批均应符合合格的质量规定

B. 质量验收记录应完整

C. 质量控制资料应完整

D. 观感质量应符合要求

E. 主要功能项目应符合相关规定

三、判断题

1. 观感质量验收的检查结果应综合给出评价。　　　　　　　　　　　　　　（　　）

2. 分项工程可由一个或若干个检验批组成，检验批可根据施工及质量控制和专业验收需要按楼层、施工段、变形缝等进行划分。　　　　　　　　　　　　　　　（　　）

3. 地基基础中的基坑支护子分部工程不构成建筑工程的实体，故不作为施工质量验收的内容。　　　　　　　　　　　　　　　　　　　　　　　　　　　　　（　　）

4. 过返修或加固处理仍不能满足安全使用要求的工程，可以让步验收。　　（　　）

5. 当参加验收的各方对建筑工程施工质量验收意见不一致时，可请工程质量监督机构协调处理。　　　　　　　　　　　　　　　　　　　　　　　　　　　　　（　　）

6. 为保证建筑工程的质量，对施工质量应全数检查。　　　　　　　　　　（　　）

7. 建筑工程竣工验收时，有关部门应按照设计单位的设计文件进行验收。　（　　）

8. 地基基础工程施工中采用的工程设计文件，承包合同文件对施工质量验收的要求可

以低于《建筑地基基础工程施工质量验收标准》(GB 50202—2018)的要求。（ ）

9. 混凝土结构子分部工程施工质量验收合格应符合：有关分项工程施工质量验收合格；有完整的质量控制资料；观感质量验收合格；结构实体检验结果满足规范要求。
（ ）

10. 建筑地面工程各层铺设前与相关专业的分部（子分部）工程、分项工程以及设备管道安装工程之间，应进行交接检验。（ ）

项 目 五
建筑工程质量事故处理

能力目标

1. 能够根据相关法规和规范对事故的等级进行划分。
2. 能够灵活运用工程质量事故分析和处理的方法，按照工程质量事故处理的程序进行事故处理。

素质要求

1. 培养学生严谨务实的科学态度。
2. 培养学生安全至上、质量第一的工作理念。
3. 培养学生遵规守法、文明环保、客观公正的职业操守。

知识导图

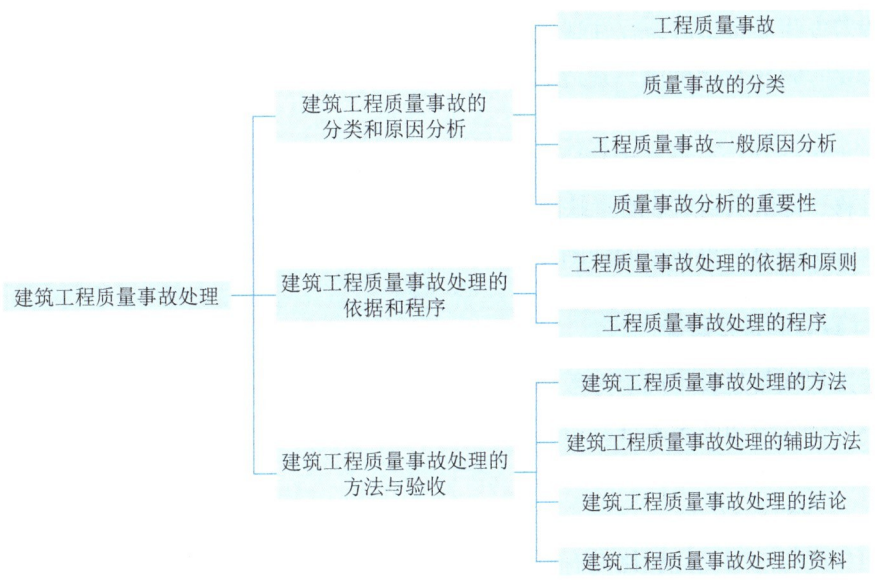

【项目引导】某住宅楼为六层砖混结构。该工程施工时，在安装三层预制楼板时，发生墙体倒塌，先后砸断三层和二层部分楼板共12块，造成三层楼面上的一名工人坠落而死

亡，直接经济损失 6 万元。

【试　问】这起事故可认定为哪种等级的重大事故？发生工程事故后，如何进行原因分析？工程质量事故的处理依据和程序是什么？

任务一　建筑工程质量事故的分类和原因分析

根据我国有关质量、质量管理和质量保证方面的国家标准的定义，凡工程产品质量没有满足标准规定的要求，就称之为质量不合格；而没有满足某个预期的使用要求或合理的期望（包括与安全性有关的要求），则称之为质量缺陷。

工程质量不合格和有质量缺陷时，必须进行返修、加固或报废处理，由此造成直接经济损失 5000 元以下的称为质量问题，5000 元及以上的称为工程质量事故。

由于影响工程质量的因素众多而且复杂多变，难免会出现某种质量事故或不同程度的质量缺陷。因此，处理好工程的质量事故，认真分析原因、总结经验教训、改进质量管理与质量保证体系，使工程质量问题和事故减少到最低程度，是质量管理的一个重要内容与任务。施工企业应当重视工程质量不良可能带来的严重后果，加强对质量风险的分析，及早制定对策和措施，重视对质量事故的防范和处理，避免已发事故的进一步恶化。

一　工程质量事故

1. 工程质量事故的内涵

工程质量事故是指在工程建设过程中，由于建设管理、监理、勘测、设计、咨询、施工、材料、设备等原因造成工程质量不符合规程规范和合同规定的质量标准，影响使用寿命和对工程安全运行造成隐患和危害的事件。

工程若发生质量事故，往往造成停工、返工，甚至影响正常使用，有的质量事故会不断发展恶化导致建筑物倒塌，并造成重大人身伤亡事故。这些都会给国家和人民造成不应有的损失。

需要指出的是，不少事故开始时经常只被认为是一般的质量缺陷，容易被忽视。随着时间的推移，待认识到这些质量缺陷问题的严重性时，则往往处理困难，无法补救。因此，除了明显的不会有严重后果的缺陷外，对其他的质量问题，均应认真分析，进行必要的处理，并作出明确的结论。

2. 工程质量事故特点

由于工程项目建设不同于一般的工业生产活动，其实施的一次性，生产组织特有的流动性、综合性，劳动的密集性及协作关系的复杂性，均造成工程质量事故具有复杂性、严重性、可变性及多发性的特点。

（1）复杂性

建筑生产与一般工业相比具有产品多样、结构类型不一、自然条件复杂多变、材料品种规格多、材质性能各异、多工种多专业交叉施工等特点。因此，影响工程质量的因素繁多，造成质量事故的原因错综复杂，即使是同一类质量事故，其原因却可能多种多样甚至截然不同。例如，就墙体开裂质量事故而言，其产生的原因就可能是设计计算有误、结构构造不良、地基不均匀沉陷，或温度应力、地震力、膨胀、冻涨力的作用，也可能是施工质量低劣、偷工减料或材质不良等。所以，对质量事故进行分析，判断其性质、原因及发展，确定处理方案与措施等都增加了复杂性及困难。

（2）严重性

工程项目一旦出现质量事故，其影响较大。轻者影响施工顺利进行、拖延工期增加工程费用，重者则会留下隐患成为危险的建筑，影响使用功能或不能使用，更严重的还会引起建筑物的失稳、倒塌，造成生命、财产的巨大损失。对于建设工程质量事故问题不能掉以轻心，必须高度重视加强对工程建设的监督管理，防患于未然，力争将事故消灭于萌芽之中，以确保建筑物的安全使用。

（3）可变性

许多建筑工程的质量问题出现后，其质量状态有可能随着时间进程而不断地发展、变化。例如，地基基础的超量沉降可能随上部荷载的不断增大而继续发展；混凝土结构出现的裂缝可能随环境温度的变化而变化，或随荷载的变化及持荷时间而变化等。因此，有些在初始阶段并不严重的质量问题，如不能进行处理和纠正，有可能发展成严重的质量事故。所以，在分析、处理工程质量事故时，一定要注意质量事故可变性，应及时采取可靠的措施，防止事故进一步恶化，或加强观测与试验，取得数据，预测未来发展的趋向。

（4）多发性

建筑工程中有些质量事故，在各项工程中经常发生，而成为多发性的质量通病。例如屋面漏水、卫生间漏水；抹灰层开裂、脱落；预制构件裂缝；悬挑梁板断裂、雨篷倾覆坍塌等。因此，总结经验、吸取教训、分析原因，采取有效的预防措施十分必要。

二、质量事故的分类

建筑工程的质量事故一般可按下述不同的方法分类。

1. 按事故造成的后果划分

（1）未遂事故。发现质量问题，通过及时采取措施，未造成经济损失、延误工期或其他不良后果者，均属未遂事故。

（2）已遂事故。凡出现不符合质量标准或设计要求，造成经济损失、工期延误或其他不良后果者，均构成已遂事故。

2. 按事故的责任划分

（1）指导责任事故。指由于在工程实施指导或领导失误而造成的质量事故。例如，由于赶工追求进度，放松或不按质量标准进行控制和检验，施工时降低质量标准等。

（2）操作责任事故。指在施工过程中，由于操作者不按规程或标准实施操作而造成的质量事故。例如，浇筑混凝土时随意加水，混凝土拌和料产生了离析现象仍浇筑入模，压实土方含水率及压实遍数未按要求控制操作等。

3. 按事故产生的原因划分

（1）技术原因引发的质量事故。指在工程项目实施中，由于设计、施工在技术上失误而造成的质量事故。例如，结构设计计算错误；地质情况估计错误；盲目采用技术上不成熟、实际应用中未得到充分的实践证实其可靠的新技术；采用了不适宜的施工方法或工艺等。

（2）管理原因引发的质量事故。主要是指由于管理上的不完善或失误而引发的质量事故。例如，施工单位或监理方的质量体系不完善；检验制度不严密；质量控制不严格；质量管理措施落实不力；检测仪器设备管理不善而失准，进料检验不严等原因引起质量问题。

（3）社会、经济原因引发的质量事故。主要是指由于社会、经济因素及社会上存在的弊端和不正之风引起建设中的错误行为，而导致出现质量事故。例如，某些企业盲目追求利润而置工程质量于不顾，在建筑市场上杀价投标，中标后则依靠违法手段或修改方案追加工程款，或偷工减料，或层层转包，凡此种种，这些因素常常是出现重大工程质量事故的主要原因，应当给以充分的重视。

> **小贴士**
> 工程师进行质量控制，不但要在技术方面、管理方面入手严格把住质量关，而且还要从思想作用方面入手严格把住质量关，这是更为艰巨的任务。

此外，对工程建设的质量监督、管理，重要的是加强法制，从立法的角度上解决。1999年国务院办公厅发布了《国务院办公厅关于加强基础设施工程质量管理的通知》（国办发〔1999〕16号），建立和落实了工程质量领导责任制度。由于工作失误导致发生工程质量重大事故的，除追究直接责任人的责任外，还要追究参建单位法定代表人责任。项目法人、勘察、设计、施工、监理单位法人按各自的职责对其经手的工程质量负终身责任。如发生重大工程质量事故，必须要追究相应的行政和法律责任。

4. 按事故的性质及严重程度划分

按照《安全生产事故报告与调查处理条例》，事故分为以下等级：

（1）特别重大事故，是指造成30人以上死亡，或者100人以上重伤（包括急性工业中毒，下同），或者1亿元以上直接经济损失的事故。

（2）重大事故，是指造成10人以上30人以下死亡，或者50人以上100人以下重伤，或者5000万元以上1亿元以下直接经济损失的事故。

（3）较大事故，指造成3人以上10人以下死亡，或者10人以上50人以下重伤，或者1000万元以上5000万元以下直接经济损失的事故。

（4）一般事故，是指造成3人以下死亡，或者10人以下重伤，或者1000万元以下直接经济损失的事故。

> **小贴士**
> 本等级划分所称的"以上"包括本数，所称的"以下"不包括本数。

三　工程质量事故一般原因分析

工程质量事故的处理，通常先要进行事故原因分析。在查明原因的基础上，一方面要寻找处理质量事故的方法和提出防止类似质量事故发生的措施，另一方面要明确质量事故的责任者，从而明确由谁来承担处理质量事故的费用。

质量事故的发生往往是由多种因素构成的，但究其原因可归纳如下：

1. 违背建设程序

如不经过可行性论证，不做调查分析就拍板定案，没有搞清工程地质、水文地质就仓促开工，无证设计、无图施工，任意修改设计，不按图纸施工，工程竣工不进行试车运转、不经验收就交付使用等蛮干现象，致使不少工程项目留有严重隐患，房屋倒塌事故也常有发生。

2. 工程地质勘察原因

未认真进行地质勘察，提供地质资料、数据有误；地质勘察时，钻孔间距太大，不能全面反映地基的实际情况，如当基岩地面起伏变化较大时，软土层厚薄相差亦甚大；地质勘察钻孔深度不够，没有查清地下软土层、滑坡、墓穴、孔洞等地层构造；地质勘察报告不详细、不准确等，均会导致采用错误的基础方案，造成地基不均匀沉降、失稳，使上部结构及墙体开裂、破坏、倒塌。

3. 未加固处理好地基

对软弱土、冲填土、杂填土、湿陷性黄土、膨胀土、岩层出露、岩溶、土洞等不均匀地基未进行加固处理或处理不当，均是导致重大质量事故的原因。必须根据不同地基的工程特性，按照地基处理应与上部结构相结合，使其共同工作的原则，从地基处理、设计措施、结构措施、防水措施、施工措施等方面综合考虑治理。

4. 设计计算问题

设计考虑不周、结构构造不合理、计算简图不正确、计算荷载取值过小、内力分析有误、沉降缝及伸缩缝设置不当、悬挑结构未进行抗倾覆验算等，都是诱发质量事故的隐患。

5. 建筑材料及制品不合格

诸如：钢筋力学性能不符合标准；水泥受潮、过期、结块、安定性不良；砂石级配不合理、有害物含量过多；混凝土配合比不准，外加剂性能、掺量不符合要求时，均会影响混凝土强度、和易性、密实性、抗渗性，导致混凝土结构强度不足、裂缝、渗漏、蜂窝、露筋等质量问题；预制构件断面尺寸不准，支承锚固长度不足，未可靠建立预应力值，钢筋漏放、错位、板面开裂等，必然会出现断裂、垮塌。

6. 施工和管理问题

许多工程质量事故，往往是由施工和管理所造成。

（1）不熟悉图纸，盲目施工，图纸未经会审，仓促施工；未经监理、设计部门同意，擅自修改设计。

（2）不按图施工。例如：把铰接做成刚接，把简支梁做成连续梁，抗裂结构用光圆钢筋代替变形钢筋等，致使结构裂缝破坏；挡土墙不按图设滤水层、留排水孔，致使土压力增大，造成挡土墙倾覆。

（3）不按有关施工验收规范施工。例如：现浇混凝土结构不按规定的位置和方法任意留设施工缝；不按规定的强度拆除模板；砌体不按组砌形式砌筑，留直槎不加拉结筋，在小于1m宽的窗间墙上留设脚手眼等。

（4）不按有关操作规程施工。例如：用插入式振捣器捣实混凝土时，不按插点均布、快插慢拔、上下抽动、层层扣搭的操作方法，致使混凝土振捣不实，整体性差；砖砌体包心砌筑，上下通缝，灰浆不均匀饱满，游丁走缝，不横平竖直等。

（5）缺乏基本结构知识，施工蛮干。例如：将钢筋混凝土预制梁倒放安装；将悬臂梁的受拉钢筋放在受压区；结构构件吊点选择不合理，不了解结构使用受力和吊装受力的状态；施工中在楼面超载堆放构件和材料等。

（6）施工管理紊乱，施工方案考虑不周，施工顺序错误。技术组织措施不当，技术交底不清，违章作业。不重视质量检查和验收工作等，都是导致质量事故的祸根。

7. 自然条件影响

施工项目周期长、露天作业多，受自然条件影响大，温度、湿度、日照、雷电、供水、大风、暴雨等都能造成重大的质量事故，施工中应特别重视，采取有效措施予以预防。

8. 建筑结构使用问题

建筑物使用不当，也容易造成质量问题。例如：不经校核、验算，就在原有建筑物上任意加层；使用荷载超过原设计的容许荷载；任意开槽、打洞、削弱承重结构的截面等。

四、质量事故分析的重要性

质量事故分析的重要性表现在以下几点：

（1）防止事故的恶化。在施工中若发现现浇的混凝土梁强度不足，则应引起重视。例如：尚未拆模则应考虑何时拆模，拆模时应采取何种补救措施；在深基坑开挖中，若发现坑壁上有裂缝，此时就应注意到若按照这种情况会出现滑坡，应及早采取适当的补救措施。

（2）创造正常的施工条件。如发现金属结构预埋件偏位较大，影响了后续工程的施工，必须及时分析与处理后方可继续施工，以保证工程质量。

（3）排除隐患。如在基础土方开挖中出现流砂现象，发现这些问题后应进行详细的分析，查明原因，并采取适当的措施，以及时排除这些隐患。

（4）总结经验教训，预防事故再次发生。如大体积混凝土施工，出现深层裂缝是较普遍的质量事故，应及时总结经验教训，杜绝这类事故的发生。

（5）减少损失。对质量事故进行及时的分析，可以防止事故的恶化，尽快地创造正常的施工秩序，并排除隐患以减少损失。此外，正确分析事故，找准事故的原因，可为合理地处理事故提供依据，达到尽量减少事故损失的目的。

任务二　建筑工程质量事故处理的依据和程序

工程质量事故处理的主要目的是：正确分析和妥善处理所发生的事故原因，创造正常的施工条件；保证建筑物、构筑物的安全使用；减少事故的损失；总结经验教训，预防事故发生，区分事故责任；了解结构的实际工作状态，为正确选择结构计算简图、构造设计通用图，以及为修订规范、规程和有关技术措施提供依据。

一、工程质量事故处理的依据和原则

1. 工程质量事故处理的依据

进行工程质量事故处理的主要依据有四个方面：一是质量事故的实况资料；二是具有法

律效力的、得到有关当事各方认可的工程承包合同、设计委托合同、材料或设备购销合同以及监理合同或分包合同等的合同文件；三是有关的技术文件、档案；四是相关的建设法规。

在这四方面依据中，前三方面是与特定的工程项目密切相关的具有特定性质的依据。第四方面是法规性依据，具有很高的权威性、约束性、通用性和普遍性，因而它在质量事故的处理事务中也具有极其重要的作用。

2. 工程质量事故处理原则

因质量事故造成人身伤亡的，还应遵从伤亡事故处理的有关规定。

发生质量事故必须坚持"事故原因未查清不放过、责任人员未处理不放过、整改措施未落实不放过、有关人员未受到教育不放过"的原则，认真调查事故原因，研究处理措施，查明事故责任，做好事故处理工作。

由质量事故而造成的损失费用，坚持谁该承担事故责任由谁负责的原则。施工质量事故若是施工承包人的责任，则事故分析和处理中发生的费用完全由施工承包人自己负责；施工质量事故责任者若非施工承包人，则施工承包人可向发包人提出索赔。若是设计单位或监理单位的责任，应按照设计合同或监理委托合同的有关条款，对责任者按情况给予必要的处理。事故调查费用暂由项目法人垫付，待查清责任后，由责任方偿还。

二、工程质量事故处理的程序

当发现工程出现质量缺陷或事故后，应立即停止有质量缺陷部位和与其有关联部位及下道工序的施工，需要时还应采取防护措施，同时要及时上报主管部门。工程质量事故发生后，一般可以按以下所述程序进行处理，处理程序框图如图5-1所示。

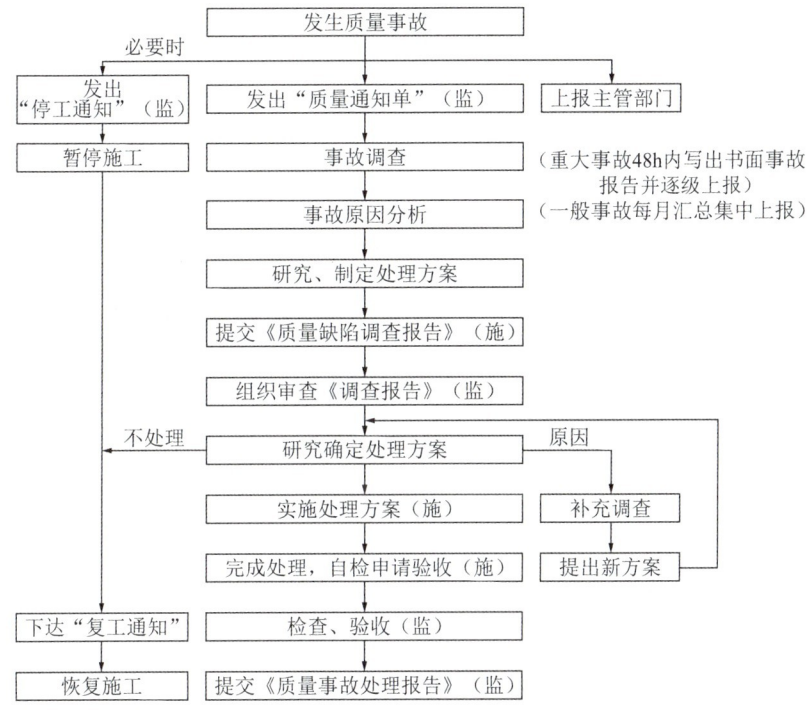

图 5-1　工程质量事故处理程序框图

2. 分项工程质量验收记录

分项工程质量应由监理工程师（建设单位项目专业技术负责人）组织项目专业技术负责人等进行验收，并按表 4-4 进行记录。

分项工程质量验收记录　　　　　　　　　　　　　表 4-4

工程名称		结构类型		检验批数	
施工单位		项目经理		项目技术负责人	
分包单位		分包单位负责人		分包项目经理	
序号	检验批部位、区段		施工单位检查评定结果	监理（建设）单位验收结论	
1					
2					
3					
4					
5					
6					
7					
8					
9					
10					
11					
12					
13					
14					
15					
16					
检查结论	项目专业 技术负责人： 　年　月　日		验收结论	监理工程师 （建设单位项目专业技术负责人） 　年　月　日	

3. 分部（子分部）工程质量验收记录

分部（子分部）工程质量应由总监理工程师（建设单位项目专业负责人）组织施工项目经理和有关勘察、设计单位项目负责人进行验收，并按表 4-5 进行记录。

分部（子分部）工程质量验收记录　　　　　　　　表 4-5

工程名称		结构类型		层数	
施工单位		技术部门负责人		质量部门负责人	
分包单位		分包单位负责人		分包技术负责人	
序号	分项工程名称	检验批数	施工单位检查评定	验收意见	
1					
2					

1. 下达指令

事故发生（发现）后，监理单位首先发出"质量通知单"，必要时总监理工程师向施工单位下达"停工通知"。

> **小贴士**
> 事故发生后，施工单位要严格保护现场，采取有效措施抢救人员和财产，防止事故扩大。因抢救人员、疏导交通等原因需移动现场物件时，应当做出标志、绘制现场简图并做出书面记录，妥善保管现场重要痕迹、物证，并进行拍照或录像。

2. 上报主管部门

发生（发现）较大、重大和特大质量事故时，事故单位要在48h内向有关单位写出书面报告；突发性事故，事故单位要在1h内通过电话向有关单位报告。

质量事故的报告制度：发生质量事故后，项目法人必须将事故的简要情况向项目主管部门报告。项目主管部门接到事故报告后，按照管理权限向上级行政主管部门报告。

一般事故上报至设区的市级人民政府建设行政主管部门。

较大事故逐级上报至省、自治区、直辖市人民政府建设行政主管部门。

特别重大事故、重大事故逐级上报至国务院建设行政主管部门，并立即报告国务院。

事故报告应当包括以下内容：

①工程名称、建设规模、建设地点、工期、项目法人、主管部门及负责人电话。

②事故发生的时间、地点、工程部位以及相应的参建单位名称。

③事故发生的简要经过，伤亡人数和直接经济损失的初步估计。

④事故发生原因初步分析。

⑤事故发生后采取的措施及事故控制情况。

⑥事故报告单位、负责人及联系方式。

有关单位接到事故报告后，必须采取有效措施，防止事故扩大，并立即按照管理权限向上级部门报告或组织事故调查。

3. 事故调查

发生质量事故，要按照规定的管理权限组织调查组进行调查，查明事故原因，提出处理意见，提交事故调查报告。

发生一般质量事故，设区的市级住房和城乡建设主管部门应组织或参与事故调查。

发生较大质量事故，省级住房和城乡建设主管部门应组织或参与事故调查。

发生重大及以上事故，国务院住房和城乡建设主管部门应组织或参与事故调查。

事故调查组的主要任务如下：

①查明事故发生的原因、过程、财产损失情况和对后续工程的影响。

②组织专家进行技术鉴定。

③查明事故的责任单位和主要责任者应负的责任。

④提出工程处理和采取措施的建议。

⑤提出对责任单位和责任者的处理建议。

⑥提交事故调查报告。

事故的原因分析要建立在事故情况调查的基础上，避免情况不明就主观分析推断事故的原因。尤其是有些事故原因错综复杂，往往涉及勘察、设计、施工、材质、使用管理等几方面，只有对调查提供的数据、资料进行详细分析后，才能去伪存真，找到造成事故的主要原因。

调查结果要整理撰写成事故调查报告，其内容包括以下几个方面：

①工程概况。重点介绍事故有关部分的工程情况。
②事故情况。事故发生时间、性质、现状及发展变化的情况。
③是否采取临时应急防护措施。
④事故调查中的数据、资料。
⑤事故原因的初步判断。
⑥事故涉及人员与主要责任者的情况等。

事故调查组提交的调查报告经主持单位同意后，调查工作即告结束。

4. 事故处理

发生质量事故，必须针对事故原因提出工程处理方案，经有关单位审定后实施。

一般质量事故由项目法人负责组织有关单位制定处理方案并实施，报上级主管部门备案。较大质量事故由项目法人负责组织有关单位制定处理方案，经上级主管部门审定后实施，报省级行政主管部门备案。重大质量事故由项目法人负责组织有关单位提出处理方案，征得事故调查组意见后，报省级政主管部门审定后实施。特大质量事故由项目法人负责组织有关单位提出处理方案，征得事故调查组意见后，报省级行政主管部门或审定后实施，并报部委备案。

事故处理需要进行设计变更的，需原设计单位或有资质的单位提出设计变更方案。需要进行重大设计变更的，必须经原设计审批部门审定后实施。

事故的处理要建立在原因分析的基础上，对有些事故一时认识不清时，只要事故不致产生严重的恶化，可以继续观察一段时间，做进一步调查分析，不要急于求成，以免造成同一事故多次处理的不良后果。

5. 检查验收

事故部位处理完成后，必须按照管理权限经过质量评定与验收后，方可投入使用或进入下一阶段施工。事故处理质量检查验收，必须严格按施工验收规范中有关规定进行；必要时还要通过实测、实量、荷载试验、取样试压、仪表检测等方法来获取可靠的数据，这样才可能对事故做出明确的处理结论。

6. 下达《复工通知》

事故处理经过评定和验收后，总监理工程师下达《复工通知》，施工单位方可复工。

任务三　建筑工程质量事故处理的方法与验收

工程质量事故处理的目的是消除质量隐患，以达到建筑物的安全可靠和正常使用各项功能及寿命要求，并保证施工的正常进行。质量事故处理应：正确确定事故性质是表面性还是实质性、是结构性还是一般性、是迫切性还是可缓性；正确确定处理范围，除直接发生部位，还应检查处理事故相邻影响作用范围的结构部位或构件。

一 建筑工程质量事故处理的方法

1. 修补处理

修补处理是最常用的一类处理方案。通常当工程的某个检验批、分项或分部的质量虽未达到规定的规范、标准或设计要求，存在一定缺陷，但通过修补或更换器具、设备后还可达到要求的标准，又不影响使用功能和外观要求时，可以进行修补处理。

属于修补处理类的具体方案很多，诸如封闭保护、复位纠偏、结构补强、表面处理等。某些混凝土结构表面的蜂窝、麻面，经调查分析，可进行剔凿、抹灰等表面处理，一般不会影响其使用和外观。对较严重的质量问题，可能影响结构的安全性和使用功能，必须按一定的技术方案进行加固补强处理，这样往往会造成一些永久性缺陷，如改变结构外形尺寸，影响一些次要的使用功能等。

2. 加固处理

加固处理主要是针对危及承载力的质量缺陷。加固的目的是要恢复和提高结构承载力，重新满足结构安全性、可靠性的要求，使建筑能继续正常使用。加固的方法通常有：增大截面加固、外包角钢加固等。

3. 返工处理

当工程质量未达到规定的标准和要求、存在严重质量问题、对结构的使用和安全构成重大影响，且又无法通过修补和加固处理时，可对检验批、分项、分部甚至整个工程返工处理。例如，某土方填筑压实后，其压实土的干密度未达到规定值，经核算将影响土体的稳定且不满足抗渗能力要求，此时可进行返工处理，挖除不合格土，重新填筑。对某些存在严重质量缺陷，且无法采用加固补强等修补处理或修补处理费用比原工程造价还高的工程，应进行整体拆除，全面返工。

4. 限制使用

当工程质量缺陷按修补或加固等方式处理后，仍无法达到规定的使用要求和安全，而又无法返工的情况下，不得已时可作出结构卸载或减荷以及限制使用的决定。

5. 不做处理

质量问题不做处理是指施工项目的质量问题并非都要处理，即使有些质量缺陷虽已超出了国家标准及规范要求，但也可以针对工程的具体情况，经过分析、论证，做出无须处理的结论。总之，对质量问题的处理，也要实事求是，既不能掩饰，也不能扩大，以免造成不必要的经济损失和延误工期。不做处理的质量问题常有以下几种情况：

（1）不影响结构安全、生产工艺和使用要求。例如，有的建筑物在施工中发生了错位，若要纠正困难较大，或将造成重大的经济损失，经分析论证，只要不影响工艺和使用要求，可以不做处理。

（2）检验中的质量问题，经论证后可不做处理。例如，混凝土试块强度偏低，而实际混凝土强度经测试论证已达到要求，就可不做处理。

（3）某些轻微的质量缺陷，通过后续工序可以弥补的可不做处理。例如，混凝土墙板出现了轻微的蜂窝、麻面，而该缺陷可通过后续工序抹灰、喷涂、刷白等进行弥补，则无须对墙板的缺陷进行处理。

（4）对出现的质量问题，经复核验算，仍能满足设计要求者可不做处理。例如，结构断面被削弱后，仍能满足设计的承载能力，但这种做法实际上在挖设计的潜力，因此需要特别慎重。

二、建筑工程质量事故处理的辅助方法

对质量问题处理的决策是复杂而重要的工作，它直接关系到工程的质量、费用与工期。所以，要做出对质量问题处理的决定，特别是对需要返工或不做处理的决定，更应慎重。在对于某些复杂的质量问题做出处理决定前，可采取以下方法做进一步论证。

1. 试验验证

试验验证即对某些有严重质量缺陷的项目，可采取合同规定的常规试验以外的试验方法进一步进行验证，以便确定缺陷的严重程度。例如混凝土构件的试件强度低于要求的标准不太大（例如10%以下）时，可进行加载试验，以证明其是否满足使用要求等。根据对试验验证检查的分析、论证，再研究处理决策。

2. 定期观测

有些工程在发现其质量缺陷时，其状态可能尚未达到稳定，仍会继续发展，在这种情况下一般不宜过早作出决定，可以对其进行一段时间的观测，然后再根据情况作出决定。属于这类的质量缺陷有：基础在施工期间发生沉降超过预计的或规定的标准；混凝土或回填土发生裂缝，并处于发展状态等。有些有缺陷的工程短期内其影响可能不十分明显，需要较长时间的观测才能得出结论。

3. 专家论证

对于某些工程缺陷，可能涉及的技术领域比较广泛，则可采取专家论证。采用这种办法时，应事先做好充分准备，尽早为专家提供尽可能详尽的情况和资料，以便使专家能够进行较充分的、全面和细致的分析、研究，提出切实的意见与建议。实践证明，采取这种方法，对重大的质量问题做出恰当处理的决定十分有益。

三、建筑工程质量事故处理的结论

建筑工程质量事故处理的结论一般有以下几种：
（1）事故已排除，可以继续施工。
（2）隐患已经消除，结构安全可靠。
（3）经修补处理后，完全满足使用要求。
（4）基本满足使用要求，但附有限制条件，如限制使用荷载，限制使用条件等。
（5）对耐久性影响的结论。
（6）对建筑外观影响的结论。
（7）对事故责任的结论等。

此外，对一时难以得出结论的事故，还应进一步提出观测检查的要求。

事故处理后，还必须提交完整的事故处理报告，其内容包括：事故调查的原始资料、测试数据；事故的原因分析、论证；事故处理的依据；事故处理方案、方法及技术措施；检查验收记录；事故无须处理的论证；事故处理结论等。

四、建筑工程质量事故处理的资料

1. 质量事故处理所需的资料

一般质量问题和事故的处理，必须具备以下资料：

（1）与事故有关的施工图。

（2）与施工有关的资料，如建筑材料试验报告、施工记录、试块强度试验报告等。

（3）事故调查分析报告，包括以下几个方面：

①事故情况：出现事故时间、地点；事故的描述；事故观测记录；事故发展变化规律；事故是否已经稳定等。

②事故性质：应区分属于结构性问题还是一般性缺陷；是表面性的还是实质性的；是否需要及时处理；是否需要采取防护性措施。

③事故原因：应阐明所造成事故的重要原因，如结构裂缝，是因地基不均匀沉降，还是温度变形；是因施工振动，还是由于结构本身承载能力不足所造成。

④事故评估：阐明事故对建筑功能、使用要求、结构受力性能及施工安全有何影响，并应附有实测、验算数据和试验资料。

⑤事故涉及人员及主要责任者的情况。

（4）设计、施工、使用单位对事故的意见和要求等。

2. 质量事故处理后的资料

工程质量事故处理后，应由监理工程师提出事故处理报告，其具体内容包括：

（1）质量事故调查报告。

（2）质量事故原因分析。

（3）质量事故处理依据。

（4）质量事故处理方案、方法及技术措施。

（5）质量事故处理施工过程的各种原始记录资料。

（6）质量事故检查验收记录。

（7）质量事故结论等。

思考与练习

1. 工程质量事故的特点有哪些？
2. 工程质量事故是如何分类的？依据是什么？
3. 造成质量事故的一般原因有哪些？

4. 简述工程质量事故处理的程序。
5. 工程质量事故处理的方法是什么？

技能测试题

一、单选题

1. 在进行质量问题成因分析中首先要做的工作是（ ）。
   A. 收集有关资料　　　　　　　B. 现场调查研究
   C. 进行必要的计算　　　　　　D. 分析、比较可能的因素
2. 按国家现行规定，造成直接经济损失35万元的工程质量事故，应定为（ ）质量事故。
   A. 一般　　　　B. 严重　　　　C. 重大　　　　D. 特大
3. 发生（发现）较大、重大和特大质量事故时，事故单位要在（ ）h内向有关单位写出书面报告。
   A. 12　　　　　B. 24　　　　　C. 36　　　　　D. 48
4. 调查分析发现，我国建筑施工事故中所占比例最高的是（ ）。
   A. 高处坠落施工　　　　　　　B. 各类坍塌事故
   C. 物体打击事故　　　　　　　D. 起重伤害事故
5. 凡工程质量不合格，由此造成直接经济损失在（ ）元以上的，称之为工程质量事故。
   A. 5000　　　　B. 8000　　　　C. 9000　　　　D. 10000
6. 建筑工程中的质量事故，按事故造成的后果可分为（ ）。
   A. 未遂事故和已遂事故
   B. 指导责任事故和操作责任事故
   C. 一般事故和重大事故
   D. 设计单位责任事故和施工单位责任事故
7. 在工程质量事故处理的过程中，签发工程暂停令的权限应属于（ ）。
   A. 专职质检员　　　　　　　　B. 专业监理工程师
   C. 总监理工程师　　　　　　　D. 业主
8. 由于质量事故，造成人员死亡或重伤（ ）人以上的为较大质量事故。
   A. 2　　　　　B. 3　　　　　C. 4　　　　　D. 5
9. 工程质量事故发生后，总监理工程师首先要做的事情是（ ）。
   A. 签发工程暂停令　　　　　　B. 要求施工单位保护现场
   C. 要求施工单位24h内上报　　 D. 发出质量通知单
10. 严重质量事故由（ ）建设行政主管部门归口管理。
    A. 国家　　　　　　　　　　　B. 省、自治区、直辖市
    C. 市、县　　　　　　　　　　D. 地区
11. 工程质量事故技术处理方案，一般应委托原（ ）提出。

A. 设计单位　　　B. 施工单位　　　C. 监理单位　　　D. 咨询单位

12. 工程施工质量事故的处理工作包括：①事故调查；②事故原因分析；③事故处理；④事故处理的鉴定验收；⑤制定事故处理方案。正确的处理程序是（　　）。

　　A. ①→②→⑤→③→④　　　　　　B. ①→②→③→④→⑤
　　C. ②→①→③→④→⑤　　　　　　D. ④→②→⑤→③→①

13. 下列选项中，属于建筑设备不合格造成事故的是（　　）。

　　A. 变配电设备质量缺陷导致自燃或火灾
　　B. 保护不当，疏于检查、验收
　　C. 结构构造不合理
　　D. 计算荷载取值过小

14. 建筑工程项目施工周期长、露天作业多，空气温度、湿度、暴雨、洪水、大风、雷电、日晒和浪潮等均可能成为质量事故的诱因，上述工程质量事故的原因属于（　　）。

　　A. 施工与管理不到位　　　　　　B. 自然环境因素
　　C. 结构使用不当　　　　　　　　D. 工程地质勘察失真

15. 下列选项中，（　　）质量事故发生后必须进行处理。

　　A. 对结构安全和使用功能影响不大
　　B. 缺陷可以由后续工序弥补
　　C. 经鉴定不能满足设计要求
　　D. 经鉴定不能满足结构安全和使用功能要求

二、多选题

1. 工程质量事故的特点有（　　）。

　　A. 复杂性　　　B. 严重性　　　C. 可变性　　　D. 多发性
　　E. 持久性

2. 《工程建设重大事故报告和调查程序规定》和有关文件规定，凡工程质量不合格，必须进行（　　）处理。

　　A. 返修　　　B. 加固　　　C. 鉴定　　　D. 报废
　　E. 调查

3. 建筑工程质量事故按严重程度可分为（　　）。

　　A. 特别重大事故　　　　　　　　B. 重大事故
　　C. 较大事故　　　　　　　　　　D. 一般事故
　　E. 质量问题

4. 工程质量事故的处理，必须具备的资料包括（　　）。

　　A. 事故发生的情况　　　　　　　B. 与事故有关的施工图
　　C. 与施工有关的资料　　　　　　D. 事故的教训总结
　　E. 事故调查分析报告

5. 工程质量事故处理完成后，监理工程师应根据（　　）检查验收。

　　A. 经批准的施工图设计文件

B. 工程质量事故调查报告

C. 工程质量事故处理报告

D. 施工验收标准及有关规范的规定

E. 质量事故处理方案设计要求

6. 工程质量问题、质量事故发生的原因主要有（　　）。

   A. 地质勘察失真　　　　　　　　B. 设计没完全满足使用功能

   C. 使用不当　　　　　　　　　　D. 施工管理不到位

   E. 违背建设程序、违反法规的行为

7. 质量事故处理方案中，一般处理原则包括（　　）。

   A. 事故原因未查清不放过　　　　B. 责任人员未处理不放过

   C. 整改措施未落实不放过　　　　D. 达到原设计标准

   E. 有关人员未受到教育不放过

8. 下列选项中，属于施工项目中常见的质量通病的有（　　）。

   A. 砂浆、混凝土配合比控制不严，任意加水，强度得不到保证

   B. 预制构件裂缝，预埋件移位，预应力张拉不足

   C. 现浇钢筋混凝土阳台、雨篷根部开裂或倾覆、坍塌

   D. 由于个人使用、管理不当，造成房屋破损

   E. 饰面板、饰面砖拼缝不平、不直，空鼓，脱落

9. 下列选项中，关于工程质量事故各级主管部门处理权限及组成调查组权限说法正确的有（　　）。

   A. 特别重大质量事故由国务院或国家建设行政主管部门按有关程序和规定处理

   B. 重大质量事故由国家建设行政主管部门归口管理

   C. 严重质量事故由省、自治区、直辖市建设行政主管部门归口管理

   D. 一般质量事故由市、县级建设行政主管部门归口管理

   E. 质量事故轻微的私人处理

10. 下列选项中，属于事故原因中违背建设程序的有（　　）。

    A. 不经可行性论证、不做调查分析就制定施工方案，并仓促开工

    B. 任意修改设计，不按图纸施工

    C. 无证施工

    D. 使用劣质材料

    E. 图纸未经审查就施工

11. 建筑工程质量事故的处理是否达到预期的目的和效果，是否仍留有隐患，应当通过检查鉴定和验收作出确认。检查和鉴定的结论可能有（　　）。

    A. 事故已排除，可继续施工

    B. 隐患已消除，结构安全有保证

    C. 对工程负责人的处理结论

    D. 基本上满足使用要求，但使用时应有附加的限制条件，例如限制荷载等

    E. 对短期难以做出结论者，可提出进一步观测检验的意见

12. 下列选项中,属于建筑工程质量事故处理报告的内容有( )。

A. 发出工程暂停令

B. 工程质量事故情况、调查情况、原因分析

C. 质量事故处理的依据

D. 质量事故处理结论

E. 质量事故处理方案、方法及技术措施

三、判断题

1. 建筑工程施工时,必须采取有效的措施,对常见的质量问题和事故事先加以预防,并对已经出现的质量事故及时进行分析和处理。( )

2. 建筑工程质量管理工作中质量控制的重点之一是加强质量风险分析,及早制定对策和措施。( )

3. 建筑工程由于施工工期较长,所用材料品种又十分庞杂,同时,社会环境和自然条件各方面的异常因素的影响,使产生的工程质量问题表现形式千差万别。( )

4. 工程质量事故发生的原因中,违反现行法规行为是指不按基本建设和建筑施工程序办事。( )

5. 工程质量事故发生的原因中,施工与管理不到位是指施工单位不按图施工或未经设计单位同意擅自修改设计。( )

6. 工程质量管理人员应熟悉各级政府建设行政主管部门处理工程质量事故的基本程序,尤其是应把握在质量事故处理过程中如何履行自己的职责。( )

7. 工程质量事故发生后,应及时组织调查处理,通过调查为事故的分析与处理提供依据。( )

8. 一般质量事故调查组由省、自治区、直辖市建设行政主管部门组织。( )

9. 建筑工程质量事故的处理是否达到预期的目的和效果,是否仍留有隐患,应当通过检查鉴定和验收作出确认。( )

10. 直接经济损失在5000元以上、10万元以下的质量事故属于重大质量事故。( )

项目六

建筑工程安全管理基本知识

能力目标

1. 能够根据不同规模的工程项目，配备合适的安全管理人员。
2. 能够遵守企业各项安全规章制度。
3. 能够承担岗位安全生产责任。

素质要求

1. 树立以人为本、人民至上、生命至上的安全理念。
2. 培养学生安全第一、预防为主的安全意识。

知识导图

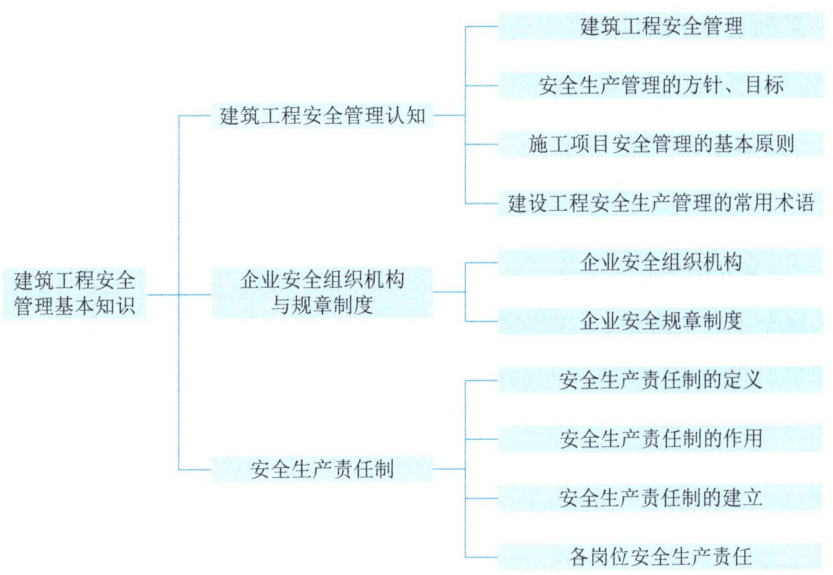

【项目引导】 目前，我国建筑行业安全生产形势总体稳定，但施工现场安全事故时有发生。2022年5月，甘肃省兰州市某房屋建设施工工地在塔式起重机拆除过程中突发机械坠落事故，造成3人死亡、1人受伤。2022年8月，江苏省南京市某工地在安装塔式起重机大臂过程中发生倾覆，造成 2 死 2 伤。

【试　　问】　我国建筑工程安全生产的方针是什么？是什么原因造成安全事故时有发生？施工企业是否严格按要求建立安全组织机构和规章制度？

任务一　建筑工程安全管理认知

安全管理是为实现安全目标而进行的有关决策、计划、组织和控制等方面的活动。主要目的是运用现代安全管理原理、方法和手段，分析和研究各种不安全因素，从技术上、组织上和管理上采取有力的措施，解决和消除各种不安全因素，防止事故的发生。

一　建筑工程安全管理

1. 安全生产

安全生产是指生产过程处于避免人身伤害、设备损坏及其他不可接受的损害风险（危险）的状态。不可接受的损害风险（危险）是指：超出了法律、法规和规章的要求；超出了方针、目标和企业规定的其他要求；超出了人们普遍接受的要求。

> **小贴士**
> 安全生产工作直接关系到每个人的生命安危和国家的财产安全，是生产企业的首要大事。

2. 建筑工程安全管理的基本概念

建筑工程安全管理是指建设行政主管部门、建筑安全监督管理机构、建筑施工企业及有关单位，对建筑安全生产过程中的安全工作进行计划、组织、指挥、控制、监督、调节和改进等一系列致力于满足生产安全的管理活动。目的是保证在生产经营活动中的人身安全、财产安全，促进生产的发展，保持社会的稳定。

二　安全生产管理的方针、目标

1. 安全生产的方针

《中华人民共和国安全生产法》第一章总则中第三条规定："安全生产工作应当以人为本，坚持人民至上、生命至上，把保护人民生命安全摆在首位，树牢安全发展理念，坚持安全第一、预防为主、综合治理的方针，从源头上防范化解重大安全风险。"

中华人民共和国
安全生产法

"安全第一"就是要求所有参与工程建设的人员，在保证安全的前提下从事生产活动，只有这样才能使生产正常进行，促进经济的发展，保持社会的稳定。

"预防为主"是实现安全第一最重要的手段。在工程建设活动中，根据工程建设的特点，对不同的生产要素采取相应的管理措施，从而减少甚至消除事故隐患，尽量把事故消灭在萌芽状态，这是安全生产管理最重要的思想。

"综合治理"是指适应我国安全生产形势的要求，自觉遵循安全生产规律，正视安全生产工作的长期性、艰巨性和复杂性，抓住安全生产工作中的主要矛盾和关键环节，综合运用经济、法律、行政等手段，人管、法治、技防多管齐下，充分发挥社会、职工、舆论的监督作用，有效解决安全生产领域的问题。

> **小贴士**
> 综合治理是落实安全生产方针政策、法律法规的最有效手段，是我们党在安全生产新形势下做出的重大决策，体现了安全生产方针的新发展。

2. 安全管理的目标

安全管理的目标是减少或消除生产过程中的事故，保证人员健康安全和财产免受损失。制定安全目标具体包括：减少或消除人的不安全行为的目标；减少或消除设备、材料的不安全状态的目标；改善生产环境和保护自然环境的目标；安全管理的目标。

三、施工项目安全管理的基本原则

施工现场安全管理的内容大体可归纳为安全组织管理、场地与设施管理、行为控制和安全技术管理四个方面，分别对生产中的人、物、环境的行为与状态，进行具体的管理与控制。为有效地将生产因素的状态控制好，实施安全管理过程中，必须正确处理五种关系，坚持六项基本管理原则，具体如下所述。

1. 正确处理五种关系

（1）安全与危险并存

安全与危险在同一事物的运动中是相互对立、相互依赖而存在的。因为有危险，才要进行安全管理，以防止危险。安全与危险并非等量并存、平静相处。随着事物的运动变化，安全与危险每时每刻都在变化着，进行着此消彼长的斗争。

> **小贴士**
> 保持生产的安全状态，必须通过采取以预防为主的措施，危险因素才可以被控制。

（2）安全与生产统一

生产是人类社会存在和发展的基础。如果生产中人、物、环境都处于危险状态，则生产无法顺利进行。生产有了安全保障，才能持续、稳定发展。

> **小贴士**
> 组织好安全生产就是对国家、人民和社会最大的负责。

（3）安全与质量互为因果

从广义上看，质量包含安全工作质量，安全概念也内含着质量，二者交互作用，互为因果。安全第一，质量第一，两个第一并不矛盾。安全第一是从保护生产因素的角度提出的，而质量第一则是从关心产品成果的角度而强调的。

> **小贴士**
> 安全为质量服务，质量需要安全保证。

（4）安全与速度互保

生产中求快，一旦酿成事故，非但无速度可言，反而会延误时间。一味强调速度，置安全于不顾的做法是极其有害的。当速度与安全发生矛盾时，应减缓速度，保证安全才是正确的做法。

> **小贴士**
> 速度应以安全做保障，安全就是速度。

（5）安全与效益兼顾

安全技术措施的实施，定会改善劳动条件，调动职工的积极性，焕发劳动热情，带来经济效益。在安全管理中，要统筹安排，既要保证安全生产，又要经济合理。

2. 坚持安全管理六项基本原则

（1）管生产同时管安全

安全管理是生产管理的重要组成部分，在实施过程中，两者存在着密切的联系，又存在着进行共同管理的基础。1963年3月30日国务院颁布的《国务院关于加强企业生产中安全工作的几项规定》中明确指出："各级领导人员在管理生产的同时，必须负责管理安全工作。"

管生产同时管安全，不仅是对各级领导人员明确安全管理责任，同时也向一切与生产有关的机构、人员，明确了业务范围内的安全管理责任。

> **小贴士**
> 一切与生产有关的机构、人员，都必须参与安全管理并在管理中承担责任。

（2）坚持安全管理的目的性

没有明确目的的安全管理是一种盲目行为。安全管理的内容是对生产中的人、物、环境因素状态的管理，有效的控制人的不安全行为和物的不安全状态，消除或避免事故，达到保护劳动者的安全与健康的目的。

（3）必须贯彻预防为主的方针

安全生产的方针是"安全第一、预防为主、综合治理"。进行安全管理不是处理事故，而是在生产活动中，针对生产的特点，对生产因素采取管理措施，有效的控制不安全因素的发展与扩大，把可能发生的事故消灭在萌芽状态，以保证生产活动中人的安全与健康。

贯彻预防为主，首先要端正对生产中不安全因素的认识，端正消除不安全因素的态度，选准消除不安全因素的时机。在安排与布置生产内容的时候，针对施工生产中可能出现的危险因素，采取措施予以消除是最佳选择。在生产活动过程中，经常检查、及时发现不安全因素，采取措施，明确责任，尽快地、坚决地予以消除，是安全管理应有的鲜明态度。

（4）坚持"四全"动态安全管理

安全管理不是少数人和安全机构的事，而是一切与生产相关人员共同的事。缺乏全员的参与，安全管理就不会有生气，不会取得好的管理效果。安全管理涉及生产活动的方方面面，涉及从开工到竣工交付的全部生产过程，涉及全部的生产时间，涉及一切变化着的生产因素。

> **小贴士**
> 生产活动中必须坚持"四全"（全员、全过程、全方位、全天候）的动态安全管理。

（5）安全管理重在控制

在安全管理的四项主要内容中，虽然都是为了达到安全管理的目的，但是对生产因素状态的控制，与安全管理目的关系更直接，显得更为突出。因此，对生产中人的不安全行为和物的不安全状态的控制，必须看作是动态的安全管理的重点。

（6）在管理中发展提高

既然安全管理是在变化着的生产活动中的管理，是一种动态管理，其管理就意味着是不断发展的、不断变化的，以适应变化的生产活动，消除新的危险因素。然而更为重要的是不断地摸索新的规律，总结管理、控制的办法与经验，指导新的变化后的管理，从而使安全管理上升到新的高度。

四 建设工程安全生产管理的常用术语

1. 安全生产管理体制

根据《国务院关于加强安全生产工作的通知》（国发〔1993〕50号），我国"实行企业负责、行业管理、国家监察和群众监督的安全生产管理体制"。

2. 安全生产责任制度

安全生产责任制度是指将各种不同的安全责任落实到安全管理的人员和具体岗位人员身上的一种制度。安全生产责任制度的主要内容如下：

（1）从事建筑活动主体的责任人的责任制。

（2）从事建筑活动主体的职能机构或职能处室责任人及其工作人员的安全生产责任制。

（3）岗位人员的安全生产责任制。

> **小贴士**
> 安全生产责任制度是建筑生产中最基本的安全管理制度，是所有安全规章制度的核心。

3. 安全生产目标管理

安全生产目标管理就是根据建筑施工企业的总体规划要求，制定在一定时期内安全生产方面所要达到的预期目标并组织实现此目标。其基本内容是：确定目标、分解目标、执行目标、检查总结。

4. 施工组织设计

施工组织设计是组织建设工程施工的纲领性文件，是指导施工准备和组织施工的全面性的技术、经济文件，是指导现场施工的规范性文件。

> **小贴士**
> 施工组织设计必须在施工准备阶段完成。

5. 安全技术措施

安全技术措施是指为防止工伤事故和职业病的危害，从技术上采取的措施。在工程施工中,是指针对工程特点、环境条件、劳力组织、作业方法、施工机械、供电设施等制定的确保安全施工的措施。

> **小贴士**
> 安全技术措施也是建设工程项目管理实施规划或施工组织设计的重要组成部分。

6. 安全技术交底

安全技术交底是落实安全技术措施及安全管理事项的重要手段之一。重大安全技术措施及重要部位的安全技术由公司技术负责人向项目经理部技术负责人进行书面的安全技术交底;一般安全技术措施及施工现场应注意的安全事项由项目经理部技术负责人向施工作业班组、作业人员做出详细说明,并经双方签字认可。

7. 安全教育

安全教育是实现安全生产的一项重要基础工作,它可以提高职工做好安全生产的自觉性、积极性和创造性,增强安全意识,掌握安全知识,提高职工的自我防护能力,使安全规章制度得到贯彻执行。

安全教育培训的主要内容有:安全生产思想、安全知识、安全技能、安全操作规程标准、安全法规、劳动保护和典型事例分析。

8. 班前安全活动

班前安全活动是指在上班前由组长组织并主持,根据本班目前工作内容,重点介绍安全注意事项、安全操作要点,以达到组员在班前掌握安全操作要领,提高安全防范意识,减少事故发生的活动。

9. 特种作业

特种作业是指在劳动过程中容易发生伤亡事故,对操作者本人,尤其对他人和周围设施的安全有重大危害因素的作业。直接从事特种作业者,称为特种作业人员。

10. 安全检查

安全检查是指建设行政主管部门、施工企业安全生产项目部门或项目经理部对施工企业、工程项目经理部贯彻国家安全生产法律法规的情况、安全生产情况、劳动条件、事故隐患等进行的检查。

11. 安全事故

安全事故是指人们在进行有目的的活动过程中,发生了违背人们意愿的不幸事件,使其有目的的行为暂时或永久地停止。重大安全事故,系指在施工过程中由于责任过失造成工程倒塌或废弃、机械设备破坏和安全设施失当造成人身伤亡或者重大经济损失的事故。

12. 安全评价

安全评价是指采用系统科学方法,辨别和分析系统存在的危险性并根据其形成事故的风险大小,采取相应的安全措施,以达到系统安全的过程。

安全评价的基本内容:识别危险源、评价风险、采取措施直至达到安全指标。

13. 安全标志

安全标志由安全色、几何图形和图形符号构成,以此表达特定的安全信息。其目的是引起人们对不安全因素的注意,预防事故发生。安全标志分为禁止标志、警告标志、指令标志、提示性标志四类。

14. 安全生产费用

安全生产费用是指企业按照规定标准提取，在成本中列支，专门用于完善和改进企业安全生产条件的资金。

任务二　企业安全组织机构与规章制度

一　企业安全组织机构

1. 企业安全组织机构成员组成

安全生产法规定：企业法人是企业安全生产第一责任人，对企业的安全生产全面负责。同时还规定，企业必须设置安全生产管理机构，条件不具备的小企业要设置专兼职安全生产管理人员。也就是说，企业法人可以兼任企业内部安全管理机构的负责人，而且不管其是否在安全管理机构任职，他都是本企业的安全生产工作的最高管理者。

安全生产委员会是企业法人必须依法建立的安全生产决策机构，一般由企业法人或其委托代理人牵头负责，企业各分管领导、各职能部门负责人为成员，任务是研究、分析和解决企业重大安全生产问题。

安全管理机构负责落实生产工作，遇到重大问题，要及时向安全生产委员会报告，由安全生产委员会决策。安全生产组织机构如图 6-1 所示。

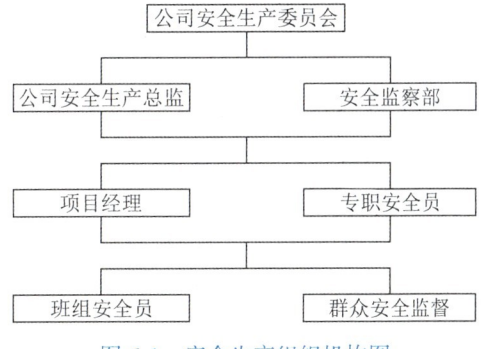

图 6-1　安全生产组织机构图

2. 企业安全组织机构职责

《中华人民共和国安全生产法》第二十五条规定，生产经营单位的安全生产管理机构以及安全生产管理人员应履行下列职责：

（1）组织或者参与拟订本单位安全生产规章制度、操作规程和生产安全事故应急救援预案。

（2）组织或者参与本单位安全生产教育和培训，如实记录安全生产教育和培训情况。

（3）组织开展危险源辨识和评估，督促落实本单位重大危险源的安全管理措施。

（4）组织或者参与本单位应急救援演练。

（5）检查本单位的安全生产状况，及时排查生产安全事故隐患，提出改进安全生产管理的建议。

（6）制止和纠正违章指挥、强令冒险作业、违反操作规程的行为。

（7）督促落实本单位安全生产整改措施。

生产经营单位可以设置专职安全生产分管负责人，协助本单位主要负责人履行安全生产管理职责。

3. 建筑施工企业安全组织结构人员配备

《建筑施工企业安全生产管理机构设置及专职安全生产管理人员配备办法》(建质〔2008〕91号)对建设工程项目安全组织机构人员配备做了以下规定。

(1)建筑施工企业安全生产管理机构专职安全生产管理人员的配备应满足下列要求,并应根据企业经营规模、设备管理和生产需要予以增加。

①建筑施工总承包资质序列企业:特级资质不少于6人;一级资质不少于4人;二级和二级以下资质不少于3人。

②建筑施工专业承包资质序列企业:一级资质不少于3人;二级和二级以下资质不少于2人。

③建筑施工劳务分包资质序列企业:不少于2人。

④建筑施工企业的分公司、区域公司等较大的分支机构(以下简称分支机构)应依据实际生产情况配备不少于2人的专职安全生产管理人员。

(2)总承包单位配备项目专职安全生产管理人员应当满足下列要求:

①建筑工程、装修工程按照建筑面积配备:1万 m^2 以下的工程不少于1人,1万~5万 m^2 的工程不少于2人,5万 m^2 及以上的工程不少于3人,且按专业配备专职安全生产管理人员。

②土木工程、线路管道、设备安装工程按照工程合同价配备:5000万元以下的工程不少于1人,5000万~1亿元的工程不少于2人,1亿元及以上的工程不少于3人,且按专业配备专职安全生产管理人员。

(3)分包单位配备项目专职安全生产管理人员应当满足下列要求:

①专业承包单位应当配置至少1人,并根据所承担的分部分项工程的工程量和施工危险程度增加。

②劳务分包单位施工人员在50人以下的,应当配备1名专职安全生产管理人员;50~200人的,应当配备2名专职安全生产管理人员;200人及以上的,应当配备3名及以上专职安全生产管理人员,并根据所承担的分部分项工程施工危险实际情况增加,不得少于工程施工人员总人数的5‰。

(4)采用新技术、新工艺、新材料或致害因素多、施工作业难度大的工程项目,项目专职安全生产管理人员的数量应当根据施工实际情况,在以上配备标准上增加。

(5)施工作业班组可以设置兼职安全巡查员,对本班组的作业场所进行安全监督检查。建筑施工企业应当定期对兼职安全巡查员进行安全教育培训。

4. 企业安全生产管理保证体系

(1)安全生产管理团队

建筑施工企业为了规范建设工程施工安全生产管理工作,提高各项目部施工安全管理水平,控制和减少工程施工生产安全事故,在贯彻国家"安全第一,预防为主,综合治理"的基本安全方针下,一般以项目部为基本单位成立安全生产管理团队,负责项目部所在区域的安全生产管理工作。

建筑施工企业以项目部为基本单位的安全生产管理体系如图6-2所示。

（2）岗位安全职责

1）项目经理安全职责

①遵照国家施工规范、工程安全生产检验评定标准，以及工程所在省、地市有关规章和制度，按企业标准和设计要求负责工程总体组织、管理及协调工作，直接向公司负责。

②全面负责所建工程项目的施工安全生产、文明施工、施工工期、劳动保护、经济效益、劳务管理等工作。

③根据公司的企业管理方针，结合项目安全生产要求，现场管理目标，组织配备合适的资源，严格按照公司的整合管理体系进行安全生产管理。

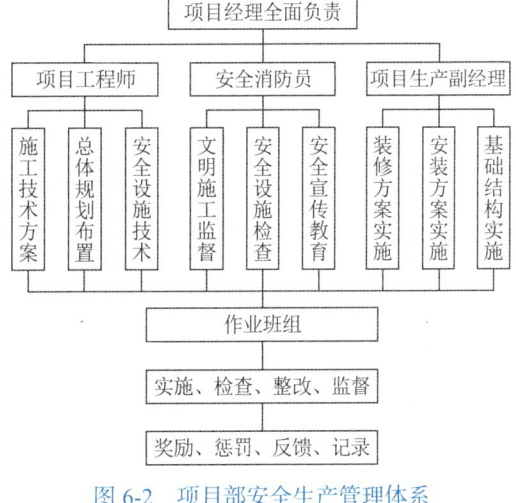

图 6-2　项目部安全生产管理体系

④建立健全项目部的安全管理体系、环境管理体系、职业健康安全管理体系和消防管理体系等，确保安全管理人员认真履行岗位职责，做好本职范围内的各项工作；处理好安全生产与施工间的矛盾，开展安全自检与评比活动；提倡文明施工，确保环境卫生，创造施工现场标准化管理优胜工地。

⑤认真执行公司的各项通知、决定、制度和规定，自觉服从并接受上级主管部门对安全、卫生的监督检查和业务指导，负责整改事项。

⑥负责对项目技术人员和管理人员的任用，监督检查并提高他们的安全主动性和工作效率，组织对业务技术骨干和工人的安全培训和教育，不断提高施工队伍的思想觉悟、业务素质、职业道德、安全意识。

⑦根据项目施工情况，制定季度安全工作目标计划，报公司、业主或监理等领导审批并实施。

⑧加强项目部管理，负责项目部管理人员的精神文明建设，不断提高全体管理人员的素质，做好定期安全检查及考核工作。

⑨项目经理作为项目现场的第一安全生产责任人，有权对不服从安全管理班组或班组安全工作落实不到位的情况进行处罚并勒令整改，同时有权在工程进度拨款审批单中扣除安全问题（事故）处罚金。

2）项目技术负责人安全职责

①负责贯彻执行法规、标准、规范、规程和上级的安全技术规定。

②组织有关人员进行图纸自审和会审，主持编制安全施工组织设计及主要安全技术的专项施工方案，涉及专家会审的，积极组织专家论证，并组织工人严格按专家论证方案安全实施操作。

③负责组织项目级安全技术交底，并检查监督其实施。

④审定施工安全技术组织措施计划，并组织实施。

⑤主持隐蔽工程安全验收、中间验收、工程竣工验收及其他安全检查评定活动。

⑥负责对采用新技术、新工艺、新材料和新设备等的安全应用技术攻关。

⑦参加不合格产品或材料的评审，负责确认不合格产品或材料存在的安全隐患并报告

上级相关部门。

⑧组织解决项目施工中安全技术难题、处理安全事故并报告上级相关部门。

⑨做好联系单、函件等安全资料的收发工作，负责组织工程档案中各项安全技术资料的签证、收集和整理。

3）现场安全员安全职责

①坚持四项基本原则，贯彻执行党和国家对安全生产方针及劳动保护政策法规，模范执行安全生产各级各项规章制度。

②做好安全生产的宣传教育和管理工作，总结交流和推广先进经验，组织安全学习，做好安全日记。

③掌握安全生产情况，调查研究生产中的不安全问题，提出改进意见和措施，组织安全活动和定期安全检查。

④参加审查施工组织设计（施工方案）、编制安全技术措施计划、督促检查贯彻情况。

⑤与有关部门共同做好新工人、特殊工种工人的安全技术训练、考核、发证工作，做好现场工人、新工人入场安全教育工作。进行工伤事故统计、分析和报告，参加工伤事故的调查和处理。

⑥制止违章指挥和违章作业，遇有严重险情，有权暂停生产，并报主管领导处理。

⑦对违反安全条例和有关安全技术劳动法规的行为，经说服劝阻无效，有权越级上报。

⑧项目安全员实行安全周报制，即项目现场安全员在每个星期的固定时间以前，将本周工地现场安全情况及下周安全工作计划以文字叙述的形式呈报公司质量安全部。

4）现场工长、施工员安全职责

①对所负责的施工项目的安全生产负直接责任，不违章指挥，制止违章冒险作业。

②对所管的施工现场环境安全和一切安全防护措施（机、电、架、"四口、五临边"等）的完整、齐全、有效、是否符合安全要求负有相关责任。

③认真执行国家安全生产方针、政策、法令、规程、制度和上级批准的施工组织设计、施工方案；施工方案在执行中如需修改必须经原编制、审批单位批准。

④在计划、布置、检查、总结、评比生产的活动中必须同时把安全学习工作贯穿每个具体环节中去，特别要做好有针对性的书面技术交底，遇到安全与生产发生矛盾时，生产必须服从安全。

⑤领导所属班级做好安全活动日工作，组织班级学习安全操作规程，并检查执行情况，教育工人正确使用防护用品。

⑥发生重大伤亡事故时要保护现场并立即上报。

⑦有权拒绝不科学、不安全、不卫生的生产指令。

⑧负责脚手架、吊篮、井字架、门式架、塔式起重设备、电气设备、机械设备等的验收工作，验收合格后方可交工人使用。

二　企业安全规章制度

1. 安全生产基本法律制度

《中华人民共和国安全生产法》是我国安全生产的基本法律，具有非常丰富的法律内涵，主要内容集中体现在它所确定的七项基本法律制度中。这七项基本法律制度分别如下：

（1）安全生产监督管理制度。这项制度主要包括安全生产监督管理体制、各级人民政府和安全生产监督管理部门以及其他有关部门各自的安全监督管理职责、安全监督检查人员职责、社会基层组织和新闻媒体进行安全生产监督的权利和义务等。

（2）生产经营单位安全保障制度。这项制度主要包括生产经营单位的安全生产条件、安全管理机构及其人员配置、安全投入、从业人员安全资质、安全条件论证和安全评价、建设工程"三同时"（建设项目的安全设施必须与主体工程同时设计、同时施工、同时投入生产和使用）、安全设施的设计审查和竣工验收、安全技术装备管理、生产经营场所安全管理、社会工伤保险等。

（3）生产经营单位负责人安全责任制度。这项制度主要包括生产经营单位主要负责人和其他负责人、安全生产管理人员的资质及其在安全生产工作中的主要职责。

（4）从业人员安全生产权利义务制度。主要包括生产经营单位的从业人员在生产经营活动中的基本权利和义务，以及应当承担的法律责任。

（5）安全中介服务制度。这项制度主要包括从事安全评价、评估、检测、检验、咨询服务等工作的安全中介机构和安全专业技术人员的法律地位、任务和责任。

（6）安全生产责任追究制度。这项制度主要包括安全生产的责任主体，安全生产责任的确定和责任形式，追究安全责任的机关、依据、程序和安全生产法律责任。

（7）事故应急和处理制度。这项制度主要包括事故应急预案的制定、事故应急体系的建立、事故报告、调查处理的原则和程序、事故责任的追究、事故信息发布等。

2. 安全生产管理规章制度

建筑业企业应建立的安全生产管理基本规章制度包括：安全生产责任制度、安全生产教育培训制度、安全生产检查制度、安全技术措施制度、安全技术交底制度、防护用品的使用管理制度、施工机具维修保养制度、安全生产责任考核奖惩制度、易燃易爆有毒有害物品的保管制度、职工伤亡事故报告制度、班组安全活动制度、现场消防管理制度、文明施工管理制度、安全投入保障制度、职业卫生管理制度、安全事故应急救援制度等。

由于有些制度的内容在有关章节讲解，下面主要介绍安全生产教育培训制度、安全生产检查制度、安全技术措施制度、安全技术交底制度、防护用品的使用管理制度、施工机具维修保养制度。建筑企业依据企业自身特点在基本规章制度基础上补充完善，力图建立健全符合企业自身发展的各项安全生产规章制度。

（1）安全生产教育培训制度

①依照国家和省规定的内容和时间，对全体职工进行安全生产知识的培训和考核，未经培训或者考核不合格的，不得上岗作业。

②新职工必须进行公司、项目部、班组三级教育，教育后要填写三级教育记录卡，并进行考试，合格后方可上岗作业。

三级教育的内容如下所述。

公司级教育：由劳资部门组织，安全部门配合实施。安全生产方面的教育主要包括党和国家有关安全生产的方针、政策、法律、法规、标准、规定及公司的安全生产管理制度；本企业安全生产形势及历史上发生的重大事故的教训，发生事故后如何抢救、排险、保护现场和及时报告等。

项目部级教育：由项目部主管生产的领导组织技术和安全管理人员实施安全生产教育。教育的主要内容包括本项目生产特点、设备特点、安全基本知识、预防事故的方法及本项目安全生产制度、规定、安全注意事项，本工种的安全技术操作规程，防护用具使用基本知识等。

班组级教育：由班组长或班组安全员负责。教育的主要内容包括本班组作业特点、安全操作规程及岗位责任，班组安全活动及纪律，爱护及正确使用安全防护设施及个人劳保防护用品，易发生事故的不安全因素及其防范对策等。

③电工作业、金属焊接切割作业、起重机械设备（含电梯）作业、企业内机动车辆驾驶、登高架设作业、锅炉作业、压力容器作业、制冷作业、爆破作业、危险物品作业、经国家安全生产监督管理局批准的其他的作业等特殊工种作业人员，必须经有关主管部门培训考核，取得岗位资格证后并再接受有针对性的安全培训方可上岗作业。

④工人调岗之前必须进行换岗教育。换岗前，批准换岗的有关部门领导要对换岗工人进行新岗工种的操作规程等方面的教育，未经教育不准上岗。

⑤采用新工艺、新设备、新产品时，必须由相关单位和部门，按照新工艺、新设备、新产品的安全技术规定进行安全教育，员工考试合格后方准上岗。

⑥公司对各级领导干部每年进行一次有关安全法律、法规、规章、规定和文件及公司安全生产管理制度的学习，不断提高政策水平和法治观念。

⑦各分公司每年冬闲季节组织一次各工种安全技术操作规程的学习，不断提高工人的操作技能。

⑧项目经理、工长对所属工地的职工每周进行一次安全生产教育。

⑨施工班组由班组长组织实施班前教育，针对班组的施工生产场所、工作内容、工具设备、操作方法等，对全组职工进行安全生产教育，防止事故发生。

⑩各单位在雨季、冬季，要根据季节的变化，进行雨季防雨、防雷电、防洪，冬季防冻、防滑防煤气中毒的季节性安全教育。

⑪节假日前后，各单位要根据具体情况对所属职工进行法纪教育。

（2）安全生产检查制度

①公司安全生产委员会每月召开专门会议，总结当月安全生产工作，研究部署下月安全生产工作。

②公司每季度组成由生产副经理任组长的安全生产检查组，对所属单位进行一次全面安全生产检查，检查完毕进行总结并通报。

③公司组织的安全生产检查中查出的事故隐患，以《事故隐患通知书》通知受检负责人，限期整改。

④各分公司每月由主管经理带队，对所属工地进行全面安全检查。对检查出的隐患，指定项目经理立即或限期整改。

⑤各分公司的专职安全人员，根据本单位的生产安排制定巡回检查计划，对本单位所

属施工现场进行检查。对检查出的隐患，通知项目经理整改，并上报分公司主管领导。

⑥各项目经理除了日常检查时，随时检查施工现场的安全状况外，每周对所属现场进行一次全面安全检查。对查出的隐患，立即进行整改。

⑦生产班组的班组长、班组兼职安全员，班前对施工现场、作业场所、工具设备进行检查，并在生产进程中巡回检查，发现问题立即纠正。

⑧各分公司在雨期、冬期施工前要做好季节性安全检查工作。由分公司主管经理带队，安全、机械、电气人员参加的安全生产检查，雨期重点检查脚手架、龙门架、电气设备、施工用电的安全状况；冬期重点检查机械设备、施工用电、消防、预防煤气和外加剂等中毒以及防滑、防冻措施等。

⑨各分公司在组织安全检查时，必须对本单位工程分包队伍安全生产情况同时进行检查。

⑩对检查中发现的事故隐患，必须按照"定人员、定时间、定措施"的原则，进行整改，实行登记、销项制度在隐患没有排除前，必须采取可靠的防护措施。

（3）安全技术措施管理制度

①各级领导、工程技术人员、有关业务人员必须熟悉、掌握安全生产的有关法律法规、技术标准，在管理施工生产技术的同时，管理好安全技术工作。总工程师、主任工程师以及项目技术负责人对各级施工生产的安全技术负责。

②施工组织设计或施工方案中，必须编制安全技术措施。

③安全生产措施的内容要全面，有针对性，根据工程特点、施工方法、劳动组织和作业环境等具体情况提出具体内容要求。

④对于专业性较强的工程项目，如土方工程、基坑支护、模板工程、脚手架工程、物料提升机安装、外用电梯安装、塔式起重机安装、起重吊装等必须单独编制专项施工方案。

⑤对于结构复杂、作业危险性大，特殊性较强的工程，如爆破、沉箱、沉井、烟囱、水塔以及拆除工程等，除编制专项安全施工方案，还应有设计计（验）算和详图。

⑥必须按照公司编制的施工组织（施工方案）的权限规定，按各部门、各人员的职责，编制、审批安全技术施工方案，未经审批的不准施工。

⑦施工方案经审批后，必须遵照实施，不得随意变更。如遇特殊情况，需要变更时，应由编制人员出具变更通知书，审批人签字后方可生效。

⑧施工现场的施工负责人，在分项工程施工前必须向分项作业负责人做书面安全技术交底，书面交底资料双方各持一份。工地安全员根据安全技术交底资料检查落实施工情况。安全技术交底的内容应符合施工、安装和生产的具体情况，交底内容要全面，有针对性和可操作性。

⑨施工现场架体、设备安装完毕后，必须由项目经理、技术负责人组织工长、项目安全员、施工安装负责人共同验收，确认符合标准、规范等要求后，认真填写验收单，履行签字手续。验收合格后方可投入使用。

⑩各项验收单的填写必须符合现场实际情况，内容要量化。存在问题必须整改后重新验收。

（4）安全技术交底制度

①工程项目应坚持逐级安全技术交底制度。

②安全技术交底应具体、明确、针对性强。交底的内容应针对分部分项工程中施工给作业人员带来的潜在危险和存在的问题。

③工程开工前，应将工程概况、施工方法、安全技术措施等情况，向工地负责人工班长进行详细交底。

④两个以上施工队或工种配合施工时，应按工程进度定期或不定期地向有关施工单位和班组进行交叉作业的安全书面交底。

⑤工长安排班组长工作前，必须进行书面安全技术交底，班组长应每天对工人进行施工要求、作业环境等书面安全交底。

⑥各级书面安全技术交底应有交底时间、内容及交底人和接受交底人的签字。

⑦针对工程项目施工作业的特点和危险点。

⑧针对危险点的具体防范措施和应注意的安全事项。

⑨遵守有关的安全操作规程和标准。

⑩一旦发生事故后及时采取的避难急救措施。

⑪出现下列情况时，项目经理、项目总工程师或安全员应及时对班组进行安全技术交底：

a. 因故改变安全操作规程；实施重大和季节性安全技术措施；

b. 推广使用新技术、新工艺、新材料、新设备；发生因工伤亡事故、机械损坏事故及重大未遂事故；

c. 出现其他不安全因素、安全生产环境发生较大变化。

（5）防护用品的使用管理制度

①认真贯彻执行国家有关加强防护用品保管工作的有关规定，指导和监督管理人员做好工作。

②进入施工现场（工作场所）的安全防护用品必须有生产许可证、出厂许可证及市安监部门颁发的准用证，"三证"不齐全的安全防护用品，不得用于施工（生产）中。同时，必须对施工（生产）进程中使用的安全防护用品进行定期抽查，发现隐患或不符合要求的要立即停止使用。

③做好防护用品资金管理、采购计划对比的成本核算工作，保质、保量、按期组织货源，注意点滴节约，提高经济效益，确保施工生产的需要。

④防护用品库要布局合理、储运方便、符合防火和安全的要求，要分类存放，上盖下垫，防止腐烂、锈蚀。设有标志牌，做到"四定号"，即"定库号、定架号、定层号、定位号"，码放整齐，标志明显。

⑤仓库管理要做到管理科学化、摆放规格化、整洁卫生化。

（6）施工机具维修保养制度

①新购机械设备和经过大修、改装的设备，在投入使用前必须进行检查、鉴定和试运转，以测定机械设备的各项技术性能和安全性能。

②各分公司项目部必须专人管理机械，机械设备定人定机，操作人员必须经过培训上岗，做到"四懂三会"，即懂结构、懂原理、懂性能、懂用途和会操作、会维护保养、会排除故障；大中型设备须持证上岗并保持操作者的相对稳定。

③做好机械设备的日常保养、维护工作。

④搞好各种机具设备的维修工作，配备有经验的维修人员，定期维修各种机械设备及其他紧急修理工作，必须贯彻"养修并重，预防为主"的原则，保证设备的正常运行。

⑤有设备使用权的分公司项目部承担日常维修保养及保管义务，各种机械设备保养、维护、修理记录资料必须保持详细、准确，由维修人员负责填写，技术人员审查汇总、存档。

⑥由于事故造成的设备损坏，使用单位必须及时呈报公司设备科，并写出详细说明材料，由公司负责组织技术、设备、安全部门进行调查核实，提出处理意见。

⑦对因施工任务不足而停用存放的设备，应进行相应的技术检查，由专职管理人员按使用说明书的要求，进行定期保养和调试，保持设备完好率。

⑧定期保养，维护是工作一段时间后进行的停工检修工作。主要内容是：排除发现的故障；更换工作期满部件及易损部件，调换个别零部件。保养、维护人员应为机组操作人员与专业维修人员。各施工单位认真做好机械设备的保养、维护工作。

⑨严格掌握机械设备报废处理，凡因设备结构和部件严重损坏，无修复价值的或经修理仍达不到安全生产的，需要更新换代的淘汰设备，经专家鉴定小组鉴定后，逐级上报主管领导部门审批后，作报废处理。

任务三　安全生产责任制

安全生产责任制是根据我国的安全生产方针"安全第一，预防为主"和安全生产法规建立的各级领导、职能部门、工程技术人员、岗位操作人员在劳动生产过程中对安全生产层层负责的制度。安全生产责任制是企业岗位责任制的一个组成部分，是企业中最基本的一项安全制度，也是企业安全生产、劳动保护管理制度的核心。

一　安全生产责任制的定义

安全生产责任制就是各级领导、各职能部门和在一定岗位上的劳动者，个人对本单位安全生产工作应负的责任。安全生产责任制是用人单位最基本的安全制度，是安全管理制度的核心。用人单位必须建立和完善以企业法人为第一责任人的全员安全生产责任制，企业法人要对企业安全生产全面负责。分管安全生产的领导要对安全生产负分管责任。安全生产，人人有责。企业职工要在自身工作岗位上履行安全生产职责。

二　安全生产责任制的作用

（1）建立安全生产责任制可以使企业各方面人员在生产中分担安全责任，职责明确，分工协作，共同努力做好安全工作。防止和克服安全工作中的混乱、互相推诿、无人负责的现象，把安全工作与生产工作从组织领导上统一起来。

（2）建立安全生产责任制可以更好地发挥企业安全专职机构的作用，使各方面职责明确，共同搞好安全工作。这既是对安全工作的加强，又是对安全专职机构工作职责的明确，可以使业务工作走上正轨，克服工作忙乱、不务正业的现象，更好地发挥企业安全专职机构作为领导在安全工作上的助手和安全生产的组织者的作用。

（3）建立安全生产责任制，对于事故进行调查、处理，分清责任，吸取教训，改进工作都有积极作用。

三 安全生产责任制的建立

1. 安全生产组织管理体系

（1）安全生产委员会（安全生产领导小组）

安全生产委员会是企业安全生产管理重要组织形式，是由企业主要负责人、主管安全负责人、安全项目部门负责人、各职能部门的负责人、工会代表组成。主任由企业主要负责人担任，副主任由主管安全的负责人担任。主要生产部门应成立安全生产领导小组。对本部门重大安全生产事项进行决策。各班组设置班组安全员（可兼职，也可设置专安全员）。

（2）安全委员会的工作方式

安全委员会应定期召开会议，遇到有重大事项需要解决时，召开临时会议。检查工作现场的安全情况及整改情况。

2. 安全生产责任制

（1）安全生产责任制的六项基本原则

①管生产必须同时管安全的原则。

②谁主管谁负责的原则。

③"五同时"的原则（计划、布置、检查、总结、评比）。

④"职能部门在各自的业务范围内对实现安全生产的要求负责"的原则。

⑤谁在岗谁负责的原则。

⑥"从业人员遵章守纪"的原则。

（2）企业各有关人员的安全职责

1）企业安全负责人职责

①贯彻执行《中华人民共和国安全生产法》及其他安全法律、法规，对公司安全生产负全面责任。

②建立健全本公司安全责任制，明确各部门安全工作中的权利与义务，组织签订各级安全责任书。

③组织制定并实施公司安全规章制度、安全操作规程、重大安全技术措施和生产安全事故应急预案。

④保证本公司应当具备的安全生产条件所必需的资金投入。

⑤把安全工作列入生产、经营管理的内容。

⑥对职工进行安全知识教育。

⑦组织公司级的安全检查，消除安全隐患，改善安全条件，完善安全设施。

⑧健全安全管理机构（安全委员会），充实专职安全生产管理人员，定期听取安全生产项目部门的工作汇报，及时研究解决或审批有关安全生产中的重大问题。

⑨积极配合政府部门的监督检查工作。

⑩按规定和事故处理的"三不放过"原则（事故原因分析不清不放过，事故责任者和群众没有受到教育不放过，没有切实可行的防范措施不放过），组织对事故的报告和调查处理。

⑪加强对各项安全活动的领导，决定安全生产方面的重要奖惩。

2）部门安全负责人职责

①负责本部门的生产安全工作，落实国家的安全生产法律、法规和公司部署的安全生产措施。

②部门主要负责人为本部门安全第一负责人。

③根据本部门的特点落实和健全岗位安全生产责任制。

④根据部门特点健全安全管理制度和安全操作规程。

⑤对下属职工进行安全生产教育。

⑥每月组织进行安全检查，发现安全隐患及时整改。

⑦本部门整改有困难的向公司安全委员会汇报，提出整改办法。向公司安全委员会报告安全设备添置计划，并负责本部的消防器材配置和维护。

⑧指导并督促本部门按标准发放合格的劳动防护用品，并监督教育从业人员按规定使用。

⑨协助制定生产安全事故应急救援预案并指导落实。

⑩协助公司追查处理安全事故。及时表彰在安全生产工作中有显著成绩的个人和班组，对违纪违章人员进行处罚。

3）班组安全负责人职责

①负责本班组的安全生产工作，落实国家的安全生产法律、法规和公司部署的安全生产措施。

②班组主要负责人为本班组安全第一负责人。

③根据本班组的特点落实和健全岗位安全生产责任制。

④根据班组工作特点健全安全管理制度和安全操作规程。

⑤对下属职工进行安全生产教育。

⑥按标准落实发放合格的劳动防护用品，并监督教育从业人员按规定使用。

⑦每日进行安全检查，发现事故隐患及时整改，并及时记录和汇报。

⑧向部门安全责任人报告安全设备添置计划，并负责本班组的消防器材配置和维护。

⑨组织对事故的救援，保护事故现场，协助公司追查处理事故原因。及时表彰在安全工作中有显著成绩的个人和班组，对违纪违章人员进行处罚。

4）工人安全生产职责

①遵守国家的安全生产法律、法规和公司部署的安全生产措施。

②接受安全生产教育和培训。

③遵守公司安全生产规章制度和操作规程，服从管理，正确佩戴和使用劳动防护用品。

④发现事故隐患或者其他不安全因素，应当立即向现场安全管理人员或者本公司负责人报告。

⑤发现违章作业要立即劝阻、制止。

⑥接受事故调查，如实反映事故有关情况。

3. 建立安全生产档案

（1）安全档案的范围

①安全规章制度档案（责任制文本、操作规程文本、各项安全生产规章制度文本等）。

②上级下发安全文件档案。

③事故档案（事故报告书、登记表、调查报告书、调查记录等）。

④安全教育档案（三级教育）。

⑤安全生产奖惩档案。

⑥安全生产检查档案。

⑦危险作业档案。

⑧职业卫生档案（尘毒治理情况记录、劳保用品发放表等）。

（2）档案的管理

①安全档案收集。

②安全档案分类（按重要性分绝密、机密、秘密，一般四级，按时间分为永久、长期、短期三种）。

③安全档案归档。

④安全档案保管。

四、各岗位安全生产责任

为强化安全生产管理，坚持"安全第一，预防为主"的方针，落实安全生产责任制，保障员工的生命财产安全及公司经济的健康发展，企业要求各安全生产责任人签订安全生产责任书。安全生产责任内容如下。

1. 项目经理安全生产责任

（1）项目经理是工程施工的安全生产第一负责人，全面负责工程施工全过程的安全生产、文明卫生、劳动保护，并担任安全生产领导小组组长。

（2）认真执行国家有关安全生产法律、法规和规章制度。经常利用安全会议对职工进行安全生产知识和操作规程、劳动纪律教育，编制并完善安全生产管理制度和保证措施。

（3）了解和熟悉施工现场情况，定期参加每月的安全生产检查和总结，并对下月的安全生产工作提出要求。

（4）参加上级公司对项目部的安全检查，并组织落实检查中提出的事故隐患，"定人、定时间、定措施"及时整改。

（5）组织落实各级安全生产责任制，贯彻上级部门的安全规章制度，把安全生产提到日常议事日程上。

（6）负责安全生产经费的落实。

（7）按国家规定，从数量和质量上保证专职安全员的配备。

2. 项目副经理安全生产责任

（1）项目生产经理是完成单位生产任务的组织者和领导者，同时对项目部的安全生产负直接领导责任。

（2）根据"管生产必须管安全"的原则，经常组织对职工进行安全生产和操作规程教育。

（3）落实施工组织设计、施工方案中各项安全技术要求，严格执行安全技术措施审批制度，施工安全技术交底制度及设备设施交接、验收、使用制度。

（4）随时掌握安全生产动态，监督并保证安全生产保证体系的正常运转，定期和不定期组织安全生产检查，及时消除安全隐患和不安全因素，制止违章指挥和违章作业。

（5）严格遵守特殊工种及民工使用的安全生产管理规定。领导组织职工（含外包人员）进行各项安全生产教育。

（6）发生因工伤亡及重大工程事故，要做好现场保护，及时上报，并协助事故调查组参加事故调查，制定并落实各项防范措施，认真吸取教训。

（7）具体贯彻执行上级有关安全生产的规章和制度，督促并实施劳动保护和安全技术措施计划。

（8）认真执行公司和本单位制定的安全生产制度，不违章指挥，做到安全生产、文明施工。

（9）定期组织本单位项目的安全生产检查，消除事故隐患，制止违章操作。

（10）参加上级公司的安全检查，对查出的事故隐患和不安全因素督促及时整改。

（11）发生重伤及死亡事故，应组织有关人员按规定保护现场，立即报告公司有关部门和上级领导，并组织事故分析会。

3. 项目总工程师安全生产责任

（1）贯彻执行国家和上级的安全生产方针、政策，协助项目经理做好各方面的技术领导工作，在管理安全生产中负技术领导责任。

（2）按国家有关安全技术法规要求，在组织编制施工组织设计（施工方案）时必须制定与之相关的安全技术措施（方案）及安全技术交底，并督促实施。

（3）主持编制项目部年度安全技术措施计划和安全措施资金计划，并督促实施。

（4）对项目使用的新技术、新材料、新工艺从技术上负责，组织审查其使用和实施过程中的安全性，组织编制或审定相应的操作规程，重大项目应组织安全技术交底工作。

（5）在推广采用新技术、新工艺、新材料时，应根据具体情况提出改善工作条件的安全技术措施。

（6）负责及时解决施工中的安全技术问题，督促检查安全生产技术措施和操作规程的落实执行情况。

（7）参加死亡事故调查，从技术上分析事故原因，制定防范措施，提出技术鉴定意见和改进措施。

4. 技术部安全生产责任

（1）在项目总工程师的领导下，按国家有关安全技术规定要求，在编制施工组织设计施工工艺技术文件时，必须按规定编制出相应的安全技术方案（专项施工方案）及应急预案措施，使之完善和充实。

（2）负责编制分部分项工程安全技术措施、交底，并监督按要求施工。

（3）参加编写完善企业项目的安全操作规程。

（4）参加危险源辨识、风险评价和风险控制计划及环境的辨识和评价工作，并根据辨识的重大危险源，编制管理方案。

（5）在施工过程中，对现场安全生产有责任进行安全管理，发现隐患，通知施工员落实整改。

（6）对施工设施和各类安全防护用品，进行技术鉴定和提出结论性意见。

5. 安全部安全生产责任

（1）监督检查项目部贯彻执行安全生产政策、法规、制度和开展安全工作的情况，定期研究分析死亡事故、职业危害趋势和重大事故隐患，提出改进安全工作的意见。

（2）制定项目部安全生产目标管理计划和安全生产目标值，安全生产目标值包括千人重伤率、千人死亡率、尘毒合格率、噪声合格率等。

（3）了解现场安全情况，定期进行安全生产检查，提出整改意见，督促有关部门及时解决不安全问题，有权制止违章作业、违章指挥。

（4）督促有关部门制定和贯彻安全操作规程和管理制度，检查各级干部、工程技术人员和工人对安全技术规程的熟悉情况。

（5）参与审查和汇总安全技术措施计划，监督、检查安全措施经费的使用和安全措施项目完成情况。

（6）组织三级安全教育和职工安全教育，配合公司进行特殊作业人员的安全技术培训、考核、发证工作。

（7）制定年、季、月安全工作计划，并负责贯彻实施。

（8）负责死亡事故统计、分析、参加事故调查，对造成伤亡事故的责任者提出处理意见。

（9）督促有关部门做好女工的特殊保护工作，对防护用品的质量和使用进行监督检查。

6. 质量部安全生产责任

（1）督促、检查项目部职工认真贯彻执行国家颁布的安全法规及企业制定的安全规章制度，发现问题及时制止，并及时向领导汇报。

（2）深入现场每道工序，掌握安全重点部位的情况，检查各种防护设施，纠正违章指挥和冒险蛮干。

（3）参加项目部组织的安全定期检查，查出的问题要督促在有限期内整改完，发现危险及职工生命安全的重大安全隐患，有权制止作业。

（4）参与施工组织设计（施工方案）中的安全技术措施的编制和审查，同时参与各项安全技术交底，并对贯彻执行情况进行监督检查。

（5）根据项目质量目标和工程特点，编制施工组织设计和质量计划，制定符合实际的技术方案和措施，确保质量目标的实现。

（6）掌握项目质量情况，定期组织工程质量检查，进行质量分析讲评，贯彻纠正措施。

（7）积极采用先进工艺，推广科技成果，实施质量改进，保证工程质量的不断提高。

7. 工程部安全生产责任

（1）遵守国家法令、法规。学习熟悉安全技术措施，在组织施工过程中同时安排落实安全生产技术措施。

（2）加强施工现场的安全管理工作，在施工中检查各安全设施的实施情况，发现不符合规范要求的及时整改，并汇报项目经理。

（3）施工过程中，发现违章现象和冒险作业，协同安全员及时阻止纠正，必要时暂停施工，汇报项目经理，及时采取措施，防患于未然。

（4）在施工过程中，生产与安全发生矛盾时，必须服从安全，暂停施工，待安全整改和落实安全措施后，方准再施工。

（5）组织班组进行安全技术交底，负责组织实施环境和职业健康安全管理方案。

（6）负责现场安全文明施工的管理工作。

8. 财务部安全生产责任

（1）根据本企业实际情况及企业安全技术措施经费的需要，按计划及时提取安全技术措施经费、劳动保护经费及其他安全生产所需经费，保证专款专用。

（2）按照国家及省、市对劳动保护用品的有关标准和规定，负责审查购置劳动保护用品的合法性，保证其符合标准。

（3）协助安全主管部门办理安全奖、罚款的手续。

（4）按照安全生产设施需要，制定安全设施的经费预算。

（5）对审定的安全生产所需经费，列入年度预算，落实好资金并专项立账使用，督促、检查安全经费的使用情况。

（6）负责安全生产奖罚款的支付工作，保证奖罚兑现。

9. 综合办安全生产责任

（1）组织有关部门人员做好职工进场的三级教育。

（2）积极配合有关部门做好新工人、换岗工人、特种作业工人的培训、考核发证工作。

（3）对职工定期进行安全生产、劳动纪律和技能培训考核，做好记录存档。

（4）协助好分管领导做好职工劳动保护工作。

（5）参加项目部安全、环境事故的调查分析，提出整改建议并落实整改措施。

（6）协助做好工伤事故的善后工作，对因工致残和患职业病的职工在征求领导意见的情况下，给予安排合适的工作，并定期进行身体检查。

（7）负责项目生活区的行政管理工作，对食堂的卫生、食品采购渠道进行控制，确保职工的身体健康。

（8）监督生产部门职工劳逸结合情况，严格控制员工加班加点。

10. 经营部安全生产责任

（1）熟悉和执行国家和地方的相关法律、法规。严格实施公司及项目部的各项规章制度。

（2）在项目经理的领导下，负责组织对供应商、对分包的资质进行评审，择优录用。

（3）与专业分包或劳务分包签订施工合同的同时，负责与其签订安全生产协议、防火协议及各类安全协议。

（4）加强经济核算，保证安全生产经费筹集和使用。

（5）总结和调查研究安全生产工作各项经费的实施情况。

11. 经营经理安全生产责任

（1）参与项目工程对分包方的选定及项目分包合同管理。

（2）负责合同评审的具体工作，负责工程的施工图预算，施工结算工作。

（3）根据一体化体系参与分包方的选择、评价及分包合同结算并严格审核，凡不符合要求的有权拒绝结算。

（4）协同技术部门办理工程签证。

（5）负责工程成本控制，编制工程成本计划及分项工程工料分析清单。

（6）对工程分包合同应明确的质量安全环境责任制、分包单位质量安全环境资格要求及应履行的职责和义务等条件的完整性负责。

（7）确定分包要求，编制分包计划，根据上级公司确定的合格分包商名录选择分包商。

（8）建立有效完整的分包工程台账。

（9）参与施工组织设计、施工方案的编制，对方案提出合理化建议，为工程结算降低成本把关。

思考与练习

1. 建设工程安全管理的基本概念是什么？
2. 建设工程安全生产管理的方针是什么？
3. 简述建设工程安全生产管理的原则。
4. 我国的安全生产法律制度有哪些内容？
5. 三级教育是指什么？
6. 简述我国的安全管理体制。
7. 安全生产责任制的目的和意义是什么？
8. 列举你所知道的建筑工程安全生产管理法律法规及标准规范。

技能测试题

一、单选题

1. 《中华人民共和国安全生产法》规定，特种作业人员必须经专门的安全作业培训，取得特种作业（　　）证书，方可上岗作业。

    A. 岗位资格　　　B. 许可　　　C. 职业资格　　　D. 执业资格

2. 当前，我国安全生产工作的基本方针是（　　）。

    A. 安全第一、预防为主、综合治理　　B. 安全第一、预防为主

    C. 生产必须安全、安全为了生产　　　D. 安全责任重于泰山

3. 安全管理的目标是（　　）生产过程中的事故，保证人员健康安全和财产免受损失。

    A. 减少和清理　　　　　　　　　　　B. 减少和消除

    C. 杜绝和消除　　　　　　　　　　　D. 降低和清理

4. （　　）制度是建筑生产中最基本的安全管理制度，是所有安全规章制度的核心。

    A. 安全管理责任　　　　　　　　　　B. 安全生产责任

    C. 安全管理责任　　　　　　　　　　D. 安全评价责任

5. （　　）是落实安全技术措施及安全管理事项的重要手段之一。

    A. 安全教育　　　　　　　　　　　　B. 安全检查

    C. 班前安全活动　　　　　　　　　　D. 安全技术交底

6. 企业安全生产第一责任人是（　　），对企业的安全生产全面负责。

    A. 企业总经理　　　　　　　　　　　B. 企业总裁

    C. 企业法人　　　　　　　　　　　　D. 企业总工程师

7. （　　）负责落实生产工作，遇到重大问题，要及时向安全生产委员会报告，由（　　）决策。

    A. 安全管理机构、安全监督管理局

    B. 安全管理机构、安全生产委员会

    C. 安全生产委员会、安全管理机构

    D. 安全监督管理局、安全管理机构

8. 建筑施工总承包资质序列企业专职安全生产管理人员的配备要求是：特级资质不少于（　　）人；一级资质不少于（　　）人；二级和二级以下资质企业不少于（　　）人。

    A. 5、3、2　　　B. 5、4、3　　　C. 6、5、3　　　D. 6、4、3

9. 总承包单位建筑面积 1万～5万 m² 的装修工程项目应配备专职安全生产管理人员不少于（　　）人。

    A. 2　　　B. 3　　　C. 4　　　D. 5

10. 项目经理、工长对所属工地的职工（　　）进行一次安全生产教育。

    A. 每天　　　B. 每周　　　C. 每两周　　　D. 每月

二、多选题

1. 建筑工程安全生产管理的目的是保证在生产经营活动中的（　　），促进生产的发展，保持社会的稳定。

    A. 人身安全　　　　　　　　　　　　B. 财产安全

    C. 机械安全　　　　　　　　　　　　D. 物品安全

    E. 场地安全

2. 安全生产目标管理的基本内容是（　　）。
   A. 确定目标　　　B. 目标分解　　　C. 执行目标　　　D. 目标调整
   E. 检查总结
3. 安全教育培训的主要内容有：安全生产思想、（　　）劳动保护和典型事例分析。
   A. 安全知识　　　　　　　　　　B. 安全技能
   C. 安全操作规程标准　　　　　　D. 安全法规
   E. 安全条文
4. 新入厂的职工必须进行（　　）三级教育，教育后要填写三级教育记录卡，并进行考试，合格后方可上岗作业。
   A. 工厂　　　　B. 公司　　　　C. 施工单位　　　　D. 项目部
   E. 班组
5. 下列选项中，项目经理、项目总工程师或安全员应及时对班组进行安全技术交底的情形有（　　）。
   A. 实施重大和季节性安全技术措施
   B. 推广使用新技术、新工艺、新材料、新设备
   C. 气候发生变化
   D. 安全生产环境发生较大变化
   E. 因故改变安全操作规程

三、判断题

1. 各级领导人员在管理生产的同时，必须负责管理安全工作。（　　）
2. 施工组织设计是组织建设工程施工的纲领性文件，需在施工过程中不断完善。（　　）
3. 企业主要负责人是企业安全生产第一责任人，对企业的安全生产全面负责。（　　）
4. 速度应以安全做保障，安全就是速度。（　　）
5. 工人调岗之前不必进行换岗教育。（　　）

项目七

建筑工程施工安全管理

能力目标

1. 建筑施工过程中，能结合实际工程情况采取合理的安全技术措施。
2. 能按《建筑施工安全检查标准》（JGJ 59—2011）对建筑施工各分项进行检查评定。

素质要求

1. 培养学生安全防范意识和责任心。
2. 培养学生安全第一、预防为主的工作态度。

知识导图

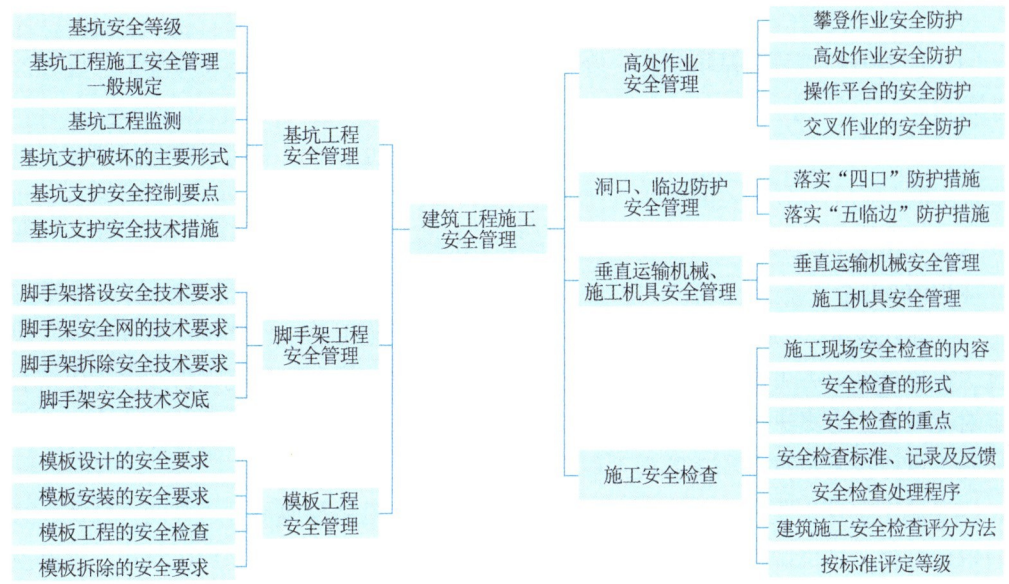

【项目引导】 2022 年 1 月，贵州省毕节市某在建工地发生坍塌滑坡事故，导致 14 人死亡、3 人受伤。2022 年 9 月，山东省日照市莒县某工地施工过程中发生脚手架坍塌事故，导致 5 人死亡、2 人受伤。2022 年 12 月，江苏省连云港市某工地发生一起高处坠落生产安全事故，导致 2 人死亡。

【试　　问】　基坑滑坡、脚手架坍塌、高空坠落等安全事故时有发生，一定要引起足够的重视，那么在实际工程中对基坑、脚手架、模板、高处作业、垂直运输设施等工程如何做好安全管理？如何通过施工安全检查来预防事故的发生？

任务一　基坑工程安全管理

一　基坑安全等级

根据支护结构及周边环境对变形的适应能力和基坑工程对周边环境可能造成的危害程度，《建筑地基基础工程施工质量验收标准》（GB 50202—2018）将基坑工程安全等级划分为一级、二级、三级，工程重要性系数γ_0分别取 1.1、1.0、0.9。

符合下列情况之一时，安全等级为一级。

（1）重要工程或支护结构作为主体结构的一部分。

（2）开挖深度大于 10m。

（3）与邻近建筑物、重要设施的距离在开挖深度以内的基坑。

（4）基坑范围内有历史文物、近代优秀建筑、重要管线等需要严加保护的基坑。

三级基坑为开挖深度小于 7m，且周围环境无特别要求的基坑。

除一级基坑和三级基坑外的基坑均属二级基坑。

基坑安全等级还应根据基坑开挖对周边环境的影响程度和具体情况确定。

二　基坑工程施工安全管理一般规定

（1）土方开挖工程、基坑支护、降水工程施工应由具有相应资质及安全生产许可证的企业承担。

（2）在基础施工及开挖槽、坑、沟土方前，建设单位必须以书面形式向基坑施工企业提供详细的与施工现场相关的供水、排水、供电、供气、供热、通信等地上、地下管线资料和气象、水文观测资料，并保证资料的真实、准确、完整；施工企业应制定地上、地下管线保护措施。

（3）基坑支护工程施工前应编制专项施工方案，经施工总承包单位、监理单位（建设单位）审核批准后方可实施。对于超过一定规模的危险性较大的基坑支护工程，应按有关规定对专项施工方案进行专家论证；施工单位应按专家论证意见修改完善专项施工方案，并经施工单位技术负责人和总监理工程师批准后方可实施。

（4）施工前应对场地标高、周围建筑物和构筑物、道路及地下管线等调查核实，必要时应取证留档。环境影响评估可能产生不利影响时，应对周围建筑物和构筑物、道路及地下管线等采取保护或其他措施。

（5）施工前施工负责人应按专项施工方案的要求向施工作业人员进行书面交底。

（6）土方开挖工程施工应符合《建筑施工土石方工程安全技术规范》（JGJ 180—2009）的要求。基坑边堆置土方、料具等荷载应在基坑支护设计允许范围内；施工机械与基坑边沿的安全距离应符合设计要求。

（7）危险处、通道处及行人过路处开挖的槽、坑、沟，必须采取有效的防护措施，防止人员坠落；夜间应设红色标志灯；雨季施工期间基坑周边必须要有良好的排水系统和设施。

（8）基坑支护结构应符合设计要求，基坑支护结构必须在达到设计要求的强度后，方可开挖下层土方，严禁提前开挖和超挖。

（9）基坑支护结构施工完成后，由建设单位委托有相应资质的检测单位对支护结构进行检测，并按要求提交检测报告。

（10）基坑工程应由建设方委托具备相应资质的第三方对基坑工程实施现场监测。监测单位应编制监测方案，基坑监测单位应严格按监测方案对基坑施工期与使用期进行监测。当出现下列情况之一时，必须立即报警，并对基坑支护结构和周边环境中的保护对象采取应急措施。

①监测数据达到监测报警值的累计值。

②基坑支护结构或周边土体的位移值突然明显增大或基坑出现流砂、管涌、隆起、陷落或较严重的渗漏等。

③基坑支护结构的支撑或锚杆体系出现过大变形、压屈、断裂、松弛或拔出的迹象。

④周边建筑的结构部分、周边地面出现较严重的突发裂缝或危害结构的变形裂缝。

⑤周边管线变形突然明显增长或出现裂缝、泄漏等。

⑥根据当地工程经验判断，出现其他必须进行危险报警的情况。

三、基坑工程监测

基坑工程监测包括支护结构监测和周围环境监测。

1. 支护结构监测内容

（1）对围护墙侧压力、弯曲应力和变形的监测。

（2）对支撑（锚杆）轴力、弯曲应力的监测。

（3）对腰梁（围模）轴力、弯曲应力的监测。

（4）对立柱沉降、抬起的监测等。

2. 周围环境监测内容

（1）坑外地形的变形监测。

（2）邻近建筑物的沉降和倾斜监测。

（3）地下管线的沉降和变形监测等。

四、基坑支护破坏的主要形式

1. 基坑发生坍塌前的主要迹象

（1）周围地面出现裂缝，并不断扩展。

（2）支撑系统发出挤压等异常响声。

（3）环梁或排桩、挡土墙的水平位移较大，并持续发展。

（4）支护系统出现局部失稳。

（5）大量水土不断涌入基坑。

（6）相当数量的锚杆螺母松动，甚至有的槽钢松脱等。

2．基坑支护破坏的主要形式

（1）由支护的强度、刚度和稳定性不足引起的破坏。

（2）由支护埋置深度不足，导致基坑隆起引起的破坏。

（3）由于水帷幕处理不好，导致管涌等引起的破坏。

（4）由人工降水处理不好引起的破坏。

五 基坑支护安全控制要点

（1）基坑支护与降水、土方开挖必须编制专项施工方案，并出具安全验算结果，经施工单位技术负责人、监理单位总监理工程师签字后实施。

（2）基坑支护结构必须具有足够的强度、刚度和稳定性。

（3）基坑支护结构（包括支撑等）的实际水平位移和竖向位移必须控制在设计允许范围内。

（4）控制好基坑支护与降水、止水帷幕等施工质量，并确保位置正确。

（5）控制好基坑支护、降水与开挖的顺序。

（6）控制好管涌、流砂、坑底隆起、坑外地下水位变化和地表的沉陷等。

（7）控制好坑外建筑物、道路和管线等的沉降、位移。

六 基坑支护安全技术措施

基坑支护在建筑施工过程经常会发生坍塌伤亡事故，事故专项治理的主要内容之一应制定预防坍塌事故的安全技术措施，做好施工组织，确保安全。《建筑施工安全检查标准》（JGJ 59—2011）也明确规定基坑支护工程必须编制施工组织设计，否则该项为"零分项"。因此，加强基坑支护工程技术安全措施至关重要。

1．选择适合的基坑坑壁形式

基坑施工前，首先应按照规范的要求，依据基坑破坏后可能造成后果的严重性，确定基坑坑壁的等级，然后根据坑壁安全等级、基坑周边环境、开挖深度、工程地质与水文地质、施工作业设备和施工季节的条件等因素选择坑壁的形式。坑壁的形式主要有两种：一是采用放坡法；二是采用支护结构。基坑坑壁的形式直接影响基坑的安全性，若选用不当会为基坑施工埋下隐患。

当基坑顶部无重要建（构）筑物，土质好，场地有放坡条件，且基坑深度不大于10m时，可以优先采用放坡法。采用放坡法的关键是要确定正确的边坡坡度允许值。当施工场地不能满足设计边坡坡度的要求时，应对坑壁采取支护措施。选择支护结构，根据基坑安全等级选择适合的基坑支护类型。

2. 加强对土方开挖的监控

基坑土方一般采用机械开挖。土方开挖前，应根据基坑坑壁形式、降排水要求等制定开挖方案，并对机械操作人员进行交底。开挖时，应有技术人员在场对开挖深度、坑壁坡度进行监控，防止超挖。对采用土钉墙支护的基坑，土方开挖深度应严格控制，不得在上一段土钉墙护壁未施工完毕前开挖下一段土方。软土基坑必须分层均衡开挖。

> **小贴士**
>
> 对采用自然放坡的基坑，坑壁坡度是监控的重点。采用支护结构时，坑内外的沉降、位移和支护变形是监控的重点。

3. 加强对支护结构施工质量的监督

建立健全施工企业内部支护结构施工质量检验制度，是保证支护结构施工质量的重要手段。质量检验的对象包括支护结构所用材料和支护结构本身。对支护结构原材料及半成品应遵照有关施工验收标准进行检验，主要内容有：材料出厂合格证检查、材料现场抽检、锚杆浆体和混凝土的配合比试验、强度等等。对支护结构本身的检验要根据支护结构的形式选择，如土钉墙应对土钉采用抗拉试验检测承载力，对混凝土灌注桩应检测桩身完整性等。

4. 加强对"水患"的控制

基坑施工的"水患"：一是地下水，二是地表水。土方开挖前应先进行基坑降水，降水深度宜控制在坑底以下500mm，严格防止降水影响到支护结构外面，造成基坑周围地面产生沉降。对于施工现场内地面可能出现的地表水，应采用在基坑周围修建排水沟等措施，避免积水。

任务二 脚手架工程安全管理

脚手架是建筑施工中不可缺少的临时设施，它是为保证高处作业人员安全顺利进行施工而搭设的工作平台和作业通道，同时也是建筑施工中安全事故多发的部位，是施工安全控制的重中之重。

脚手架在搭设之前，应根据国务院《危险性较大工程安全专项施工方案编制及专家论证审查办法》的规定和具体工程的特点及施工工艺，确定脚手架专项搭设方案（并附设计计算书）。脚手架施工方案内容应包括基础处理、搭设要求、杆件间距、连墙杆位置及连接方法，并绘制施工详图及大样图，还应包括脚手架的搭设时间及拆除的时间和顺序等。

施工现场的脚手架必须按照施工方案进行搭设，当现场因故改变脚手架类型时，必须重新修改脚手架施工方案，并经审批后方可施工。

一 脚手架搭设安全技术要求

（1）架子工必须经过专业安全技术培训，考试合格，持特种作业操作证上岗作业。脚手架搭设、拆除、维修必须由架子工负责，非架子工不得从事脚手架操作。

（2）架子工必须经过体检，凡患高血压、心脏病、癫痫病、晕高症或高度近视，以及其他不适合登高作业的疾病者不得从事高空架设工作。

（3）作业时正确使用个人安全防护用品，必须着装灵便，必须佩戴安全帽、扣好帽带；在高处（2m以上）作业时，要正确使用安全绳，安全绳与已搭好的立、横杆挂牢；作业人员必须穿防滑鞋，严禁穿硬底易滑鞋和拖鞋。作业时精神要集中，团结协作、互相呼应、统一指挥，不得翻爬脚手架，严禁打闹玩笑、酒后上班。

（4）班组（队）接受任务后，必须组织全体人员认真学习领会脚手架专项安全施工组织设计和安全技术措施交底资料。

（5）风力六级以上（含六级）强风和高温、大雨、大雪、大雾等恶劣天气，应停止高处露天作业。风、雨、雪过后要进行检查，发现脚手架倾斜下沉、松扣、崩扣要及时修复，合格后方可使用。

（6）脚手架要结合工程进度搭设，搭设未完的脚手架。在离开岗位时不得留有未固定构件和安全隐患，确定脚手架稳定。

（7）在带电设备附近搭、拆脚手架时，宜停电作业。在外电架空线路附近作业时，脚手架外侧边缘与外电架空线路的边缘之间的最小安全距离：1kV以下的水平距离为4m，垂直距离为6m；1~10kV的水平距离为6m，垂直距离为6m；35~110kV的水平距离为8m，垂直距离7~8m。

（8）各种非标准的脚手架，跨度过大、负载超重等特殊架子或其他新型脚手架，按专项安全施工组织设计批准的意见进行作业。

（9）脚手架搭设到高于在建建筑物顶部时，里排立杆要低于檐口40~50mm，外排立杆高出檐口1~1.5m，搭设两道护身栏，并挂密目安全网。

（10）脚手架应由立杆、纵向水平杆（大横杆）、横向水平杆（小横杆）、剪刀撑、抛撑、纵、横扫地杆和连墙杆等组成，脚手架必须有足够的强度、刚度和稳定性，在允许施工荷载作用下，确保不变形、不倾斜、不摇晃。

（11）脚手架搭设前应清除障碍物、平整场地、夯实基土、做好排水沟，根据脚手架专项安全施工组织设计（施工方案）和安全技术措施交底的要求，基础验收合格后放线定位。

（12）垫板宜采用长度不小于2跨，厚度不小于5cm的木板，也可采用槽钢，底座应准确定位在位置上。

（13）立杆应纵成线、横成方，垂直偏差不得大于1/200。立杆接长应使用对接扣件连接，相邻的两根立杆接头应错开500mm，不得在同一步架内。立杆下脚应设纵、横向扫地杆。

（14）纵向水平杆在同一步架内纵向水平高差不得超过全长的1/300，局部高差不得超过50mm。纵向水平杆应使用对接扣件连接，相邻的两根纵向水平接头错开500mm，不得在同一跨内。

（15）横向水平杆应设在纵向水平杆与立杆的交点处，与纵向水平杆垂直。横向水平杆端头伸出立杆应大于100mm。

（16）剪刀撑的设置应在外侧立面整个高度上连续设置。剪刀撑斜杆的剪刀撑与地面夹角为 45°～60°。

（17）剪刀撑斜杆应采用旋转扣件固定在与之相交的横向水平杆（小横杆）的伸出端或立杆上，旋转扣件中心线至主节点的距离不宜大于 150mm。

（18）脚手架的两端均必须设横向斜撑，中间宜每隔 6 跨设置一道。

（19）同一立面的小横杆，应对等交错设置，同时立杆上下对直。

（20）乱放物料。通道的搭设必须符合规范要求。

（21）严禁将电线、电缆线直接拴在脚手架上，电线、电缆线必须拴在木头上或其他绝缘物上。

（22）脚手架搭设必须设置警戒区域，严禁在脚手架下站人和休息。严禁非作业人员进入警戒区域内。

二、脚手架安全网的技术要求

（1）平网宽度不得小于 3m，长度不得大于 6m；立网的高度不得小于 1.2m。网眼按使用要求设置，最大不得小于 10cm，必须使用维纶、锦纶、尼龙等材料，严禁使用损坏或腐朽的安全网和丙纶网。密目安全网只准作立网使用。

（2）安全网应与水平面平行或外高里低，一般以 15° 为宜。

（3）网的负载高度一般不超过 6m（含 6m）。因施工需要，必须超过 6m 时，但最大不得超过 10m，并必须附加钢丝绳缓冲等安全措施。负载高度 5m（含 5m）以下时，网应伸出建筑物（或最边缘作业点）最少 2.5m。负载高度 5m 以上至 10m 时，应最少伸出 3m。

（4）安全网安装时不宜绷得过紧，选用宽度 3m 和 4m 的网安装后，其宽度水平投影分别为 2.5m 和 3.5m。

（5）安全网平面与支撑作业人员的平面之边缘处的最大间隙不得超过 10cm。支设安全网的斜杠间距应不大于 4m。

（6）在被保护区域的作业停止后，安全网方可拆除。

（7）安全网拆除时必须在有经验人员的严密监督下进行。

（8）拆除安全网时应自上而下，同时要根据现场条件采取其他防坠落、物击措施；施工人员要做好安全防护，如系安全带、戴安全帽等。

三、脚手架拆除安全技术要求

（1）拆除脚手架前的准备工作应符合下列规定：
①应全面检查脚手架的连接扣件、连墙件、支撑体系等是否符合构造要求。
②应根据检查结果补充完善施工组织设计中的拆除顺序和措施，经主管部门批准后方可实施。
③应由单位工程负责人进行拆除安全技术交底。
④应清除脚手架上杂物及地面障碍物。

（2）拆除脚手架时应符合下列规定：
①拆除作业必须由上而下逐层进行，严禁上下同时作业。

②连墙件必须随脚手架逐层拆除，严禁先将连墙件整层或数层拆除后再拆脚手架；分段拆除高差不应大于两步，如高差大于两步，应增设连墙件加固。

③当脚手架拆至下部最后一根长立杆的高度（约6.5m）时，应先在适当位置搭设临时抛撑，加固后，再拆除连墙件。

④当脚手架采取分段、分立面拆除时，对不拆除的脚手架两端应先按规定设置连墙件和横向斜撑加固。

四、脚手架安全技术交底

1. 金属脚手架工程安全技术交底

（1）搭设金属扣件双排脚手架，应严格执行国家行业和当地建设主管部门的有关规定。

（2）搭设前应严格进行钢管的筛选，凡严重锈蚀、薄壁、弯曲及裂变的杆件不宜采用。

（3）严重锈蚀、变形、裂缝及已损坏螺栓螺纹的扣件不宜采用。

（4）脚手架的基础除按规定设置外，还应做好排水处理。

（5）高层钢管脚手架座立于槽钢上的，应有地杆连接保护，普通脚手架立杆也应设底座保护。

（6）同一立面的小横杆，应对等交错设置，同时立杆上下对直。

（7）斜杆接长，不宜采用对接扣件，应采用叠交方式。二只回转扣件接长，搭接长度视二只扣件间隔，一般不少于0.4m。

（8）脚手架的主要杆件，不宜采用木、竹材料。

（9）高层建筑金属脚手架的拉杆，不宜采用钢丝攀拉，应使用埋件形式的刚性材料。

（10）高层脚手架拆除现场必须设警戒区域张挂醒目的警戒标志。警戒区域内严禁非操作人员通行或在脚手架下方继续施工。地面监护人员应履行职责。高层建筑脚手架拆除应配备良好的通信装置。

（11）仔细检查吊运机械（包括索具），是否安全可靠。吊运机械不允许搭设在脚手架上，应独立设置基础。

（12）遇强风、雨、雪等特殊气候，停止脚手架拆除作业。夜间实施拆除作业，应具备良好的照明设备。

（13）所有高处作业人员应严格按高处作业规定，严格执行和遵守安全生产规章制度及拆除工艺要求。

（14）建筑物内所有窗户应关闭锁好，不允许向外开启或向外伸挑物件。

（15）拆除人员进入岗位以后，先加固松动部位，清除步层内存留的材料、物件及垃圾块，严禁高处抛掷。

（16）按搭设的反程序进行拆除，即安全网→竖挡笆→垫铺笆→防护栏杆→搁栅→斜拉杆→连墙杆→大横杆→小横杆→立杆。

（17）不允许分立面拆除或上、下两方同时拆除（踏步式）。确保做到一步一清，一杆一清。

（18）所有连墙杆、斜拉杆、隔排扣、登高设施应随脚手架步层拆除同步下降。不准先行拆除。

（19）所有杆件扣件在拆除时应分离，不允许杆件上附着扣件输送地面，或两杆同时拆下输送地面。

（20）所有垫铺笆拆除应自外向里竖立、搬运，防止自里向外翻起后，笆面垃圾物件直接从高处坠落伤人。

（21）脚手架内使用电焊气割施工时，应严格按照国家特殊工种的要求和消防规定执行。

（22）当日完工后应仔细检查岗位周围情况。如发现留有隐患的部位，应及时进行修复或继续完成，至每个程序、每个部位均结束，方可撤离岗位。

（23）输送至地面的所有杆件、扣件等，应按类堆放整理。

2. 满堂脚手架搭设工程安全技术交底

（1）满堂脚手架搭设应严格按施工组织设计要求搭设。
（2）满堂脚手架的纵、横距不应大于 2m。
（3）满堂脚手架应设登高设施，保证操作人员上下安全。
（4）操作层应满铺竹笆，不得留有空洞。必须留空洞者，应设围栏保护。
（5）大型条形内脚手架、操作步层两侧，应设防护栏杆保护。
（6）满堂脚手架步距应控制在 2m 内，大于 2m 者应有技术措施保护。
（7）为保证满堂脚手架的稳固，应采用斜杆（剪刀撑）保护。
（8）满堂脚手架不宜采用钢、竹混设。

3. 电梯井道内架子、安全网搭设工程安全技术交底

（1）从二层楼面起张设安全网，往上每隔四层设置一道，安全网应完好无损、牢固可靠。

（2）拉结牢靠，墙面预埋张网钢筋不小于 $\phi 14mm$，钢筋埋入长度不少于 $30d$（d 为钢筋的直径）。

（3）电梯井道防护安全网不得任意拆除，待安装电梯搭设脚手架时，每搭到安全网高度时方可拆除。

（4）电梯井道的脚手架一律用钢管、扣件搭设，立杆与横杆均用直角扣件连接，扣件紧固力矩应达到 40～50N·m。

（5）脚手架所有横楞两端均与墙面撑紧。四周横楞与墙面距离：平衡对重一侧为 600mm，其他三侧均为 400mm。离墙空档处应加隔排钢管，间距不应大于 200mm，隔排钢管离四周墙面不应大于 200mm。

（6）脚手架柱距不应大于 1.8m，排距为 1.8m；每低于楼层面 200mm 处加搭一排横楞，横向间距为 350mm，满铺竹笆，竹笆一律用钢丝与钢管四点绑扎牢固。

（7）脚手架拆除顺序应自上而下进行，拆下的钢管、竹笆等应妥善运出电梯井道，禁止乱扔乱抛。

（8）电梯井道内的设施由脚手架保养人员定期进行检查、保养，发现隐患及时消除。

（9）张设安全网及拆除井道内设施时，操作人员应戴好安全带，挂点要安全可靠。

任务三 模板工程安全管理

近年来,在建筑施工的伤亡事故中,坍塌事故比例增大。现浇混凝土模板支撑没有经过设计计算、支撑系统强度不足、稳定性差、模板上堆物不均匀或超出设计荷载、混凝土浇筑过程中局部荷载过大等造成模板变形或坍塌。因此必须保证模板工程施工的安全,主要从两方面入手:一是保证模板搭设质量满足施工要求;二是严格按照安全操作规程施工。

一、模板设计的安全要求

模板及其支撑应具有足够的承载能力、刚度和稳定性,能可靠地承受模板自重、钢筋和混凝土的重量、运输工具及操作人员等活荷载、新浇筑混凝土对模板的侧压力、机械振动力等。模板及其支架应根据工程结构形式、荷载大小、地基土类别、施工设备和材料供应等条件进行设计。

计算模板及支架时都要遵守相应的结构设计规范。验算模板及其支架的刚度时,其最大变形值不得超过下列允许值:

(1)对结构表面外露的模板,为模板构件计算跨度的 1/400。
(2)对结构表面隐蔽的模板,为模板构件计算跨度的 1/250。
(3)对支架的压缩变形值或弹性挠度,为相应的结构计算跨度的 1/1000。

二、模板安装的安全要求

模板的安装是以模板工程施工设计为依据,按预定的安装方案和程序进行。在模板安装之前及安装过程中应注意以下安全事项。

(1)模板安装前的安全技术准备工作

①应审查模板的结构设计与施工说明书中的载荷、计算方法、节点构造和安全措施是否符合要求,设计审批手续应齐全。

②应进行全面的安全技术交底,操作班组应熟悉设计与施工说明书,并应做好模板安装作业的分工准备。若采用爬模、飞模、隧道模等特殊模板施工时,所有参加作业人员必须经过专门技术培训,考核合格后方可上岗。

③应对模板和配件进行挑选、监测,不合格的应剔除,并应运至工地指定地点堆放。

④备齐操作所需的一切安全防护设施和器具。

(2)搭设人员必须是经过《特种作业人员安全技术培训考核管理规定》考核合格的专业架子工、模板工。上岗人员定期体检,合格者方可持证上岗,并做好安全防护工作。

(3)操作人员上下通行时,不允许攀登模板或脚手架,不允许在墙顶、独立梁及其他狭窄且无防护栏的模板面上行走。不准站在拉杆、支撑杆上操作,也不准在梁底模上行走操作。

(4)现浇多层房屋和构筑物应采取分层分段支模方法,并应符合下列要求:

①下层楼板混凝土强度达到 1.2MPa 以后,才能上料具。料具要分散堆放,不得过分集中。

②下层楼板的结构强度达到能承受上层模板、支撑系统和新浇筑混凝土的重量时，方可进行。否则下层楼板结构的支撑系统不能拆除，同时上层支架的立柱应对准下层支架的立柱，并铺设木垫板。

（5）支设悬挑形式的模板时，应有稳定的立足点；支设临空构筑物模板时，应搭设支架；模板上有预留洞时，应在安装后将洞口覆盖。

（6）模板支撑不能固定在脚手架或门窗上，避免发生倒塌或模板位移。

（7）大模板立放易倾倒，应采取防倾倒措施。长期存放的大模板应用拉杆连接绑牢。存放在楼层时，须在大模板横梁上挂钢丝绳或花篮螺栓钩在楼板吊钩或墙体钢筋上。没有支撑或自稳角不足的大模板，要存放在专门的堆放架上或卧倒平放，不应靠在其他模板或构件上。

（8）模板安装时应先内后外，单面模板就位后，用工具将其支撑牢固。双面板就位后，用拉杆和螺栓固定，未就位和未固定前不得摘钩。

（9）里外角模和临时悬挂的面板与大模板必须连接牢固，防止脱开和断裂坠落。

（10）模板构造与安装应符合下列规定：

①模板安装应按设计与施工说明书顺序拼装，木杆、钢管、门架等支架立柱不得混搭。

②竖向模板和支架立柱支承部分安装在基土上时，应加设垫板。垫板应有足够强度和支承面积，且应中心承载，基土应坚实，并应有排水措施。

③现浇钢筋混凝土梁、板当跨度大于 4m 时，模板应起拱；当设计无具体要求时，起拱高度宜为跨度的 1/1000～3/1000。

④模板及其支架在安装过程中，必须设置有效防倾覆的临时固定设施。

（11）在架空输电线路下面安装钢模板时要停电作业，不能停电时，应有隔离防护措施。在夜间施工时，要有足够的照明设施，并制定夜间施工的安全措施。

（12）在雷雨季节施工，当钢模板高度超过 15m 时，要考虑安设避雷设施。避雷设施的接地电阻不得大于 4Ω。遇有 5 级及 5 级以上大风时，不宜进行预拼大块钢模板、台模架等大件模具的露天吊装作业。雨雪停止后，要及时清除模板、支架及地面的冰雪和积水。

（13）在架空输电线路下面安装和拆除组合钢模板时，起重机起重臂、吊物、钢丝绳、外脚手架和操作人员等与架空线路的最小安全距离应符合相关规范的要求。当不能满足最小安全距离要求时，要停电作业；不能停电时，应有隔离防护措施。

（14）对于现浇多层或高层房屋和构筑物安装上层模板及其支架应符合下列规定：

①下层楼板应具有承受上层施工荷载的承载能力，否则应加设支撑支架。

②上层支架立柱应对准下层支架立柱，并应在立柱底铺设垫板。

③当采用悬臂吊模板、桁架支模方法时，其支撑结构的承载能力和刚度必须符合设计构造要求。

三　模板工程的安全检查

模板安装完工后，在绑扎钢筋、浇筑混凝土及养护等过程中，须有专职人员进行安全检查，若发现问题应立即整改。遇有险情应立即停工并采取应急措施，修复或排除险情后方可恢复施工。一般对模板工程的安全检查内容有以下几点：

（1）模板的整体结构是否稳定。

（2）各部位的连接及支撑着力点是否有脱开和滑动等情况。

（3）连接件及钢管支撑的构件是否有松动、滑丝、崩裂、位移等情况；浇筑注混凝土时，模板是否有倾斜、弯曲、局部鼓胀及裂缝漏浆等情况。

（4）模板支撑部位是否坚固、地基是否有积水或下沉。

（5）其他工种作业时，是否有违反模板工程的安全规定，是否有损模板工程的安全使用。

（6）施工中突遇大风大雨等恶劣气候时，模板及其支架的安全状况是否存在安全隐患等。

四 模板拆除的安全要求

模板拆除所应遵循的安全要求与技术包括以下几个方面：

（1）模板拆除应编制拆除方案或安全技术措施，并应经技术主管部门或负责人批准。

（2）模板拆除前要进行安全技术交底，确保施工过程的安全。

（3）模板的底板及其支架拆除时，混凝土的强度必须符合设计要求和规范规定。

（4）拆除模板的周围应设安全网，在临街或交通要道地区应设警示牌。

（5）大体积混凝土的拆模时间除应满足强度要求外，还应使混凝土内外温差降低到25℃以下时方可拆除，否则应采取有效措施防止产生温度裂缝。

（6）后张预应力混凝土结构或构件模板的拆除，侧模应在预应力张拉前拆除，其混凝土强度达到侧模拆除条件即可，进行预应力张拉时，必须待混凝土强度达到设计规定值方可进行，底模必须在预应力张拉完毕时方能拆除。

（7）拆模前应检查所使用的工具有效和可靠，扳手等工具必须装入工人工具袋或系挂在身上，并应检查拆除场所范围内的安全措施。

（8）模板的拆除工作应设专人指挥。作业区应设围栏，其内不得有其他作业，并应设专人负责监护。拆下的模板、零配件严禁抛掷。

（9）多人同时操作时应有明确分工，有统一信号或行动，并应有足够的工作面。操作人员应站在安全处，严禁站在悬臂结构上面敲拆底模，严禁在同一垂直平面上操作。

（10）高处拆除模板时，应符合有关高处作业的规定。拆除作业时，严禁使用大锤和撬棍，操作层上临时拆下的模板堆放不能超过3层。

（11）高空作业拆除模板时，作业人员必须系好安全带。拆下的模板、扣件等应及时运至地面，严禁空中抛下。若临时放置在脚手架或平台上，要控制其重量不得超过脚手架或工作平台的设计控制荷载，并放平放稳，防止滑落。若拆模间歇时，应将已松扣的模板、支撑件拆下运走后方能休息，以避其坠落伤人或操作人员扶空坠落。

（12）模板及其支架立柱等的拆除顺序应按方案规定的程序进行，先拆非承重部分。拆除大跨度梁支撑柱时，先从跨中开始向两端对称进行。

（13）现浇梁柱侧模的拆除，要求拆模时要确保梁、柱边角的完整。

（14）在提前拆除互相搭连并涉及其他后拆模板的支撑时，应补设临时支撑。拆模时应逐块拆卸，不得成片撬落或拉倒。

（15）在混凝土墙体、平板上有预留洞时，应在模板拆除后，随即在墙体预留洞上做好安全护栏，或将平板上的预留洞盖严。

（16）大模板拆除前，要用起重机垂直吊牢，然后再进行拆除。

（17）拆除薄壳模板应从结构中心向四周均匀放松向周边对称进行。

（18）当立柱水平拉杆超过两层时，应先拆两层以上的水平拉杆，最下一道水平拉杆要与立柱模同时拆，以确保柱模稳定。

（19）模板、支撑要随拆随运，严禁随意抛掷，拆除后分类码放。

（20）木模板堆放、安装场地附近严禁烟火。必须在附近进行电焊、气焊时，应有可靠的防火措施。

【案例 7-1】 高支模支撑体系突然局部坍塌，造成支撑体系倾斜

1. 事故概况

某市某花园 8 区商业街工程于 2023 年 2 月 24 日上午 9 时 30 分开始浇筑屋面混凝土，采用梁、板、柱一次现浇的方式。到下午 1 时 20 分，已浇筑混凝土 120m³，此时高 8.8m 的高支模支撑体系突然局部坍塌。现场作业人员 28 名，其中，工程师金某被压在混凝土下经抢救无效死亡，另有 2 名工人受轻伤。

2. 事故原因分析

（1）直接原因

高支模支撑体系未按施工方案要求搭设。立杆间距过大、横杆步距过大、无剪刀撑、无扫地杆、脚手架与建筑物无连接，导致支撑体系失稳。

（2）间接原因

①施工企业安全管理体系不健全，对项目缺乏有效管理。

②项目安全管理制度不落实，高支模搭设未履行必要的验收手续。

③监理公司在高支模专项方案审批和验收方面监理不到位。

（3）事故教训

①高支模支撑体系的搭设必须严格按照施工方案进行，严格控制立杆间距、横杆步距、剪刀撑、扫地杆，做好架体与建筑物的连接，保证支撑体系的稳定性。

②高支模支撑体系搭设完毕必须履行验收手续，未经验收或验收不合格的，不准使用。

③加强现场安全检查力度，及时发现隐患及时整改。

④监理公司必须履行监理单位的安全责任。加强对施工现场的安全监理，发现问题及时解决。

任务四　高处作业安全管理

随着建筑物不断向高、深发展，建筑工程施工高处作业越来越多。据统计，在建筑工

程的职业伤害中，与高处坠落相关的伤亡事故占职业伤害的比例最大。为降低高处作业安全事故发生的频率，确保从事高处作业者的人身安全，必须按规定进行安全防护，制定有效的安全管理与技术措施。

高处作业安全的基本要求如下：

（1）落实安全生产的岗位责任制。

（2）实行安全技术交底。

（3）做好安全教育工作，特殊工种作业人员必须持有相应的操作证。

（4）定期或不定期地进行安全检查，并对查出的安全隐患及时落实整改。

（5）施工现场安全设施齐全，且处于良好的安全运行状态，同时应符合国家和地方有关规定。

（6）施工机械（特别是起重设备）必须经安全专业验收合格后方可使用。

一、攀登作业安全防护

攀登作业时必须利用符合安全要求的登高机具操作。严禁利用吊车车臂或脚手架杆件等施工设施进行攀登，也不允许在阳台之间等非正规通道登高或跨越。攀登作业中一般有利用梯子登高和利用结构构件登高两种方式。

1. 利用梯子登高

梯子作为登高用工具，必须保证使用的安全性。结构构造必须牢固可靠，踏步板必须稳定坚固。

（1）一般情况下，梯子的使用荷载不超过1100N。若梯面上有特殊作业，压在踏板上的重量有可能超过上述荷载，此时应按实际情况对梯子踏步板进行验算。

（2）梯脚的立足点应坚实可靠，为防止梯子滑动，在梯脚上钉防滑材料，或对梯子进行临时固定或限位，以防其滑跌倾倒。梯子不得垫高使用，以防止其受荷后的不均匀下沉或垫脚与垫物松脱而发生安全事故。梯子上端应有固定措施。

（3）立梯工作角度以75°±5°为宜，踏步间距以30cm为宜。作业人员上下梯子时，必须面对梯子，且不得双手持器物。梯子长度不够需接长时，一定要有可靠的连接措施，且只允许接长一次。使用折梯时，上节梯角度以35°～45°为宜，铰链必须牢固，并有可靠的拉撑措施。

（4）固定式钢爬梯的埋设与焊接均需牢固，梯子顶端的踏板应与攀登的顶面齐平，并加设1.0～1.5m高的扶手。

（5）使用直爬梯进行攀登作业时，攀登高度以5m为宜。距地面高度超过2m宜加设护笼；超过8m须设梯间平台，以备工人稍歇之用。

（6）作业人员应从规定的通道上下，不得在阳台之间等非规定通道进行攀登。

2. 利用结构构件登高

利用梯子登高作业往往是在主体结构已经完成的情况下，进行后道工序的施工时采用；而利用结构件登高通常是对主体结构的施工时采用，此时脚手架还没有及时搭设完成，如钢结构工程的吊装。利用结构件登高有以下三种情况：

（1）利用钢柱登高。在钢柱上每隔 300～350mm 焊接一根 U 形圆钢筋作为登高的踏杆，也可以在钢柱上设置钢挂梯的挂杆和连接板以搁置固定钢挂梯。钢柱的接柱施工时应搭设操作平台（或利用梯子），操作平台必须有防护栏杆，当无电焊防风要求时护栏高度不宜小于 1m，当有电焊防风要求时护栏高度不宜小于 1.8m。

（2）利用钢梁登高。钢梁安装时，应视钢梁的高度确定利用钢梁攀登方法。一般有以下两种方法：①钢梁高度小于 1.2m 时，在钢梁两端设置 U 形圆钢筋爬梯；②钢梁高度大于 1.2m 时，在钢梁外侧搭设钢管脚手架。

须在梁面上行走时，其一侧的临时护栏横杆可采用钢索；当改用扶手绳时，绳的自然下垂度应不大于 1/20，并应控制在 10cm 以内。

（3）利用屋架登高。在屋架上下弦登高作业时，应设置爬梯架子，其位置一般设于梯形屋架的两端或三角形屋架屋脊处，材料可选用毛竹、原木或钢管，踏步间距一般为 350mm 左右，不应大于 400mm。吊装屋架之前，应先在屋架上弦设置防护栏杆，下弦挂设安全网，屋架就位固定后及时将安全网铺设固定。

二 高处作业安全防护

所谓高处作业是指人在一定位置为基准的高处进行的作业。国家标准《高处作业分级》（GB/T 3608—2008）规定："凡在坠落高度基准面 2m 以上（含 2m）有可能坠落的高处进行作业，都称为高处作业。"根据这一规定，在建筑业中涉及高处作业的范围是相当广泛的。在建筑物内作业时，若在 2m 以上的架子上进行操作，即为高处作业。

（1）高处作业部位的下方必须悬挂安全网。安全网要求：凡高度在 4m 以上的建筑物，首层四周必须支搭 3m 宽的水平安全网，网底距地不小于 3m；高层建筑支搭 6m 宽双层网，网底距地不小于 5m。高层建筑每隔 10m 还应固定一道 3m 宽的水平网，凡无法支搭水平网的，必须逐层设立网全封闭。

安全网的架设应里低外高，支出部分的高低差一般在 50cm 左右。支撑杆件无断裂、弯曲，网内缘与墙面间隙要小于 15cm。架设所用支撑的间距不得大于 4m。

（2）使用前应检查安全网是否有腐蚀及损坏情况。施工中要保证安全网完整有效，支撑合理，受力均匀，网内不得有杂物。搭接要严密牢靠，不得有缝隙，搭设的安全网不得在施工期间拆移、损坏，必须到无高处作业时方可拆除。因施工需要暂时拆除已架设的安全网时，施工单位必须通知搭设单位、征求搭设单位同意后方可拆除；施工单位施工结束必须立即按规定要求将安全网复原，并经搭设单位检查合格后方可继续使用。

（3）要经常清理网内的杂物，在安全网的上方实施焊接作业时，应采取防止焊接火花落在网上的有效措施；网的周围不要有长时间严重的酸碱烟雾。

（4）安全网在使用时必须经常检查，并有跟踪使用记录。不符合要求的安全网应及时处理。安全网在不使用时必须妥善地存放、保管，防止受潮发霉。新网在使用前必须查看产品的铭牌：首先看是平网还是立网，立网和平网必须严格地区分开，立网绝不允许当平网使用；架设立网时，底边的系绳必须系结牢固；生产厂家的生产许可证；产品的出厂合格证；若是旧网，在使用前应做试验，试验合格后才能使用。

（5）高处作业使用的铁凳、木凳应牢固，不得摇晃，凳间距离不得大于2m，且凳上脚手板至少铺两块，凳上只允许一人操作。

（6）高处作业人员必须穿戴好个人防护用品，严禁投掷物料。

三、操作平台的安全防护

（1）移动式操作平台的面积不应超过10m²，高度不应超过5m，并要采取措施减少立柱的长细比。

（2）装设轮子的移动式操作平台（图7-1），轮子与平台的接合处应牢固可靠，立柱底端离地面不得超出80mm。

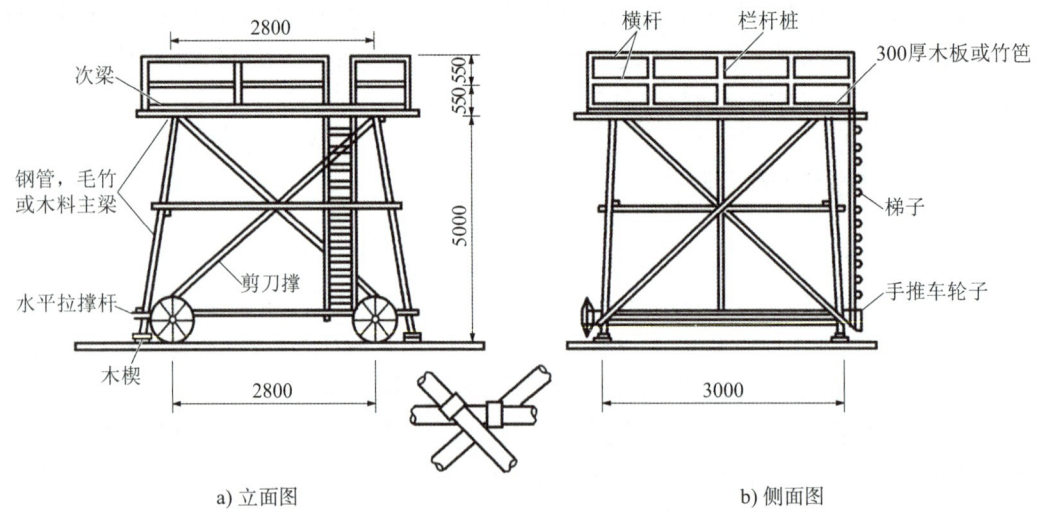

图7-1 移动式操作平台（尺寸单位：mm）

（3）操作平台台面满铺脚手架，四周必须设置防护栏杆，并设置上下扶梯。

（4）悬挑式钢平台应按现行规范进行设计及安装，其方案要输入施工组织设计。

（5）操作平台上应标明容许荷载值，严禁超过设计荷载。

四、交叉作业的安全防护

交叉作业指在施工现场的上下不同层次，于空间贯通状态下同时进行的高处作业。

（1）在同一垂直方向上下层同时操作时，下层作业的位置必须处于依上层高度确定的可能坠落范围半径之外。不符合此条件时，中间应设置安全防护层（隔离层），可用木脚手板按防护棚的搭设要求设置。

（2）在上方可能坠落物件或处于起重机把杆回转范围内的通道处，必须搭设双层防护棚。

（3）结构施工到二层及以上后，人员进出的通道口（包括井架、施工电梯、进出建筑物的通道口）均应搭设安全防护棚。楼层高度超过24m时应搭设双层防护棚，如图7-2所示。

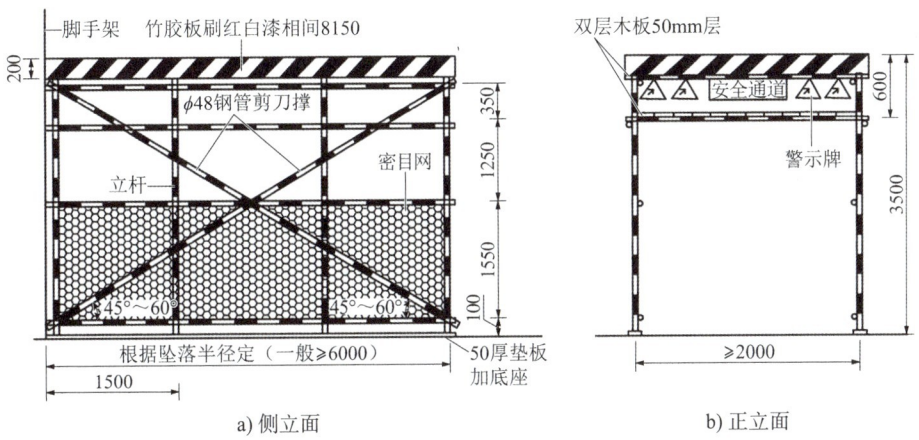

图 7-2　双层防护棚搭设示意图（尺寸单位：mm）

注：所有防护棚的钢管刷红白漆相间 300mm。

（4）通道的宽度×高度（图 7-3），用于走人时应大于 2500mm×3500mm，用于汽车通过时应大于 4000mm×4000mm。进入建筑物的通道最小宽度应为建筑物洞口宽两边各加 500mm。

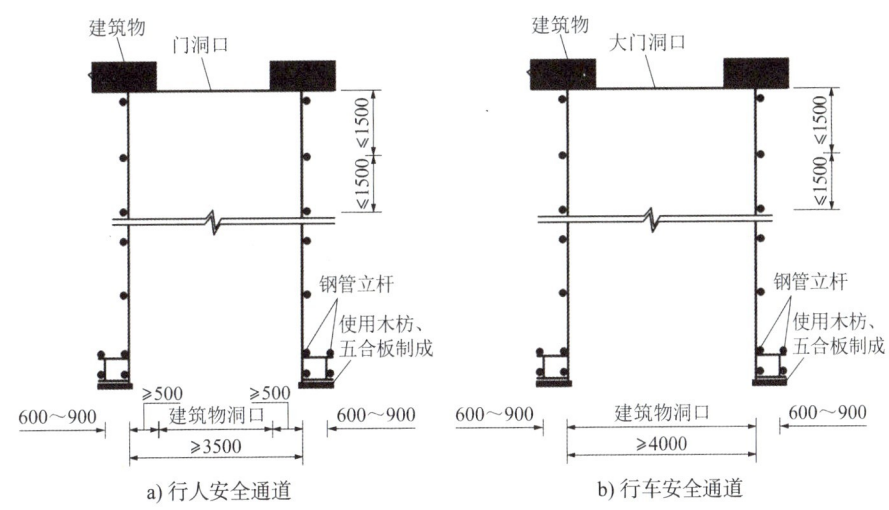

图 7-3　通道宽度与高度平面示意（尺寸单位：mm）

支模、粉刷、砌墙等各工种进行立体交叉作业时，不得在同一垂直方向上操作。可采取时间交叉或位置交叉，如施工要求仍不能满足，必须采取隔离封闭措施并设置监护人员后方可施工。

任务五　洞口、临边防护安全管理

一　落实"四口"防护措施

建筑施工中的"四口"是指楼梯平台口、电梯井口、出入口（通道口）和预留洞口。

1. 楼梯平台口防护措施

楼梯踏步及休息平台处必须设两道防护栏杆或制作专用的防护架，随层架设。回转式楼梯间应支设首层水平安全网，每隔四层要设一道水平安全网，具体做法如图 7-4 所示。

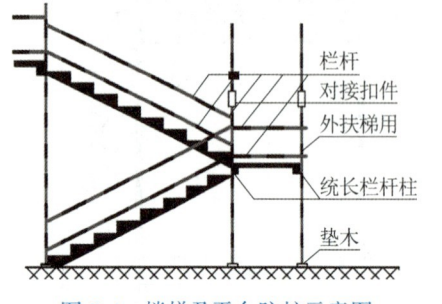

图 7-4 楼梯及平台防护示意图

2. 电梯井口防护措施

电梯井位于建（构）筑物每层的电梯门处，在电梯安装前形成可能发生坠落的隐患。其防护方法是：在电梯井口设置不低于 1.2m 的金属防护门，电梯井内首层以上每隔四层设一道水平安全网。安全网应封闭严密，未经上级主管技术部门批准，电梯井内不得作垂直运输通道或垃圾通道。如井内已搭设安装电梯的脚手架，其脚手架可花铺，但每隔四层应满铺脚手板，如图 7-5 所示。

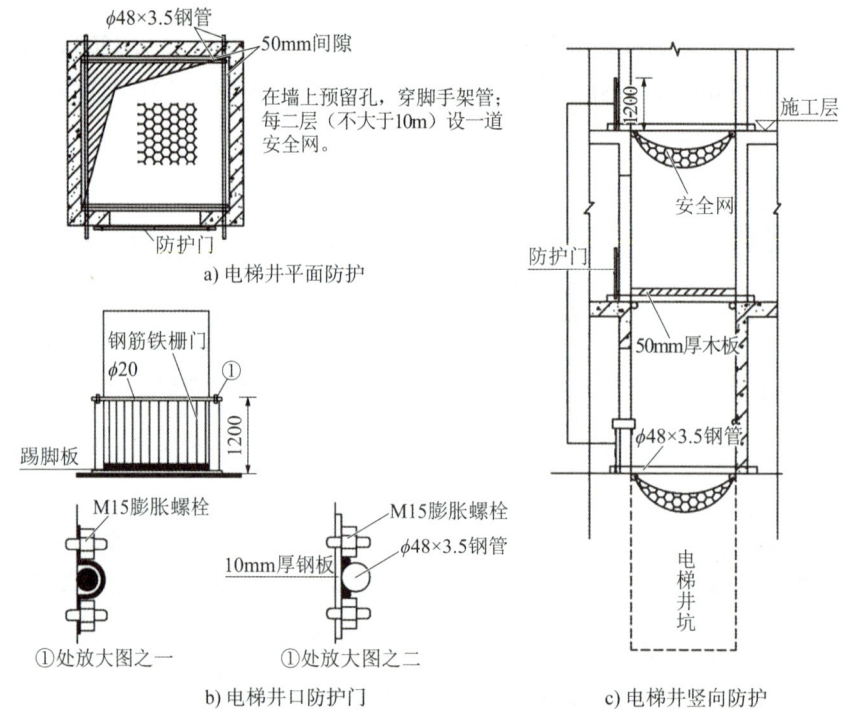

图 7-5 电梯井口安全防护示意图（尺寸单位：mm）

3. 出入口（通道口）防护措施

出入口是指建（构）筑物首层供施工人员进出建（构）筑物的通道出入口。其防护措施为：在建筑物的通道上方搭设长 3~6m、两侧宽于通道各 1m 的防护棚，棚顶应满铺不小于 5cm 厚的木板或相当于 5cm 厚木板强度的其他材料，两侧应沿栏杆用密目式安全网封严。出入口处防护棚的长度视建筑物的高度设定，符合坠落半径的尺寸要求：

① 建筑高度 $h = 2\sim5m$ 时，坠落半径 R 为 2m。

② 建筑高度 $h = 5\sim15m$ 时，坠落半径 R 为 3m。

③ 建筑高度 $h = 15\sim30m$ 时，坠落半径 R 为 4m。

④建筑高度 $h=30m$ 以上时，坠落半径 R 为 5m 以上。

当使用的竹笆等强度较低的材料时，应采用双层防护棚，以使落物达到缓冲。

防护棚上部严禁堆放材料。若因场地狭小，防护棚兼作物料堆放架时，必须经计算确定，按设计图纸验收。通道口防护如图 7-6 所示。

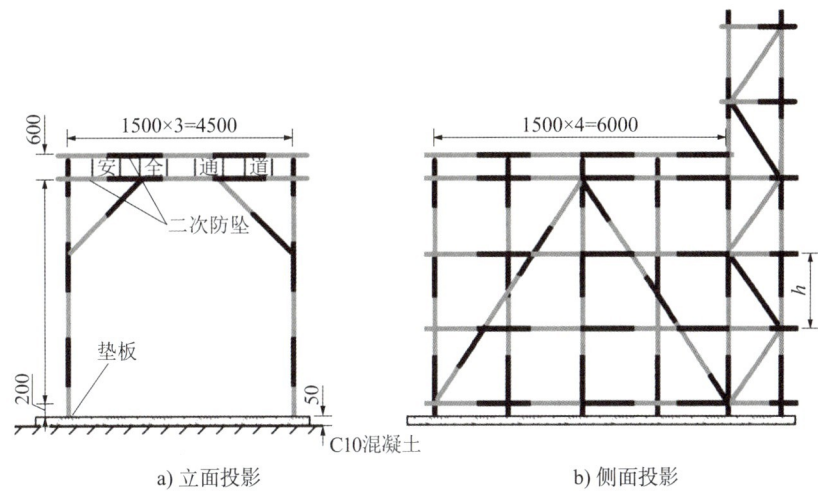

图 7-6　通道口防护构造示意图（尺寸单位：mm）

小贴士

出入口处增设的斜腹杆用旋转扣件固定在与之相交小横杆的伸出端，斜腹杆宜采用通长杆件，必须接长时用对接扣件，连接杆件可漆成红黑双色。

4. 预留洞口防护措施

预留洞口是指在建（构）筑物中预留的各种设备管道、垃圾道、通风口的孔洞。其防护标准为：

①短边尺寸为 2.5～25cm 以上的洞口，必须设坚实盖板并能防止挪动移位，如图 7-7 所示。

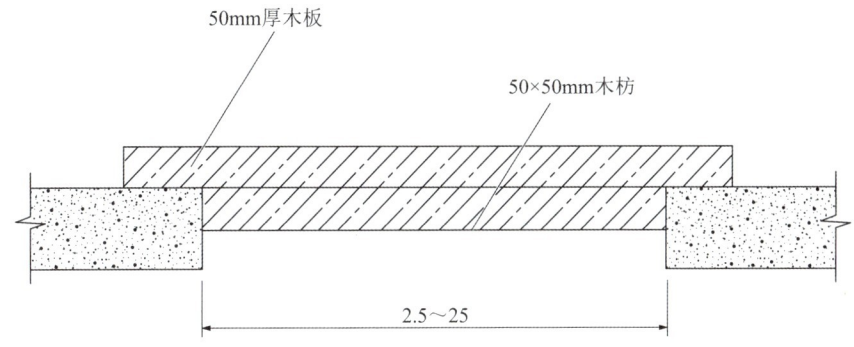

图 7-7　短边尺寸为 2.5～25cm 洞口防护示意图（尺寸单位：cm）

②25cm×25cm～50cm×50cm 的洞口，必须设置固定盖板，保持四周搁置均衡，并有固定其位置的措施，如图 7-8 所示。

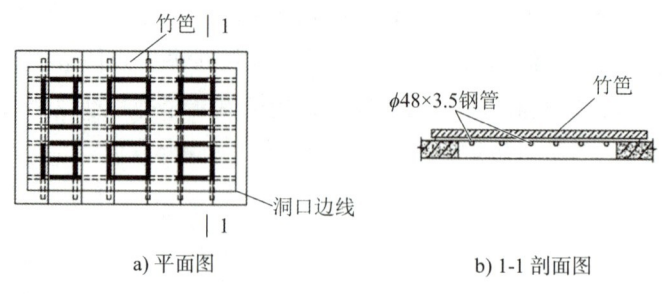

图 7-8 洞口防护示意图

③50cm×50cm～150cm×150cm 的洞口，必须预埋通长钢筋网片，纵横钢筋间距不得大于 15cm，或满铺脚手板，脚手板应绑扎固定，任何人未经许可不得随意移动，如图 7-9 所示。

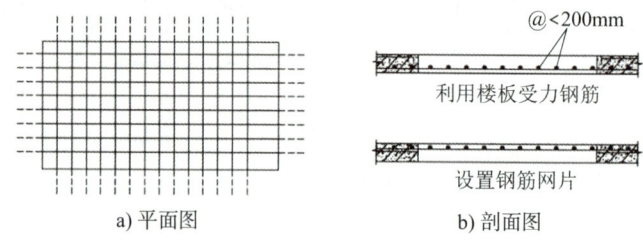

图 7-9 洞口钢筋网防护示意图

> **小贴士**
> 对于处于剪力墙的墙角或其他不便于盖板防护的洞口应预设贯穿于混凝土板内的钢筋构成防护网，钢筋网格间距不得大于 20cm，然后在其上盖板防护。

④1.5m×1.5m 以上的孔洞，四周必须设两道护身栏杆，中间支挂水平安全网。作为半地下室的采光井，上口应用脚手板铺满，并与建筑物固定，如图 7-10 所示。边长大于 1.5m 洞口：结构预留钢筋网，钢筋直径不小于 12mm 的洞口满铺竹笆（胶合板），四周设 1.2m 高防护栏杆，并用黑红漆刷警示标志。

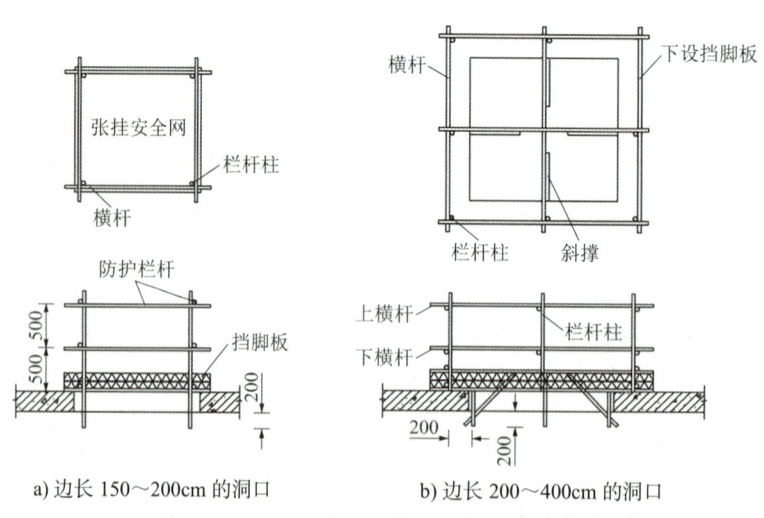

图 7-10 大洞口防护示意图（尺寸单位：mm）

> **小贴士**
> 所有杆件刷红、白漆相间。立面除用踢脚板外，也可用密目围墙。附洞口钢筋防护网示意图。位于车辆行驶道路旁的洞口、深沟、管道、坑、槽等，所加盖板应能承受不小于当地额定卡车后轮有效承载力 2 倍的荷载。所有洞口必须按规定设置照明装置和安全标志。

二 落实"五临边"防护措施

根据《建筑施工高处作业安全技术规范》（JGJ 80—2016）规定：施工现场中，工作面边沿无防护设施或围护设施高度低于 80cm 时，都要按规定搭临边防护栏杆和张挂安全网。如基坑周边，尚未装栏板的阳台、料台与各种平台周边，无外脚手架的屋面和楼层边，楼梯口和梯段边，垂直设备与建筑物相连接的通道两侧边等处，一般将其简称为"五临边"。

"五临边"必须设置 1.0m 以上的双层围栏或搭设安全网。具体安全控制要点如下：

1．阳台、楼板、屋面等临边防护

（1）深基础临边、楼梯口边、屋面周边、采光井周边、转料平台周边、阳台边、人行通道两侧边、卸料平台两侧边必须统一用两道钢管防护，必须设置 1.2m 高的两道防护栏杆，并设置固定高度不低于 18cm 的挡脚板，或搭设固定的立网防护，并在钢管上涂红白标记，如图 7-11 和图 7-12 所示。

图 7-11　基坑临边防护

（2）阳台栏板应随工程结构进度及时进行安装。

（3）绑钢筋边梁、柱用的临时架子外侧，必须架设两道防护栏杆。

（4）井字架提升机和人货电梯卸料平台的侧边必须安装防护门。防护门必须是用钢筋焊接的开关门，不得使用弯曲钢筋作防护门。

（5）临边作业时，必须设置安全警示标志。

（6）临边作业外侧靠近街道时，除设防护栏杆、挡脚板、封挂安全立网外，敞口立面必须采取满挂小眼安全网或其他可靠措施作全封闭处理，防止施工中落物伤人。

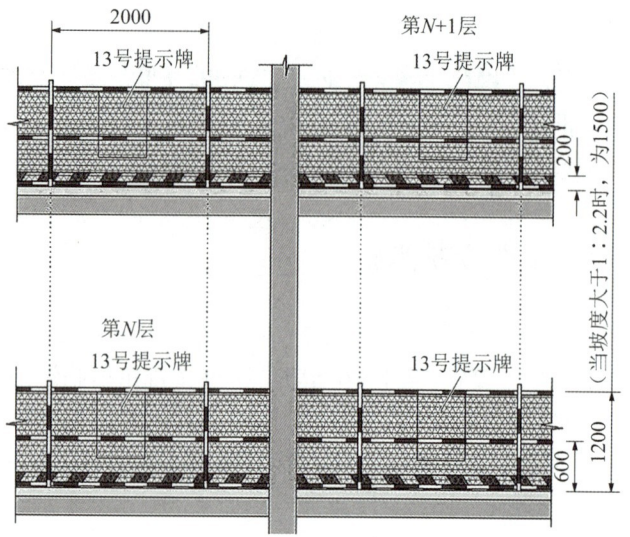

图 7-12 楼层边、阳台边、屋面边防护示意图（尺寸单位：mm）

2. 搭设防护栏杆

搭设防护栏杆注意事项：

（1）上杆离地高度为 1.0～1.2m，下杆离地高度为 0.5～0.6m。坡度大于 1：2.2 的屋面，防护栏杆应高 1.5m，并加挂安全立网。立柱间距不大于 2m。

（2）当在基坑四周固定栏杆柱时，采用钢管打入地面 50～70cm 深的方法，钢管离边口的距离不小于 50cm。在混凝土楼面、屋面或楼面固定时，用预埋件与钢管焊牢的方法固定。

（3）护栏除经设计计算外，横杆长度大于 2m 时必须加设栏杆柱，栏杆柱的固定及其与横杆的连接，其整体结构应使防护栏杆在上杆任何处，能经受任何方向的 1000N 外力。当栏杆所处位置有发生人群拥挤、车辆冲击或物体碰撞等可能时，应加大横杆截面或加密柱距。

（4）防护栏杆自上而下用安全立网封闭（图 7-13）。

3. 塔式起重机基坑围护

塔式起重机基坑四周设置三根横杆，间距 600mm，立杆间距≤2000mm，立杆下设置 C25 混凝土基础，防护栏杆自上而下用密目网封闭，具体做法如图 7-14 所示。

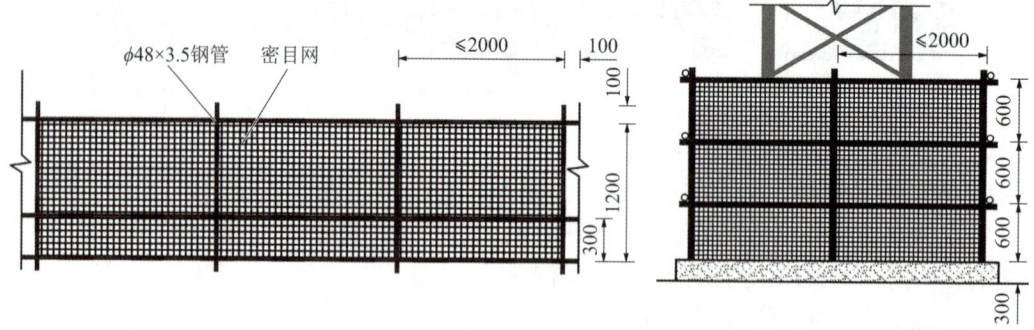

图 7-13 临边防护详图（尺寸单位：mm）　　图 7-14 塔式起重机基坑防护图（尺寸单位：mm）

4. 防护棚

（1）机械加工区防护棚（图7-15），棚内张挂相应机械操作规章牌、安全警示牌、机械验收合格牌。

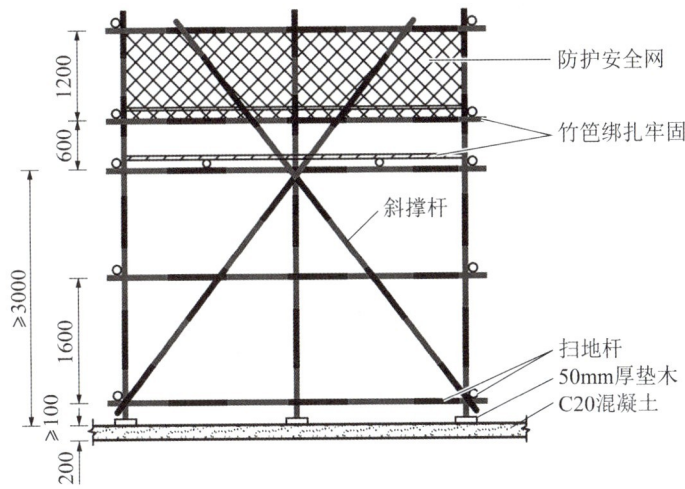

图7-15　机械防护棚（四面相同）（尺寸单位：mm）

（2）物料提升机吊篮防护

根据建筑主体不同的高度设置吊篮防护棚伸出栏的长度，应将吊篮防护定型化，具体按照图7-16所示设置。图中防坠棚斜撑间距不得大于1.5m，当井架高度在15m以内@值为3m，高度在30m以内@值为4m，30m以上@值为5m。防护棚拉结杆必须与主体相连，严禁与外脚手架相连。

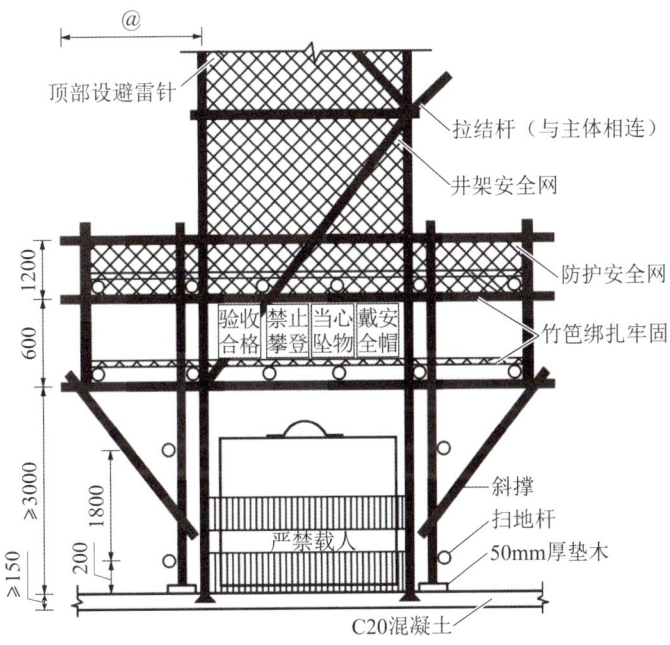

图7-16　物料提升机防护示意图（尺寸单位：mm）

任务六　垂直运输机械、施工机具安全管理

一、垂直运输机械安全管理

当前在施工现场用于垂直运输的机械主要有三种：塔式起重机、龙门架（或井字架）物料提升机和施工外用电梯。

1. 塔式起重机

塔式起重机，在建筑施工中已经得到广泛的应用，成为建筑安装施工中不可缺少的建筑机械。

（1）塔式起重机使用前应检查安全装置的可靠性。

（2）塔式起重机天然基础计算。塔式起重机的基础必须能承受工作状态和非工作状态下的最大荷载，并满足塔式起重机稳定性要求。应提供塔式起重机的基础设计施工图纸和有关技术要求。

（3）安全操作。

①塔式起重机司机和信号人员必须经过专门培训，持证上岗。

②实行专人专机管理机长负责制，严格执行交接班制度。

③新安装的或经大修后的塔式起重机，必须按说明书要求进行整机试运转。

④塔式起重机与架空输电线路之间应保持安全距离。规定安全距离见表7-1。

起重机与架空输电线路间的安全距离　　　　　表7-1

方向电压（kV）	<1	1~15	20~40	60~110	220
沿垂直方向（m）	1.5	3.0	4.0	5.0	6.0
沿水平方向（m）	1.0	1.5	2.0	4.0	6.0

⑤司机室内应配备适用的灭火器材。

⑥提升重物前要确认重物的真实重量，做到不超过规定的荷载，不得超载作业；必须使起升钢丝绳与地面保持垂直，严禁斜吊；吊运较大体积的重物应拉溜绳，防止摆动。

⑦司机接班时应检查制动器、吊钩、钢丝绳和安全装置。发现性能不正常，应在操作前排除。运行前必须鸣铃或报警，操作中接近人时，亦应给予继续铃声或报警。

⑧操作应按指挥信号进行，听到紧急停车信号，不论是何人发出都应立即执行。

⑨确认起重机上或其周围无人时，才可以闭合主电源。如果电源断路装置上加锁或有标牌，应由有关人员除掉后才可闭合电源。闭合主电源前，应使所有的控制器手柄置于零位。工作中突然断电时，应将所有的控制器手柄扳回零位；在重新工作前，应检查起重机动作是否都正常。

⑩操作各控制器应逐级进行，禁止越挡操作。变换运转方向时，应先转到零位待电动机停止转动后，再转向另一方向。提升重物时应慢起步，不准猛起猛落，防止冲击荷载。重物下降时应进行控制，禁止自由下降。

⑪动臂式起重机可做起升、回转、行走三种动作，三种动作可同时进行，但变幅只能

单独进行。

⑫两台塔式起重机在同一条轨道作业时,应保持安全距离。两台同样高度的塔式起重机,其起重臂端部之间应大于 4m;两台塔式起重机同时作业,其吊物间距不得小于 2m。高位起重机的部件与低位起重机最高位置部件之间的垂直距离不得小于 2m。

⑬轨道行走的塔式起重机,处于 90°弯道上时,禁止起吊重物。

⑭操作中遇大风(六级以上)等恶劣气候,应停止作业,将吊钩升起,夹好轨钳。当风力达十级以上时,吊钩落下钩住轨道,并在塔身结构架上拉四根钢丝绳固定在附近的建筑物上。

⑮塔式起重机作业中,任何人不准上下起重机,不得随重物起升,严禁起重机吊运人员。

⑯司机对起重机进行维修保养时应切断主电源,并挂上标志牌或加锁;必须带电修理时,应戴绝缘手套、穿绝缘鞋,使用带绝缘手柄的工具,并有人监护。

2. 龙门架、井字架物料提升机

龙门架、井字架物料升降机在现场使用,应编制专项施工方案并附有关计算书。

(1)物料升降机使用前应检查安全装置的可靠性。

(2)基础、附墙架、缆风绳及地锚安全技术措施:

①依据升降机的类型及土质情况确定基础的做法。基础埋深与做法应符合设计和升降机的出厂使用规定,应有排水措施。距基础边缘 5m 范围内,开挖沟槽或有较大振动的施工时,应采取保证架体稳定的措施。

②附墙架架体每间隔一定高度必须设一道附墙杆件与建筑结构部分进行连接,其间隔一般不大于 9m,且在建筑物顶层必须设置 1 组,从而确保架体的自身稳定。附墙件与架体及建筑之间均应采用刚性连接(图 7-17),不得连接在脚手架上,严禁用钢丝绑扎。

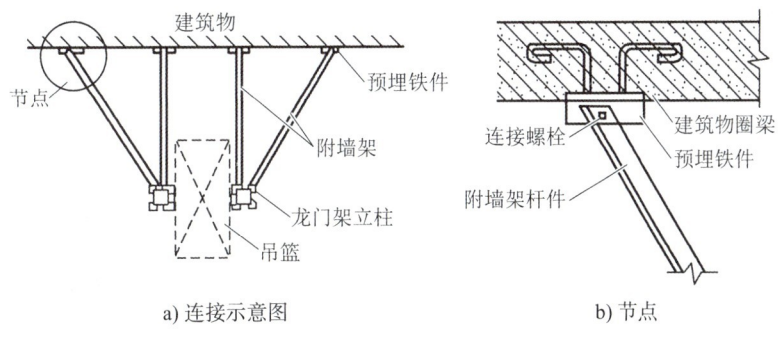

图 7-17 型钢附墙架与架体及建筑的连接示意图

③当升降机无条件设置附墙架时,应采用缆风绳固定架体。

第一道缆风绳的位置可以设置在距地面 20m 高处,架体高度超过 20m,每增高 10m 就要增加一组缆风绳,每组(或每道)缆风绳不应少于 4 根,沿架体平面 360°范围内布局,按照受力情况,缆风绳应采用直径不小于 9.3mm 的钢丝绳。

④地锚要视其土质情况决定地锚的形式和做法。一般宜选用卧式地锚,当受力小于 15kN、土质坚实时,也可选用桩式地锚。

（3）物料升降机安装与拆除

龙门架、井字架物料提升机的安装与拆除必须编制专项施工方案，并应由有资质的队伍施工。升降机应由专职机构和专职人员管理，司机应经专业培训，持证上岗。升降机组装后应进行验收，并进行空载、动载和超载试验。严禁升降机载人升降，禁止人员攀登架体及从架体下面穿行。

3. 施工电梯

（1）施工电梯应为人货两用电梯，其安装和拆卸工作必须由取得建设行政主管部门颁发的拆装资质证书的专业队负责，并须由经过专业培训，取得操作证的专业人员进行操作和维修。

（2）施工电梯的专用开关箱应设在底架附近便于操作的位置，电容量应满足升降机直接启动的要求，箱内必须设短路、过载、相序、断相及零位保护等装置。

（3）施工电梯笼周围 2.5m 范围内应设置稳固的防护栏杆，各楼层平面通道应平整牢固，出入口应设防护栏杆和防护门。全行程四周不得有危害安全运行的障碍物。

（4）施工电梯安装在建筑物内部井道中间时，应在全行程范围井壁四周搭设封闭屏障。装设在阴暗处或夜班作业的升降机，应在全行程上装设足够的照明和明亮的楼层编号标志灯。

（5）施工电梯的防坠安全器在使用中不得任意拆检调整，需要拆检调整时或每用满一年后，均由生产厂或指定的认可单位进行调整、检修或鉴定。

（6）施工电梯作业前重点检查项目应符合以下要求：各部结构无变形，连接螺栓无松动，齿条与齿轮、导向轮与导轨均连接正常；各部钢丝绳固定良好，无异常磨损；运行范围内无障碍。

（7）施工电梯启动前宜检查并确认电缆、接地线完整无损，控制开关在零位。电源接通后应检查并确认电压正常，应测试无漏电现象。应试验并确认各限位装置、梯笼、围护门等处的电器联锁装置良好可靠，电器仪表灵敏有效。启动后应进行空载升降试验，测定各传动机构制动器的性能，确认正常后方可开始作业。

（8）施工电梯在每班首次载重运行时，当梯笼升离地面 1～2m 时，应停机试验制动器的可靠性；当发现制动效果不良时，应调整或修复后方可运行。

（9）梯笼内乘人或载物时，应使载荷均匀分布，不得偏重；严禁超载运行。

（10）操作人员应根据指挥信号操作，作业前应鸣声示意。在升降机未切断电源开关前，操作人员不得离开操作岗位。

（11）当施工电梯运行中发现有异常情况时，应立即停机并采取有效措施，将梯笼降到底层，排除故障后可继续运行。在运行中发现电气失控时，应立即按下急停按钮，在未排除故障前，不得打开急停按钮。

（12）施工电梯在大雨、大雾、六级及以上大风，以及导轨、电缆等结冰时，必须停止运行，并将梯笼降到底层，切断电源。暴风雨后应对电梯安全装置进行一次检查，确认正常后方可运行。

（13）施工电梯运行到最上层或最下层时，严禁用行程开关作为停止运行的控制开关。

（14）作业后应将梯笼降到底层，各控制开关拨到零位，切断电源、锁好开关箱、闭锁梯笼和围护门。

二、施工机具安全管理

1. 土石方机械的安全事项

土石方工程施工主要有开挖、装卸、运输、回填、夯实等工序。目前土石方工程使用的机械主要有推土机、铲运机、挖掘机（包括正铲、反铲、拉铲、抓铲等）、装载机、压实机等。

（1）推土机使用安全事项

①推土机在坚硬的土壤或多石土壤地带作业时，应先进行爆破或用松土器翻松。在沼泽地带作业时，应更换湿地专用履带板。

②不得用推土机推石灰、烟灰等粉尘物料和用作碾碎石块的作业。

③牵引其他机械设备时，应有专人负责指挥；钢丝绳的连接应牢固可靠。在坡道或长距离牵引时，应采用牵引杆连接。

④推土机行驶前，严禁有人站在履带板或刀片的支架上，机械四周应无障碍物，确认安全后方可开动。

⑤驶近边坡时，铲刀不得越出边缘。后退时应先换挡，方可提升铲刀进行倒车。

⑥在深沟、基坑或陡坡地区作业时，应有专人指挥，其垂直边坡高度不应大于2m。

⑦在推土或松土作业中不得超载，不得做有损于铲刀、推土架、松土器等装置的动作，各项操作应缓慢平稳。

⑧两台以上推土机在同一地区作业时，前后距离应大于8.0m，左右距离应大于1.5m。在狭窄道路上行驶时，未征得前机同意，后机不得超越。

⑨推土机转移行驶时，铲刀底部距地面宜为400mm，不得用高速挡行驶和急转弯；不得长距离倒退行驶；长途转移工地时，应采用平板拖车装运；短途行走转移时，距离不宜超过10km，并在行走过程中应经常检查和润滑行走装置。

⑩作业完毕后，应将推土机开到平坦安全的地方，落下铲刀，有松土器的应将松土器爪落下。

⑪停机时，应先降低发动机转速，变速杆放在空挡，锁紧液力传动的变速杆，分开主离合器，踏下制动踏板并锁紧，待水温降到75℃以下、油温度降到90℃以下时，方可熄火。在坡道上停机时，应将变速杆挂低速挡，接合主离合器，锁住制动踏板，并将履带或轮胎楔住。

⑫在推土机下面检修时，内燃机必须熄火，铲刀应放下或垫稳。

（2）挖掘机使用安全事项

①单斗挖掘机的作业和行走场地应平整坚实。对松软地面应垫以枕木或垫板，沼泽地区应先做路基处理或更换湿地专用履带板。

②轮胎式挖掘机使用前应支好支腿，并保持水平位置，支腿置于作业面的方向；转向驱动桥应置于作业面的后方。采用液压悬挂装置的挖掘机应锁住两个悬挂液压缸。履带式

挖掘机的驱动轮应置于作业面的后方。

③平整作业场地时，不得用铲斗进行横扫或用铲斗对地面进行夯实。

④挖掘机正铲作业时，除松散土壤外，其最大开挖高度和深度不应超过机械本身性能规定。在拉铲或反铲作业时（图7-18）履带到工作面边缘距离应大于1.0m，轮胎距工作面边缘距离应大于1.5m。

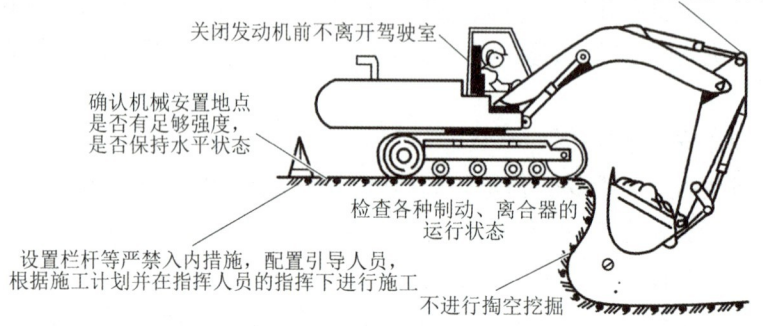

图 7-18　挖掘机操作示意图

⑤遇到较大的坚硬石块或障碍物时，应清除后开挖，不得用铲斗破碎石块、冻土或用单边斗齿硬啃。

⑥挖掘悬崖时应采取防护措施。作业面不得留有伞沿及松动的大块石。当发现有塌方危险时，应立即处理或将挖掘机撤至安全地带。

⑦作业时应待机身停稳后再挖土，当铲斗未离开工作面时不得作回转、行走等动作。回转制动时应使用回转制动器，不得用转向离合器反转制动。

⑧作业时各操纵过程应平稳，不宜紧急制动。铲斗升降不得过猛，下降时不得碰撞车架或履带。斗臂在抬高及回转时不得碰到洞壁、沟槽侧面或其他物体。

⑨向运土车辆装车时宜降低挖铲斗，减小卸落高度，避免偏装或砸坏车厢。汽车未停稳或铲斗需越过驾驶室而司机未离开前不得装车。

⑩反铲作业时应停稳斗臂后再挖土，挖土时斗柄伸出不宜过长，提斗不得过猛。

⑪作业后，挖掘机不得停放在高边坡附近区域或填方区，应停放在坚实、平坦、安全的地带。将铲斗收回平放在地面上，所有操纵杆置于中位，关闭操纵室和机棚。

⑫履带式挖掘机转移工地应采用平板拖车装运。短距离自行转移时，应低速缓行，每行走500～1000m应对行走机构进行检查和润滑。

⑬司机离开操作位置不论时间长短，必须将铲斗落地，并关闭发动机。

⑭不得用铲斗吊运物料。使用挖掘机拆除构筑物时，操作人员应了解构筑物倒塌方向，在挖掘机驾驶室与被拆除构筑物之间留有构筑物倒塌的空间。

⑮作业结束后，应将挖掘机开到安全地带，落下铲斗制动好回转机构，将操纵杆置于空挡位置。

⑯保养或检修挖掘机时，除检查发动机运行状态外，必须将发动机熄火并将液压系统卸荷铲斗落地。利用铲斗将底盘顶起进行检修时，应使用垫木将抬起的轮胎垫稳，并用木楔将落地轮胎楔牢，然后将液压系统卸荷，否则严禁进入底盘下工作。

2. 机动翻斗车的安全事项

机动翻斗车是一种料斗可倾翻的短途输送物料车辆，在建筑施工中常用于运输砂浆、混凝土熟料以及散装物料等。使用时应注意以下安全事项：

①车上除司机外不得载人行驶。

②行驶前应检查锁紧装置，并将料斗锁牢，不得在行驶时掉斗。行驶时应从一挡起步，不得用离合器处于半结合状态来控制车速。

③上坡时如路面不良或坡度较大，应提前换入低挡行驶；下坡时严禁空挡滑行，转弯时应先减速，急转弯时应先换入低挡。

④翻斗车制动时应逐渐踩下制动踏板，并应避免紧急制动。

⑤通过泥泞地段或雨后湿地时，应低速缓行，应避免换挡、制动、急剧加速，且不得靠近路边或沟旁行驶，并应防侧滑。

⑥翻斗车排成纵队行驶时，前后车之间应保持 8m 的间距；在下雨或冰雪的路面上行驶，应加大车间距。

⑦在坑沟边缘卸料时，应设置安全挡块。车辆接近坑边时应减速行驶，不得剧烈冲撞挡块。

⑧严禁料斗内载人，料斗不得在卸料工况下行驶或进行平地作业。

⑨发动机运转或料斗内载荷时，严禁在车下进行任何作业。

⑩停车时应选择适合地点，不得在坡道上停车。冬季应采取防止车轮与地面冻结的措施。

⑪操作人员离机时，应将发动机熄火并挂挡、拉紧手制动器。

⑫作业后应对车辆进行清洗，清除砂土及混凝土等黏结在料斗和车架上的脏物。

3. 混凝土施工机械的安全事项

（1）混凝土搅拌机和砂浆搅拌机

①固定式的搅拌机要有可靠的基础，操作台面牢固、便于操作，操作人员应能看到各工作部位情况。移动式的搅拌机应在平坦坚实的地面上，支架牢靠不准以轮胎代替支撑，使用时间较长的（一般超过三个月的）应将轮胎卸下妥善保管。

②使用前要空车运转，检查各机构的离合器及制动装置情况，不得在运行中做注油保养。

③作业中严禁将头或手伸进料斗内，也不得贴近机架察看，运转出料时严禁用工具或手进入搅拌筒内扒动。

④运转中途不准停机，也不得在满载时启动搅拌机（反转出料者除外）。

⑤作业中发生故障时，应立即切断电源，将搅拌筒内的混凝土清理干净，然后再进行检修。检修过程中，电源处应设专人监护（或挂牌）并拴牢上料斗的摇把，以防误动摇把使料斗提升发生挤伤事故。

⑥料斗升起时，严禁在其下方工作或穿行，料坑底部要设料斗的枕垫，清理料坑时必须将料斗用链条扣牢。料斗升起挂牢后坑内才准下人。

⑦作业后要进行全面冲洗，使筒内料出净，料斗降落到坑内最低处。如需升起放置时，必须用链条将料斗扣牢。

（2）混凝土振捣器

①使用前检查各部应连接牢固旋转方向正确。

②振捣器不得放在初凝的混凝土、地板、脚手架、道路和干硬的地面上进行试振。如检修或作业间断时应切断电源。

③插入式振捣器软轴的弯曲半径不得小于50cm，并不得多于两个弯。振捣棒应自然垂直地沉入混凝土，不得用力硬插、斜推或使钢筋夹住棒头，也不得全部插入混凝土中。

④振捣器应保持清洁，不得有混凝土黏结在电动机外壳上，妨碍散热。

⑤作业转移时，电动机的导线应保持足够的长度和松度，严禁用电源线拖拉振捣器。

⑥用绳拉平板振捣器时，拉绳应干燥绝缘。移动或转向时，不得用脚踢电动机。

⑦振捣器与平板应保持紧固，电源线必须固定在平板上，电器开关应装在手把上。

⑧在一个构件上同时使用几台附着式振捣器工作时，所有振捣器的频率必须相同。

⑨操作人员必须穿绝缘胶鞋和绝缘手套。

⑩作业后必须做好清洗、保养工作。振捣器要放在干燥处。

4. 手持电动工具的安全事项

（1）使用刃具的机具应保持刃磨锋利、完好无损、安装正确、牢固可靠。

（2）使用砂轮的机具应检查砂轮与接盘间的软垫片，安装稳固、螺母不得拧得过紧。凡受潮、变形、裂纹、破碎、磕边、缺口或接触过油、碱类的砂轮均不得使用，并不得将受潮的砂轮片自行烘干使用。

（3）非金属壳体的电动机、电器在存放和使用时不应受压、受潮，并不得接触汽油等溶剂。

（4）作业前应检查：外壳、手柄不出现裂缝、破损；电缆软线及插头等完好无损，开关动作正常；各部防护罩齐全牢固，电气保护装置可靠；保护零线连接正确，牢固可靠。

（5）使用前应先检查电源电压是否和电动工具铭牌上所规定的额定电压相符。长期搁置未用的电动工具使用前，必须用500V兆欧表测定绕阻与机壳之间的绝缘电阻值，不得小于8MΩ，否则必须进行干燥处理。机具启动后应空载运转，检查并确认机具联动灵活无阻，作业时加力应平稳不得用力过猛。

（6）严禁超载使用电动工具，连续使用的时间也不宜过长，否则微型电机容易过热损坏甚至烧毁。作业时间2h左右、机具升温超过60℃时，应停机自然冷却后再作业。

（7）使用电动工具时，操作所使用的压力不能超过电动工具所允许的限度；切忌单纯求快而用力过大，致使电机因超负荷运转而损坏。

（8）操作人员操作时要站稳使身体保持平衡；不得穿宽大的衣服，不戴纱手套，以免卷入工具的旋转部分。

（9）作业中不得用手触摸刀具、模具和砂轮，发现其有磨钝、破损情况时应立即停机修整或更换。

（10）电动工具在使用中，不得任意调换插头，更不能不用插头而将导线直接插入插座内。当电动工具需调换工作头时，应及时拔下插头，但拔下插头前要先拔下电源线。插插头时开关应在断开位置，以防突然启动工具。

（11）移动电动工具时，必须握持工具的手柄，不能用拖拉橡皮软线来搬运工具，并随时注意防止橡皮软线擦破、割断和轧坏现象，以免造成人身事故。

（12）电动工具不适宜在含有易燃、易爆或腐蚀性气体及潮湿等特殊环境中使用，并应存放于干燥、清洁和没有腐蚀性气体的环境中。对于非金属壳体的电机、电器在存入和使用时，应避免与汽油等接触。

任务七　施工安全检查

建设工程安全检查的目的在于发现不安全因素（危险因素）的存在状况。建设工程安全检查的意义在于通过检查减少建设工程安全事故的发生，提前发现可能发生事故的各种不安全因素（危险因素），针对这些不安全因素制定防范措施，最终保证建设工程在安全状态下施工，保护工作人员的安全。

一　施工现场安全检查的内容

安全检查的主要内容是查制度、查机构设置、查安全设施、查安全教育培训、查操作规程、查劳保用品使用、查安全知识掌握情况和伤亡事故及处理情况等。

1. 安全管理的检查

（1）安全生产责任制。必须建立安全生产责任制，责任制包括各个层次、各个工种、各个岗位，人人都要有安全生产责任。对各级各部门是否执行安全责任制要经考核，并检查经济承包合同有无安全生产指标。

（2）安全教育。安全教育是建筑施工安全管理的重要组成部分，它旨在提高员工的安全意识，使员工掌握一般的安全技能和应知应会内容，因此要对安全教育这一项着重检查。如入场员工是否进行了安全教育、员工变换工种时是否进行了安全教育、员工是否懂得本工种安全技术操作规程等。

（3）施工组织设计。施工组织设计是建筑工程施工的总纲，它必须包含安全管理的内容，检查施工组织设计中有无安全措施，或安全措施是否经过了审批，安全措施是否全面，是否有针对性等。

（4）分部分项工程安全技术交底。这是安全施工的纲领性文件，应检查是否进行了安全技术交底，交底是否有针对性，是否全面，是否履行了签字手续。

（5）特种作业持证上岗。这是规范作业人员安全行为的强制手段，若特种作业人员未做到持证上岗，则不能从事特种作业，应检查特种作业人员和特殊工种是否经过培训考核合格或者是否有非特种工从事特种作业现象。

（6）工程日常检查。应检查是否建立了定期安全检查制度，日常安全检查有无记录，或对检查出的隐患整改是否做到定人员、定时间、定措施，或对重大事故隐患整改通知书所列项目是否都能如期完成。

（7）班前安全活动。这是班组安全活动的重要内容，也是班组有效防止事故的重要措施。应检查施工班组是否建立了班前安全活动制度，班前安全活动有无记录。

（8）遵章守纪。员工的遵章守纪是建筑施工安全的重要保障，在施工工地应检查员工或管理人员是否有违章现象。

（9）工伤事故管理。对于一个建筑施工工地来说，若发生了工伤事故应检查是否按事故调查处理程序办事，是否做到"四不放过"（事故原因未查清不放过，责任人员未处理不放过，整改措施未落实不放过，有关人员未受到教育不放过），发生了工伤事故是否按规定进行报告，是否建立了工伤事故档案。

2. 文明施工的检查

文明施工的检查内容包括：

（1）现场围挡封闭是否安全；

（2）《建筑施工安全检查标准》（JGJ 59—2011）标准各项要求是否落实。

（3）各项防护措施是否到位。

（4）现场安全标志、标识是否齐全。

（5）施工场地、材料堆放是否整洁明了。

（6）各种消防配置、各种易燃物品保管是否达到消防要求。

（7）各级消防责任是否落实。

（8）现场治安、宿舍防范是否达到要求。

（9）现场食堂卫生管理是否达标。

（10）卫生防疫的责任是否落实。

（11）社区共建、不扰民措施是否落实。

3. 脚手架工程的检查

脚手架工程的检查内容包括以下几个方面：

（1）落地、悬挑、门型脚手架、吊篮、挂脚手架、附着式提升脚手架的方案是否经过审批。

（2）立杆基础。现场检查每10延长米立杆基础是否平整、是否经夯实，每10延长米脚手架立杆是否有底座或垫木，每10延长米立杆有无扫地杆。

（3）立杆间距、大、小横杆，斜撑，剪刀撑是否达到要求；脚手板与防护栏杆是否规范；升降操作是否达到规范要求。

（4）架体与建筑物拉结点是否足够，是否坚固。

（5）施工层脚手板铺设是否铺满，有无探头板。

（6）脚手架材质是否符合相关规范要求，木或竹跳板两头是否扎有钢丝。

（7）承重脚手架是否符合负荷量。

（8）是否设置了上下通道，或通道设置是否符合规范要求。

4. "五临边"及"四口"防护的检查

（1）安全帽。在施工现场有无不戴安全帽现象，从事粉尘作业的工人有无不戴防尘罩现象。

（2）安全网。首层是否有安全网，是否满足规定，是否随施工高度上升安全网（高层），安全网是否按规定设计支杆，数量是否符合规定，有无弯曲断裂现象。

（3）安全带绑扎是否符合要求，有无不系安全带现象。

（4）现场检查有无防护门、栏，有无防护不平现象。

（5）现场检查有无防护盖板，防护是否严密。

（6）现场检查有无防护措施，防护是否严密、牢固，材质是否符合要求。

（7）阳台、楼板、屋面等临边防护。现场检查临边有无防护，防护是否严密。

5．施工用电的检查

（1）在建工程与临边高压线的距离是否符合规定要求，有无防护措施或防护是否严密。

（2）支线架设。配电箱下引出线是否存在混乱现象，是否存在电线皮漏电现象，线路过道有无防护。

（3）现场照明。手持照明灯是否使用安全电压，危险场所是否使用安全电压，有无电线老化、皮破、绝缘差现象，是否存在导线未绑绝缘杆上现象，照明线路及灯具距离是否符合规定。

（4）低压干线架设。电杆上有无横担、有无绝缘子，是否有违反规程将电线架设在脚手架上、树上等现象。

（5）开关箱。位置安装是否恰当，有无防雨措施，有无保护接地，是否符合"一机一闸一保护"原则，是否存在无门无锁或箱内有杂物等现象。

（6）熔断丝。安装是否符合要求，有无用其他金属代替熔断丝现象。

（7）变配电装置。是否符合安全要求。

6．机械设备（提升机、外用电梯、塔式起重机、起重吊装）的检查

（1）各种机械设备的施工、搭拆方案是否经过审批。

（2）各种机械设备的检测报告、验收手续是否齐全。

（3）各种机械设备的安装是否按照施工方案进行。

（4）各种机械设备的安全保护装置是否安全可靠、灵敏有效。

（5）各种机械设备的机况、机貌是否良好；机械设备的例保是否正常。

（6）各种机械配置是否达到规范要求；机械设备操作人员是否持证上岗。

7．基坑支护与模板工程的检查

（1）基坑支护方案、模板工程施工方案是否经过审批。

（2）基坑临边防护、坑壁支护、排水措施是否达到方案要求。

（3）模板支撑部位是否稳定。

（4）操作人员是否遵守安全操作规程。

（5）模板支、拆的作业环境是否安全。

二、安全检查的形式

建筑工程安全检查的形式分为日常性检查、专业性检查、季节性检查、节假日前后的

检查和不定期的特种检查五种。

1. 日常安全检查

日常安全检查是指按建筑工程的检查制度每天都进行的、贯穿生产过程的安全检查。

2. 专业性安全检查

对易发生安全事故的大型机械设备、特殊场所或特殊操作工序，除综合性检查外，还应组织有关专业技术人员、管理人员、操作工人，或委托有资格的相关专业技术检查评价单位进行安全检查。

3. 季节性安全检查

季节性安全检查是根据季节特点对建筑工程安全的影响，由安全部门组织相关人员进行的检查。如春节前后以防火、防爆为主要内容的检查，夏季以防暑降温为主要内容的检查，雨季以防雷、防静电、防触电、防洪、防建筑物倒塌为主要内容的检查等。

4. 节假日前后的安全检查

节假日前要针对职工思想不集中、精力分散，进行提示注意的综合安全检查。节后要进行遵章守纪的检查，防止人的不安全行为而造成事故。

5. 不定期的特种检查

由于新、改、扩建工程的新作业环境条件、新工艺、新设备等可能会带来新的不安全因素（危险因素），在这些设备、设施投产前后的时间内应进行竣工验收检查。

三　安全检查的重点

1. 前期准备阶段安全检查的重点

前期准备阶段重点检查以下内容：施工组织设计及安全技术方案的完整性、针对性和有效性；用电、用水的牢固性、可靠性和安全性；目标、措施策划的前瞻性、合理性和可行性；安全责任制的职责、目标、措施落实的全面性；施工人员的上岗资质、务工手续的周密性。

2. 基础施工阶段安全检查的重点

基础施工阶段重点检查以下内容：施工人员的教育培训资料、分包单位的安全协议、人员证件资料；用电用水的安全度、机械设备的状况及检测报告；安全围护、基坑排水、污染处理的落实；安保体系的运转状况和实施效果。

3. 主体结构施工阶段安全检查的重点

主体结构施工阶段重点检查以下内容：脚手架、登高设施的完整性；员工遵章守纪的自觉性、技术操作的熟练性；用电用水、机械设备状况的安全性；洞口临边的围挡、围护的可靠性；场容场貌、环境卫生、文明创建工作长效管理的有效性；危险源识别、告示及管理的针对性；动火程序、消防器材管理及配置的严密性。

4. 装修施工阶段安全检查的重点

装修施工阶段重点检查以下内容：场容场貌、环境卫生、文明创建工作常态管理的持久性；危险源识别、告示及管理的针对性；动火程序、消防器材、易燃物品管理的严密性；中、小型机械的安全性能和防坠落防触电措施的落实。

5. 竣工扫尾阶段安全检查的重点

竣工扫尾阶段重点检查以下内容：装修扫尾、总体施工的安全措施；易燃易爆物品的使用、存放管理；通水通电、安装调试的安全措施；材料设备清理撤退的安全措施；竣工备案、安全评估的资料汇总。

四 安全检查标准、记录及反馈

1. 安全检查的标准

安全检查标准依据《建筑施工安全检查标准》(JGJ 59—2011)等规范、标准进行检查。结合《建设工程安全生产管理条例》、《施工企业安全生产评价标准》(JGJ/T 77—2010)、《施工现场安全生产保证体系》、文明工地的评比标准和有关规范要求进行检查评分，力求达到各项规定要求的一致性。

2. 安全检查的考核

安全检查的考核评分依据《建筑施工安全检查标准》(JGJ 59—2011)、《施工企业安全生产保证体系》、文明工地的评比标准以及公司的安全检查评分内容进行百分制考核评分。考核评分进行累计计算，作为对分公司、项目部安全工作的评比考核。

3. 安全检查记录与反馈

各级安全检查必须做好检查记录。对发现的隐患必须进行整改，整改必须有复查记录。项目部对上级检查所提出的整改要求，必须在限定时间内进行整改，并向分公司提出复查，待分公司复查后进行封闭或报公司备案。各级安全生产检查工作及资料都要实施封闭管理。

五 安全检查处理程序

1. "安全检查记录表"程序

分包单位、项目部、分公司、公司在安全检查中，对所发现的安全隐患和违章行为，除立即消除及纠正外，必须填写"安全检查记录表"（以下简称"记录表"）交由项目部签收，项目部在按照要求进行整改后，于签发日3日内反馈给分公司，待分公司复查后将"记录表"反馈给检查单开具部门。

2. "安全检查处理通知单"程序

项目部、分公司、公司在安全检查中，对所发现的安全隐患和违章行为，除立即消除及纠正外，认为必须作出罚款的，须填写"安全检查处理通知单"，实施奖罚程序。

3. "安全检查整改单"程序

项目部、分公司、公司在安全检查中，对所发现的安全隐患和违章行为，除立即消除及纠正外，认为可以做出整改通知的，必须填写"安全检查整改单"，交由项目部签收，项目部在按照要求进行整改后，于签发日起5日内反馈给分公司，待分公司复查后将"记录表"反馈给检查单开具部门。

4. "安全检查谈话单"程序

分公司、公司在安全检查中，对所发现的安全隐患和违章行为，除立即消除及纠正外，认为有必要要求分包单位、项目部的安全生产责任人必须重视所存在的问题,可以填写"安全检查谈话单",交由项目部签收。被谈话人必须按安全检查谈话单的要求在指定时间和地点接受谈话。

5."安全停工整改单"程序

分公司、公司在安全检查中,对所发现的安全隐患和违章行为,除立即阻止外,认为一定要进行停工整改的,必须填写"安全停工整改单",交由项目部签收。项目部必须按照安全停工整改单要求进行全面的安全整改。整改完毕后,由项目部向安全停工整改单开具部门提出复查申请,待复查通过后才能组织施工。

六 建筑施工安全检查评分方法

(1)建筑施工安全检查评定中,保证项目应全数检查。

(2)建筑施工安全检查评定应符合《建筑施工安全检查标准》(JGJ 59—2011)的规定。

建筑施工安全检查评定应符合《建筑施工安全检查标准》(JGJ 59—2011)第3章中各检查评定项目的有关规定,并应按该标准附录A、附录B的评分表进行评分。

检查评分表应分为安全管理、文明施工、脚手架、基坑工程、模板支架、高处作业、施工用电、物料提升机与施工升降机、塔式起重机与起重吊装、施工机具分项检查评分表和检查评分汇总表。

《建筑施工安全检查标准》附录A,B

(3)各评分表的评分应符合下列规定:

①分项检查评分表和检查评分汇总表的满分分值均应为100分,评分表的实得分值应为各检查项目所得分值之和。

②评分应采用扣减分值的方法,扣减分值总和不得超过该检查项目的应得分值。

③当按分项检查评分表评分时,保证项目中有一项未得分或保证项目小计得分不足40分,此分项检查评分表不应得分。

④检查评分汇总表中各分项项目实得分值应按下式计算:

$$A_1 = \frac{B \times C}{100} \tag{7-1}$$

式中:A_1——汇总表各分项项目实得分值;
　　　B——汇总表中该项应得满分值;
　　　C——该项检查评分表实得分值。

⑤当评分遇有缺项时,分项检查评分表或检查评分汇总表的总得分值应按下式计算:

$$A_2 = \frac{D}{E} \times 100 \tag{7-2}$$

式中:A_2——遇有缺项时总得分值;
　　　D——实查项目在该表的实得分值之和;
　　　E——实查项目在该表的应得满分值之和。

⑥脚手架、物料提升机与施工升降机、塔式起重机与起重吊装项目的实得分值，应为所对应专业的分项检查评分表实得分值的算术平均值。

七、评定等级

（1）参考《建筑施工安全检查标准》（JGJ 59—2011）评定等级。应按汇总表的总得分和分项检查评分表的得分，将建筑施工安全检查评定划分为优良、合格、不合格三个等级。

（2）建筑施工安全检查评定的等级划分应符合下列规定：

①优良：分项检查评分表无零分，汇总表得分值应在 80 分及以上。

②合格：分项检查评分表无零分，汇总表得分值应在 80 分以下，70 分及以上。

③不合格：当汇总表得分值不足 70 分时；当有一分项检查评分表得零分时。

（3）当建筑施工安全检查评定的等级为不合格时，必须限期整改达到合格。

某公司安全生产文明施工检查制度

【案例 7-2】 某公司安全生产文明施工检查制度（见二维码内容）

思考与练习

1. 基坑发生坍塌前有哪些迹象？
2. 基坑支护安全技术措施有哪些？
3. 简述脚手架、安全网的技术要求。
4. 简述模板工程的安全检查内容。
5. 简述交叉作业的安全防护措施。
6. 建筑施工中的"四口"是指什么？电梯井口如何进行安全防护？
7. 建筑施工中的"五临边"分别是指哪五临边？
8. 文明施工检查包括哪些内容？
9. 主体施工阶段安全检查的重点有哪些？
10. 建筑施工安全检查评定划分为几个等级？安全检查如何评定？

技能测试题

一、单选题

1. 三级基坑为开挖深度小于（ ）m，且周围环境无特别要求的基坑。
   A. 4　　　　　B. 5　　　　　C. 7　　　　　D. 8

2. 基坑支护与降水、土方开挖必须编制专项施工方案，并出具安全验算结果，经施工单位（ ）、监理单位总监理工程师签字后实施。

A. 技术负责人   B. 项目经理   C. 工长   D. 施工员

3. 模板安装作业必须搭设操作平台的最小高度是（   ）m。
   A. 2.0   B. 1.8   C. 1.5   D. 2.5

4. 扣件式钢管脚手架立柱底部必须设置纵横向扫地杆，纵向扫地杆距离底座的限制高度为（   ）mm。
   A. 200   B. 250   C. 300   D. 350

5. 下列对物料提升机使用的叙述，正确的是（   ）。
   A. 只准运送物料，严禁载人上下
   B. 遇有紧急情况可以载人
   C. 安全管理人员检查时可以乘坐吊篮上下
   D. 维修人员可以乘坐吊篮上下

6. 脚手架外侧边缘与外电架空线路的边缘之间的最小安全距离应大于（   ）m。
   A. 4   B. 5   C. 6   D. 8

7. 模板作业高度在（   ）m 以上时，要按高处作业要求进行防护。
   A. 2   B. 3   C. 4   D. 5

8. 土方开挖时，槽、坑、沟边（   ）m 以内不得堆土、堆料和停放机具。
   A. 1   B. 1.5   C. 2   D. 2.5

9. 土方开挖时，支撑的安装必须按（   ）的顺序施工。
   A. 先开挖再支撑
   B. 开槽支撑先撑后挖
   C. 边开挖边支撑
   D. 挖到槽底再支撑

10. 攀登的用具、结构构造上必须牢固可靠。供人上下的踏板其使用荷载不应大于（   ）N。
    A. 1000   B. 1100   C. 1200   D. 1300

11. 楼板、屋面和平台等面上短边尺寸小于（   ）cm，但大于 2.5cm 的孔口必须用坚实的盖板盖设。
    A. 20   B. 25   C. 30   D. 35

12. 边长超过（   ）cm 的洞口，四周设防护栏杆，洞口下张设安全平网。
    A. 130   B. 150   C. 180   D. 200

13. 下层楼板混凝土强度达到（   ）MPa 以后，才能上料具，料具要分散堆放。
    A. 1   B. 1.2   C. 2   D. 3

14. 支设柱模板高度在（   ）m 以上时，四周应设斜撑并设立操作平台。
    A. 2.5   B. 3   C. 4   D. 5

15. 脚手架立杆底座底面标高宜至少高于自然地坪（   ）mm。
    A. 100   B. 70   C. 50   D. 30

16. 墙面等处的竖向洞口，凡落地的洞口应加装固定式的防护门，门栅格的间距不应大于（   ）cm。
    A. 13   B. 14   C. 15   D. 16

17. 现浇钢筋混凝土梁、板，当跨度大于（   ）m 时应起拱。

A. 2　　　　　B. 3　　　　　C. 4　　　　　D. 5

18. 物料提升机缆风绳与地面的夹角为（　　）。

A. 45°　　　　B. 50°　　　　C. 60°　　　　D. 65°

19. 防护栏杆必须自上而下用安全立网封闭，或在栏杆下边设置严密固定的高度不低于（　　）cm的挡脚板或40cm的挡脚笆。

A. 14　　　　B. 16　　　　C. 18　　　　D. 20

20. 基坑采用人工降低地下水位排水工作，应持续到（　　）。

A. 排干净水

B. 边排水边施工

C. 排水差不多便可

D. 基础工程完毕，进行回填后

二、多选题

1. 钢管扣件式脚手架，使用旧扣件应检查的项目有（　　）。

A. 裂缝　　　B. 变形　　　C. 螺栓滑丝　　　D. 采购证明

E. 扣件重量

2. 打桩机工作时，严禁（　　）等动作同时进行。

A. 吊桩　　　B. 回转　　　C. 吊锤　　　D. 行走

E. 吊道桩器

3. 土方开挖的顺序、方法必须与设计工况相一致并遵循（　　）原则。

A. 开槽支撑　　B. 先撑后挖　　C. 分层开挖　　D. 严禁超挖

E. 边撑边挖

4. 建筑工程中的"四口"指的是（　　）。

A. 楼梯口　　B. 电梯口　　C. 预留洞口　　D. 通道口

E. 门窗洞口

5. 起重机的基本参数由（　　）组成。

A. 起重量　　B. 起升高度　　C. 起重力矩　　D. 幅度

E. 工作速度

6. 在下列（　　）部位进行高处作业必须设置防护栏杆。

A. 基坑周边　　　　　　　　B. 雨篷边

C. 挑檐边　　　　　　　　　D. 有外脚手架的屋面与楼层周边

E. 楼梯口和梯段边

7. 下列选项中，关于塔式起重机安全使用说法正确的有（　　）。

A. 塔式起重机使用前应检查安全装置的可靠性

B. 塔式起重机司机必须经专门培训持证上岗

C. 信号人员不用专门培训

D. 严禁塔式起重机吊运人员

E. 司机室内应配备适用的灭火器材

8. 下列关于出入口搭设防护棚的措施，做法正确的有（　　）。
   A. 通道上方搭设长 3～6m 的防护棚
   B. 防护棚两侧宽于通道各 1m
   C. 棚顶应满铺不小于 5cm 厚的木板
   D. 防护棚上部可堆放材料
   E. 防护棚两侧应沿栏杆用密目式安全网封严

项目八

建筑工程施工现场安全管理

能力目标

1. 具备施工现场的消防管理、文明施工管理的能力。
2. 具备现场临时用电、临时用水管理的能力。

素质要求

1. 树立"以人为本"的安全生产观念。
2. 增强消防安全意识,提高火灾预防常识。
3. 培养学生保护环境、健康工作的职业品质。

知识导图

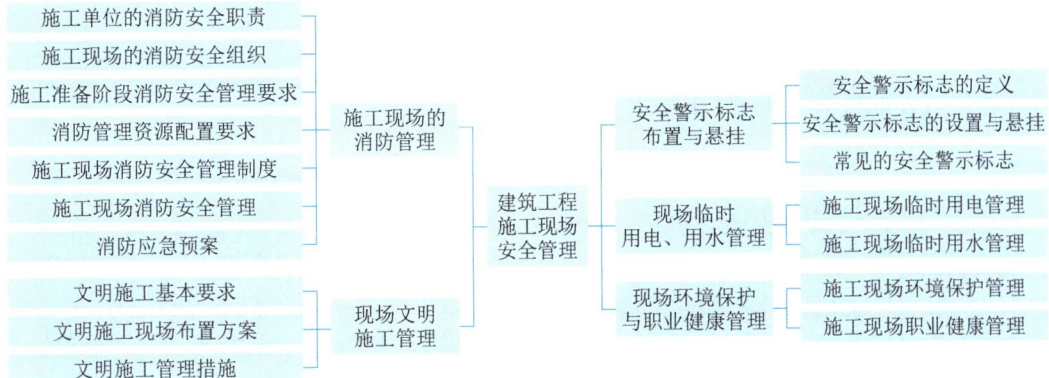

【项目引导】某在建工程项目,在框架主体九层焊接外柱钢筋时,因操作不当,致使焊渣掉落在堆放于七层外架的保温棉毡上,并且在易燃易爆材料没有燃烧起来前,未及时救火导致发生火灾事故,造成5人受伤、1人死亡,直接经济损失800万元。

【试　问】上述事故中哪个单位负主要责任?施工现场的消防安全管理要求和消防资源配置要求有哪些?除此之外,为防止施工现场产生安全事故,还应做好哪些方面的管理?

任务一 施工现场的消防管理

近年来，我国先后发生多起建筑工地火灾事故，造成了多人伤亡和重大财产损失，通过这些血的教训，使我们充分认识到工程施工期间消防安全管理的重要性。由于在建工程施工期间，建筑内部消防设施配备不完善、外部消防车道不通畅等原因，致使发生火灾后消防车不能迅速靠近建筑物，延迟了对火灾的扑救实施。另外人员疏散困难，也容易造成群死群伤的恶性事故。

要确保在建工程施工期间的消防安全，关键是要加强在建工程各参建单位的管理工作，提高消防安全意识，加强简易灭火器材的配备，提高火灾预防常识和火灾扑救能力。

一、施工单位的消防安全职责

建设工程施工现场的消防安全由施工单位负责，施工单位在施工中必须尽到的职责有：制定并落实消防安全制度、消防安全操作规程；对施工人员进行消防安全教育和培训；制定并落实消防安全检查制度和火灾隐患整改制度；制定易燃易爆化学物品使用与储存的防火、灭火制度和措施；按照有关规定配置消防器材；建立并落实消防设施、设备和器材的定期检查、维修、保养制度；建立消防档案。

二、施工现场的消防安全组织

建立消防安全组织，明确各级消防安全管理职责任务，是确保施工现场消防安全的重要前提。

（1）建立消防安全领导小组，负责施工现场的消防安全领导工作。某施工现场消防领导小组组成及职责框图如图8-1所示。

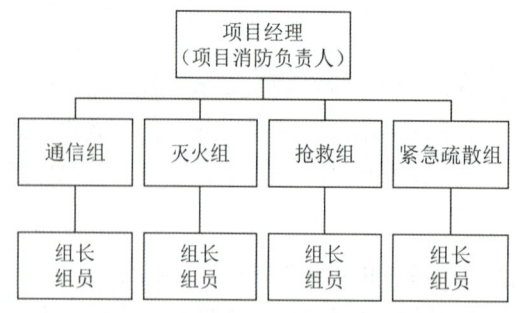

项目消防负责人：工地防火安全的第一责任人，负责本工地的消防安全。
通信组：火险发生时，负责电话报告消防安全工作组和上级相关部门；视火情拨打119，广播告知全体人员。
灭火组：负责消防设施完善和消防用具准备，负责检查用电、用火安全；火险发生时，立即参加救火救灾工作。
抢救组：负责做好将伤员及时送往医院的准备工作。
紧急疏散组：负责制定紧急疏散方案，明确逃生途径与办法；负责紧急疏散时人员的安全

图8-1 某施工现场消防领导小组组成及职责框图

（2）成立消防安全保卫组（部），负责施工现场的日常消防安全管理工作。

（3）成立义务消防队，负责施工现场的日常消防安全检查，消防器材维护和初期火灾扑救工作。

（4）项目经理是施工现场的消防安全责任人，对施工现场的消防安全工作全面负责；同时确定一名主要领导为消防安全管理人，具体负责施工现场的消防安全工作；配备专、兼职消防安全管理人员（消防干部、消防主管），负责施工现场的日常消防安全管理工作。

三　施工准备阶段消防安全管理要求

施工准备阶段消防安全管理的重点主要是做好基础工作、完善基础设施，为实施有效管理夯实基础。

（1）制定完善的施工组织设计，并将消防设施配置、消防技术措施纳入施工组织设计之中。

（2）制定详细的切实可行的施工现场消防安全保卫方案（措施）。

（3）在建设工程开工前将施工组织设计、施工现场消防安全保卫方案（措施）及相关技术资料，报送建设单位及监理单位审查，待审查合格后方可施工。

（4）明确消防安全责任，开展消防安全教育。甲、乙双方及各分包单位应签订"消防安全责任书"，施工单位对全体施工人员进行消防知识普及教育率应达到100%，对电气焊工等重点工种人员的消防专项教育培训率应达到100%。

四　消防管理资源配置要求

1. 工程内部消防给水的设置

根据火灾资料的统计及公安部关于建筑工地防火基本措施的规定，高度大于24m或单体体积超过30000m^3的在建工程内应设置临时室内消防给水系统。

2. 工程内消防给水管网

临时竖管不应小于两根，宜成环状布置，每根竖管的直径应根据要求的水柱股数，按最上层消火栓出水计算，但不应小于100mm。

3. 工程内的临时消火栓及其布置

工程内临时消火栓应分设于位置明显且易于操作的部位，并应保证消火栓的充实水柱能到达工程内任何部位。栓口出水方向宜与墙壁成90°角，离地面1.2m。消火栓口径应为65mm，配备的水带每节长度不宜超过20m，水枪喷嘴口径不应小于19mm。每个消火栓处宜设启动消防水泵的按钮。

4. 施工现场灭火器的配备

（1）一般临时设施区，每100m^2配备两个10L灭火器，大型临时设施总面积超过1200m^2的，应备有专供消防用的太平桶、积水桶（池）、黄砂池等消防器材设施。

（2）临时木工间、油漆间和木、机具间等，每25m^2应配置一个种类合适的灭火器。油库、危险品仓库应配备足够数量各类灭火器。

（3）仓库或堆料场内应根据灭火对象的特性，分组布置酸碱、泡沫、清水、二氧化碳等灭火器，每组灭火器不应少于4个，每组灭火器之间的距离不应大于30m。

五 施工现场消防安全管理制度

1. 消防安全教育、培训制度

(1) 创办消防知识宣传栏、开展知识竞赛等多种形式,提高全体员工的消防安全意识。

(2) 定期组织员工学习消防法规和各项规章制度,做到依法治火。

(3) 各部门应针对岗位特点进行消防安全教育培训。

(4) 对消防设施维护保养和使用人员应进行实地演示和培训。

(5) 对新员工进行岗前消防培训,经考试合格后方可上岗。

(6) 因工作需要,员工换岗前必须进行再教育培训。

(7) 消控中心等特殊岗位要进行专业培训,经考试合格,持证上岗。

2. 防火巡查、检查制度

(1) 落实逐级消防安全责任制和岗位消防安全责任制,落实巡查检查制度。

(2) 消防工作归口管理职能部门每日对公司进行防火巡查。每月对工程进行一次防火检查并复查追踪改善。

(3) 检查中发现火灾隐患,检查人员应填写防火检查记录,并按照规定要求有关人员在记录上签名。

(4) 检查部门应将检查情况及时通知受检部门,各部门负责人应负责每日消防安全检查情况通知,若发现本工程存在火灾隐患,应及时整改。

(5) 对检查中发现的火灾隐患未按规定时间及时整改的,根据奖惩制度给予处罚。

3. 安全疏散设施管理制度

(1) 施工现场应保持疏散通道、安全出口畅通,严禁占用疏散通道,严禁在安全出口或疏散通道上安装栅栏等影响疏散的障碍物。

(2) 应按规范设置符合国家规定的消防安全疏散指示标志和应急照明设施。

(3) 应保持防火门、消防安全疏散指示标志、应急照明、机械排烟送风、火灾事故广播等设施处于正常状态,并定期组织检查、测试、维护和保养。

(4) 严禁在营业或工作期间将安全出口上锁。

(5) 严禁在营业或工作期间将安全疏散指示标志关闭、遮挡或覆盖。

4. 消防设施、器材维护管理制度

(1) 消防设施日常使用管理由专职管理员负责,专职管理员每日检查消防设施的使用状况,保持设施整洁、卫生、完好。

(2) 消防设施及消防设备的技术性能的维修保养和定期技术检测由消防工作归口管理部门负责,设专职管理员每日按时检查了解消防设备的运行情况。查看运行记录,听取值班人员意见,发现异常及时安排维修,使设备保持完好的技术状态。

(3) 消防器材管理:每年在冬防、夏防期间定期两次对灭火器进行普查;派专人管理,定期巡查,保证消防器材处于完好状态;对消防器材应经常检查,发现丢失、损坏应立即补充并上报领导；各部门的消防器材由本部门管理，并指定专人负责。

5. 用火、用电安全管理制度

（1）用火安全管理：严格执行动火审批制度，确需动火作业时，作业单位应按规定向消防工作归口管理部门申请"动火许可证"。动火作业前应清除动火点附近 5m 区域范围内的易燃易爆危险物品或进行适当的安全隔离，并向保卫部借取适当种类、数量的灭火器材随时备用，结束作业后应及时归还，若有动用应如实报告。如在作业点就地动火施工，应按规定向主管人员申请，申请部门需派人现场监督并不定时派人巡查。离地面 2m 以上的高架动火作业，必须保证有一人在下方专职负责随时扑灭可能引燃其他物品的火花。

（2）用电安全管理：严禁随意拉设电线，严禁超负荷用电；电气线路、设备安装应由持证电工负责；各部门下班后该关闭的电源应予以关闭；禁止私用电热棒、电炉等大功率电器。

6. 火灾隐患整改制度

（1）各部门对存在的火灾隐患应当及时予以消除。

（2）在防火安全检查中，应对所发现的火灾隐患进行逐项登记，并将隐患情况书面下发各部门限期整改，同时要做好隐患整改情况记录。

（3）在火灾隐患未消除前应当落实防范措施，确保隐患整改期间的消防安全，对确无能力解决的重大火灾隐患，应当提出解决方案，及时向本工程消防安全责任人报告，并由单位上级主管部门或当地政府工作报告。

（4）对建设方或监理方责令限期改正的火灾隐患，应当在规定的期限内改正并写出隐患整改的复函。

7. 可燃及易燃易爆危险品管理制度

（1）易燃、易爆物品的防火要求

①易燃、易爆物品在储存、使用、运输过程中必须认真执行国家有关规定。

②各种易燃、易爆化学物品仓库不准使用易燃建筑材料，库内要通风良好，不准安装电源设施。

③施工现场使用易燃、易爆物品必须有专业人员负责，建立健全领退登记制度，使用时不得超过当天用量，存放不得靠近火源、热源。

④凡因工作需要较多易燃、易爆物品时，应制定防火措施，由项目部管理人员逐级向使用班组人员进行消防安全交底。

⑤在办公室等场所不准存放易燃、易爆物品。

⑥露天堆放木材应分组和分垛，并留出必要的防火间距，堆场的总储量以及与建筑物等之间的防火距离必须符合建筑设计防火规范的规定。

⑦使用各种可燃、易燃液体、气体的罐要由专人负责，管道和阀门需安全可靠；一旦发生跑、冒、滴、漏现象，应及时抢修。

（2）仓库易燃易爆物品的防火要求

①仓库的消防道路必须保持畅通，有足够的消防器材和设备，有明显的防火标志。

②库存物品应当分类储存，易燃物品和一般物品严禁混存，必须分间、分库储存，并在醒目处标明储存物品的名称、性质和灭火方法。

③仓库内不准使用碘钨灯和超过60W的白炽灯等高温照明灯具。使用日光灯等低温照明灯具和其他防燃型照明灯具时，应对镇流器采取隔热、散热等防火保护措施，确保安全。

④仓库管理员应熟知《仓库防火安全管理规定》，熟悉所有货物的性质、特点。在整理、存放、搬运、使用时，应注意防火安全。

8. 消防定期检查记录及演习训练

施工现场应有明显的防火宣传标志。每半月对现场进行一次消防检查；每季度召开一次治安、保卫会议，培训一次义务消防队。为了提高义务消防人员的素质，应定期进行模拟训练演习。

六 施工现场消防安全管理

1. 施工现场安全用电消防管理措施

（1）施工现场发生火灾的主要原因

施工现场发生火灾的主要原因如下：电气线路过负荷引起火灾；线路短路引起火灾；接触电阻过大引起火灾；变压器、电动机等设备运行故障引起火灾；电热设备、照灯具使用不当引起火灾；电弧、电火花引起火灾。

施工现场由于电气引发的火灾原因还有许多，这就要求用电人员和现场管理人员认真执行操作规程，加强检查，进行预防。

（2）预防电气火灾措施

针对电气火灾发生的原因，施工组织设计中要制定出有效的预防措施。

①施工组织设计时要根据电气设备的用电量正确选择导线截面，从理论上杜绝线路过负荷使用；电气保护装置要认真选择，当线路上出现长期过负荷时，保护装置能在规定时间内动作保护线路。

②导线架空敷设时其安全间距必须满足规范要求，当配电线路采用熔断器进行短路保护时，熔断器的额定电流一定要小于电缆或穿管绝缘导线允许载流量的2.5倍，或明敷绝缘导线允许载流量的1.5倍。经常教育用电人员正确执行安全操作规程，避免作业不当造成火灾。

③电气操作人员要认真执行规范，正确连接导线，接线柱要压牢、压实。各种开关触头要压接牢固，铜铝连接时要有过渡端子，多股导线要用端子或涮锡后再与设备安装，以防加大电阻引起火灾。

④配电室的耐火等级要大于三级，室内配置砂箱和绝缘灭火器。严格执行变压器的运行检修制度，按季度每年进行四次停电清扫和检查。现场中的电机严禁超载使用，电机周围应无易燃物，发现问题及时解决，保证设备正常运转。

⑤施工现场内严禁使用电炉子。使用碘钨灯时，灯与易燃物间距应大于30cm，室内不

准使用功率超过100W的灯泡，严禁使用床头灯。

⑥使用焊机时要执行动火证制度，并有人监护，施焊周围不能存在易燃物品，并备齐防火设备。电焊机要放在通风良好的地方。

⑦施工现场的高大设备和有可能产生静电的电气设备要做好防雷接地和防静电接地，以免雷电及静电火花引起火灾。

⑧存放易燃气体和易燃物品仓库内的照明装置一定要采用防爆型，导线敷设、灯具安装、导线与设备连接均应满足有关规范要求。

⑨配电箱、开关箱内严禁存放杂物及易燃物品，并派专人负责定期清扫。

⑩设有消防设施的施工现场，消防泵的电源要由总箱中引出专用回路供电，而且此回路不得设置漏电保护器，当电源发生接地故障时可以设单相接地报警装置。有条件的施工现场，此回路供电应采用双电源供电，供电线路应在末端可切换。

⑪施工现场应建立防火检查制度，强化电气防火领导体制，建立电气防火队伍。

⑫施工现场一旦发生电气火灾时，扑灭电气火灾应注意以下事项：

a. 迅速切断电源，以免事态扩大。切断电源时应戴绝缘手套，使用有绝缘柄的工具。当火场离开关较远需剪断电线时，火线和零线应分开错位剪断，以免在钳口处造成短路，并防止电源线掉在地上造成短路使人员触电。

b. 当电源线因其他原因不能及时切断时，迅速派人去供电端拉闸。灭火时，人体的各部位与带电体应保持一定充分距离，必须穿戴绝缘用品。

c. 扑灭电气火灾时要用绝缘性能好的灭火剂，如干粉灭火机、二氧化碳灭火器、1211灭火器或干燥砂。严禁使用导电灭火剂进行扑救。

2. 施工现场电焊消防安全管理措施

（1）焊工必须持证上岗，无操作证的人员，不准进行焊、割作业。

（2）凡属一～三级动火范围的焊、割作业，未办理动火审批手续，不准进行焊、割。

（3）焊工不了解焊、割现场周围情况，不得进行焊、割。

（4）焊工不了解焊件内部是否安全时，不得进行焊、割。

（5）各种装过可燃气体，可燃液体和有毒物质的容器，未经彻底清洗，排除危险性之前，不准进行焊、割。

（6）用可燃材料作保温层、冷却层、隔热设备的部位，或火星能够溅到的地方，在未采取切实可靠的安全措施之前，不准进行焊、割。

（7）有压力或密闭的管道、容器，不准进行焊、割。

（8）焊、割部位附近有易燃易爆物品时，在未作清理或未采取有效的安全措施之前，不准进行焊、割。

（9）附近有与明火作业相抵触的工种在作业时，不准焊、割。

（10）与外单位相连的部位，在没有弄清有无险情，或明知存在危险而未采取有效的措施之前，不准进行焊、割操作。

3. 施工现场气割、气焊消防安全管理

（1）乙炔瓶、氧气瓶及软管、阀表均不得沾染油污。软管接头不得用紫铜质材料制作。

（2）乙炔瓶、氧气瓶和焊炬间的距离不得小于 5m，否则应采取隔离措施。同一地点有两个以上乙炔瓶时，其间距不得小于 10m。

（3）乙炔瓶应放在操作地点的上风处，不得放在高压线及一切电线的下面。不得放在强烈日光下暴晒。四周应设围栏、悬挂"严禁烟火"标志。

（4）新橡胶软管必须经压力试验。未经压力试验的或代用品及变质、老化、脆裂、漏气及沾土油脂的胶管均不得使用。

（5）不得将橡胶软管放在高温管道和电线上，或将重物或热的物件压在软管上，更不得将软管与电焊用的导线敷设在一起。软管经过行车道时应加护套或盖板。

（6）氧气瓶应与其他易燃气瓶、油脂和其他易燃、易爆物品分别存放，不得同车运输。氧气瓶应有防振圈和安全帽。平放不得倒置，不得在强烈日光下暴晒。严禁用起重机吊运氧气瓶。

（7）开启氧气瓶阀门时，应用专用工具，动作要缓慢，不得面对减压器，但应观察压力表指针是否灵敏正常。氧气瓶中的氧气不得全部用尽，至少应留 49kPa（0.5kgf/cm^2）的剩余压力。

（8）严禁使用未安装减压器的氧气瓶进行作业。

（9）安装减压器时，应先检查氧气瓶阀门接头确保无油脂，并略开氧气瓶阀门，此时须先松开减压器的活门螺栓（不可紧闭）。

（10）点燃焊（割）炬时，应先开乙炔阀点火，然后开氧气阀调整火焰。关闭时应先关闭乙炔阀，再关闭氧气阀。

（11）在作业中如发现氧气瓶阀门失灵或损坏不能关闭时，应让瓶内的氧气自动逸尽后，再行拆卸修理。

（12）发现乙炔瓶因漏气着火燃烧时，应立即把乙炔瓶朝安全方向推倒，并用黄砂扑灭火种。

（13）乙炔软管、氧气软管不得错装。氧气软管着火时，不得折弯软管断气，应迅速关闭氧气阀门，停止供氧。乙炔软管着火时，应先关熄炬火，可用折弯前面一段软管的办法来将火熄灭。

（14）冬季在露天施工，如软管和回火防止器冻结时，可用热水、蒸气或在暖气设备下化冻。严禁用火焰烘烤。

（15）不得将橡胶软管背在背上操作。焊枪内若带有乙炔、氧气时不得放在金属管、槽、缸、箱内。

（16）作业前未办理动火审批手续的严禁作业，作业施工现场必须配备灭火器等灭火设施，必须有监护人进行监护方可作业。

（17）作业后应卸下减压器，拧上气瓶安全帽。

4. 木工加工区消防安全管理措施

（1）木工加工区指定消防负责人，成立义务消防组织，按要求实行挂牌负责制。

（2）木工加工区要配备足够灭火器材，在醒目部位设置防火标志。

（3）木工加工区严禁吸烟，成品与木材分开存放，对产生的锯末、刨花要及时清理。

（4）木工加工区动力与照明线路的架设，要符合安全规范要求。

5. 仓库消防安全防范措施

（1）仓库应设专职保管员，仓库内物资排列有序，易燃物品与其他物品应分开保管。

（2）仓库必须配备灭火器、消防锹等消防器材，悬挂防火标志。

（3）仓库内严禁吸烟，禁止带火种进入库房。

（4）麻、棉类物资，必须存放在通风处，氧气瓶、乙炔瓶、油类、油漆类等易燃、易爆物品应设立专门库房，特殊保管，分类存放。

（5）仓库内严禁住人，禁止使用电炉等大功率电器，严禁动火。

（6）仓库指定消防负责人，成立义务消防组织，挂牌上墙。

七、消防应急预案

1. 项目部消防安全应急救援工作机构和职责

项目部消防安全应急救援工作领导小组由组长、副组长、成员等组成。领导小组负责消防安全和应急工作的组织、协调、监督、检查等全面工作。组长负责消防安全和应急全面工作；副组长负责分管消防安全工作具体事宜；小组成员由项目部各部室主要管理人员、各施工队负责人、各队专职消防员等组成，负责消防安全应急救援工作具体实施。

2. 项目部应急行动的资源配置

（1）灭火器材。灭火器日常按要求就位，紧急情况下集中使用，消防水管正常设置，并配备消防服装。

（2）医疗器材。担架、氧气袋、塑料袋、小药箱。

（3）照明器材。手电筒、应急灯36V以下安全线路、灯具。

（4）通信器材。电话、手机、对讲机、报警器。

（5）交通工具。工地常备一辆值班车辆。

3. 教育、训练、演练和检查

（1）由施工企业组织每年至少一次消防安全应急演练，具体安排另定。

（2）施工现场项目部生产安全事故应急救援工作组成员每年接受一次培训，掌握并且具备现场救援救护的基本技能，施工现场生产安全应急救援小组必须配备相应的急救器材和设备。小组每年进行1~2次应急救援演习和对急救器材设备的日常维修、保养，从而保证应急救援时正常运转。

（3）结合施工企业实际，每年进行消防安全大检查。

4. 人员疏散与安置

紧急疏散撤离路线必须依据施工总平面布置、建筑物的施工内容以及施工特点，确立应急状态时的紧急疏散撤离安全通道体系，体系包括垂直通道、水平通道与场外连接通道，各通道不得乱堆物资，长期保持畅通，确保应紧急疏散撤离路线能有效畅通。发生火灾时，关闭电路，所有起重设备（包括人货施工电梯）停止使用。

5. 应急人员安全措施

（1）火灾现场就近兼职消防灭火组人员对非爆炸、非封闭区域、无毒物质的火灾应执行疏散、报告、扑灭、撤离等顺序。

（2）消防灭火组人员进入火场使用消防服装。

（3）现场工作组长在发现火灾可能造成结构破坏、有毒有害气体挥发、人员体力不支、灭火器材使用完毕等情况后，在采取火灾隔离等紧急措施后应立刻宣布灭火组人员撤离。

任务二　现场文明施工管理

文明施工是现代化施工的一个重要标志，是施工企业一项基础性的管理工作。文明施工是施工企业管理水平的综合反映，是现代化施工本身的客观要求，是企业管理的对外窗口，文明施工有利于培养一支懂科学、善管理、讲文明的施工队伍。

一　文明施工基本要求

（1）认真贯彻执行国家法律法规，树立为国家、为项目建设单位提供优质服务的思想意识。

（2）经常与建设方及监理方保持联系，征求意见，互通信息，在建设方及监理方的指导下，使工程施工达到更高标准，全方位提高服务意识和水平。

（3）工程开工阶段，就要创造文明施工的良好开端，在施工阶段更要加强文明施工的管理与监督，从而实现对工程全过程的文明施工管理，不具备文明施工条件的不得开工。

（4）项目经理必须抓文明施工，具体由项目办公室负责，严禁以包代管，各单位负责人要把文明施工同安全施工放在同等重要的位置，认真贯彻于本工程的施工全过程。

（5）建立、健全文明施工管理制度和实施办法，必要时报建设方及监理方备案，并经常检查，定期评比。

（6）施工现场设置文明施工责任区标示牌和安全文明标语，文明施工责任区指定责任人，负责检查、监督责任区内的文明施工状况。

（7）施工图纸、施工措施、施工记录等各种资料齐全，分类保管，查阅方便。

（8）重大施工项目、新技术、新工艺的试点，应向建设方和监理方通报，并邀请其参加，进行监督指导。

（9）加强遵纪守法的教育、严禁违法乱纪，禁止酗酒赌博，搞好工农联盟，尊重当地风俗民情，严守群众纪律，和当地群众搞好关系。

（10）教育职工识大体，顾大局，正确对待国家、集体和个人三者之间的关系，做一个有理想、有道德、有文化、守纪律的建设者。

（11）严肃技术纪律，严格按照技术措施施工，不得凭主观想象野蛮施工，坚持文明施工，做到"工完、料净、场地清"。

二 文明施工现场布置方案

（1）在进大门位置布置灯箱、宣传画、施工总平面布置图等施工图牌。

（2）根据要求，生活区设置在场外建设方指定的场地内。

（3）项目办公区、加工区、生活区，员工宿舍严格管理，保证居住区域的整洁、美观。

（4）施工场地内的电缆部分采用埋地方式，电缆设置电缆沟，此范围内大批量的主电缆置于临时电缆沟内，拆除上部现有的电线杆等影响观感和施工的设施。

（5）施工现场设置临时厕所，厕所后设置化粪池并将其密闭，达到排放要求后方可排入市政污水管网。临时办公室区域与彩板房内设置水冲式厕所。

（6）施工现场内的供水管采用埋地方式敷设，避免行人踩踏和影响现场文明施工的布置环境。

（7）钢筋场布置。钢筋场布置钢管护栏，钢管刷蓝白油漆；钢筋加工棚采用角钢支架，顶棚采用彩钢板；成品和半成品分别设置摆放区并悬挂明显标识；钢筋废料放置于专门隔离的废料堆内，每天进行一次清场。

（8）木工加工场布置。加工场内木作区与模板摆放区进行适当隔离，加工场内的废料及时清理干净；成品和半成品悬挂明显标识；模板成品和半成品堆放整齐；木工棚搭设方法同钢筋棚。

（9）临时道路。临时道路采用15cm厚混凝土进行硬化，道路与施工区域采用钢管搭设护栏进行隔离，护栏刷红白相间的油漆，并悬挂明显的警示标记，护栏高度为80cm，临时道路两侧设置排水沟。

（10）排水沟。排水沟接入市政雨水管网前必须经过沉淀处理，设置专人进行定期清理；排水沟环绕建筑物一周，保证场地内的雨水和抽取的地下水能够及时排放；任何人未经过批准不得随意截断排水沟。排水沟方案必须报经有关部门批准并要具有妥善的替代处理方案。

（11）脚手架。脚手架要搭设整齐美观；安全网悬挂整齐，颜色统一；脚手架基底采用混凝土硬化并随时清理干净；上人坡道的搭设符合规范要求，并上下整齐。

（12）现场材料摆放。现场材料摆放于指定地点，并堆码整齐，如有变化必须另行申报审批；堆放区域与施工场地采用钢管护栏进行隔离；材料使用完成后必须及时归位，如有覆盖必须整齐。

（13）地下室基坑。地下室基坑周围采用钢管围栏进行隔离，护栏上刷红白相间的油漆，并设置挡脚杆。

（14）施工通道。施工通道的搭设符合规范要求，安全网和竹笆铺盖整齐美观，入门处悬挂明显的警示标识；通道三面均用夹板和彩条布整齐封闭。安全通道人流走向标注清晰。

（15）机械设备。未使用的小型机械设备必须归整入库房，露天摆放的机械设备必须按照指定地点整齐摆放，并进行妥善的覆盖；现场使用的机械设备必须经过防锈处理，保持设备表面干净不脏乱。

（16）各大门口均设置洗车台，并保证洗车台下排水沟的通畅，洗车台前放置麻袋片铺路，进出现场的车辆必须经过车洗并压过麻袋片后方可离开工地。

（17）现场绿化。办公区门前、大门左右两侧设置适当的绿化以对现场进行适当的装点。

（18）施工现场有关部位悬挂材料标识牌、各种警示或导向牌。

三 文明施工管理措施

1. 文明施工管理机构

根据工程参与单位多，施工立体交叉多的实际情况，为从根本上解决安全文明施工问题，施工现场必须成立文明施工领导小组，负责进行本工程的安全文明施工管理工作。

2. 文明施工组织职责

负责纠正现场的一切违反文明施工的行为；组织文明施工检查工作；编写文明施工周报；对违反文明施工的行为进行处罚；对进场各分包队和专业分包队进行文明施工教育；负责就文明施工的有关事宜与有关方面进行沟通；制定文明施工管理措施并负责实施；建立文明施工责任制；建立文明施工责任体系；认真贯彻落实国家、地方政府有关文明施工的管理规定；处理其他文明施工的有关工作。

3. 施工现场围挡

（1）在市区主要路段的工地周围，应用硬质材料连续设置不低于 2.5m 的围挡。在一般路段的工地周围，应用硬质材料连续设置不低于 1.8m 的围挡。围挡要坚固美观。

（2）围墙要有墙帽，临街墙面正中书写企业名称或宣传标语。

（3）施工现场进出口按规定设置标准的大门，门头设置企业标志，门柱书写宣传标语，门头要加设灯箱，夜晚要亮。

（4）在大门进口处设置七牌二图（工程概况牌、安全生产纪律牌、三清六好牌、文明施工管理牌、十项安全技术措施牌、工地消防管理牌、佩戴安全帽牌、施工平面图和现场安全标志布置总平面图）。适当位置设置宣传栏、读报栏、黑板报、安全标语等。

（5）现场门口设警卫室，警卫人员佩戴标志。非施工人员不得擅自进入施工现场。

4. 建筑物围网

（1）在建工程建筑物必须使用符合规定要求的密目安全立网进行封闭围挡。16 层（含 16 层）以下的，必须全封闭围挡；16 层以上的，应自最高作业层至下封闭不少于 10 层。

（2）密目安全立网应封闭严密、牢固、平整、美观，封闭高度应保持高出操作层 1.5m；密目安全立网使用不得超出其合理使用期限，重复使用的应进行检验，检验不合格的不得使用。

（3）密目安全立网应绑扎在脚手架内侧，不得使用金属丝等不合格材料绑扎。

（4）脚手架杆件须涂黄色漆，防护栏、安全门及挡脚板须涂红、白相间警戒色。

5. 现场生活及办公设施

（1）施工现场的施工工作区与办公、生活区要有明显的划分界限，并设置坚固美观的导向牌。

（2）禁止在在建工程中安排职工住宿。

（3）宿舍要坚固、美观、保温、通风，按季节设置保暖、防煤气中毒、消暑和防蚊虫叮咬措施。宿舍设置单人床或上下双层床，禁止职工睡通铺，生活用品要放置整齐，保持宿舍周围的环境卫生和安全。

（4）宿舍内严禁使用电炉子或私自拉挂电源线。

（5）现场会议室（办公室）要整齐悬挂镶于框内的岗位责任制度。

（6）施工现场应设水冲式厕所，高层建筑应设临时厕所，严禁随地大小便，厕所要设纱门、纱窗，并符合卫生要求。

（7）食堂室内高度应不低于2.8m，设透气窗，墙面抹灰刷白，地面抹水泥砂浆，灶台镶贴瓷砖。设置排水设施及防尘防鼠害设施，并符合卫生要求。

（8）现场应设沐浴室，夏季能保证职工按时洗浴，并符合卫生要求。

（9）现场生活区建立职工活动室，保证职工业余时间的学习和娱乐。

（10）现场要设置饮水处，保证供应卫生饮水。

（11）生活垃圾要袋装或盛放在带盖容器内，并设专人及时清理。

（12）工地应配备保健医药箱，并设置专用的急救器材和经过培训的急救人员，小的外伤能够自行处理，大的伤情能够及时正确地处置。要经常开展卫生防病宣传教育，提高职工的安全、卫生防病意识。

6. 施工现场管理

（1）工地主要道路、加工场所、机械基础等要做硬化处理。施工现场的道路要畅通，排水设施要完善，保证无浮土，不积水。

（2）进入施工现场的安全防护用品，必须选购符合国家、行业规定，且具有产品生产许可证、出厂产品合格证、产品准用证。

（3）建筑物主体施工必须使用合格的密目式安全网封闭严密。

（4）建筑材料、构件、料具要按总平面图布局堆放整齐，并挂定型标示牌。建筑废料，建筑垃圾要设固定存放点，分类堆放并及时清理。易燃易爆物品要分类存放，严禁混放和露天存放。

（5）施工机械设备要按总平面布置图规定的位置设置，挂统一规定的安全操作规程牌。中小型机械要搭设符合标准的防护棚，棚内地面必须硬化，有排水措施。

（6）保持场容场貌的整洁，做到活完场地清。

（7）施工现场要建立消防组织，分清职责，配备足够的灭火器材和义务消防人员，高层建筑配置专用的消防管道和器具，要有满足消防要求的电源、水源。

（8）现场动火要办理动火手续，动火时要设专人监护。

（9）施工现场要设置吸烟室，禁止随意吸烟。

7. 文明施工行为管理

（1）教育施工人员行为举止文明礼貌，不得喧嚣施工。

（2）施工人员不得讲脏话、粗话，不得相互发生争执。

（3）施工人员不得发生打架斗殴事件。

（4）为维护文明环境，教育广大施工人员不得乱扔果皮纸屑，不得随地吐痰。

（5）教育广大施工人员必须遵守相关管理规定。

（6）员工必须戴好安全帽，戴好员工识别卡，备好各种防护用品。

（7）施工现场设立专门的吸烟区，非吸烟区严禁吸烟。

（8）进入施工现场的所有人员，必须穿着单位统一制作的工作服，不穿工作服者不得进入施工现场。

任务三　安全警示标志布置与悬挂

施工现场施工机械、机具种类多，高空与交叉作业多，临时设施多，不安全因素多，作业环境复杂。属于危险因素较大的作业场所，容易造成人身伤亡事故。在施工现场的危险部位和有关设备、设施上设置安全警示标志，是为了提醒、警示进入施工现场的管理人员、作业人员和有关人员，要时刻认识到所处环境的危险性，随时保持清醒和警惕，避免事故发生。

施工现场应当根据工程特点及施工的不同阶段，有针对性地设置、悬挂安全警示标志。

一、安全警示标志的定义

安全警示标志是指提醒人们注意的各种标牌、文字、符号以及灯光等。一般来说，安全警示标志包括安全色和安全标志。安全警示标志应当明显，便于作业人员识别。如果是灯光标志，要求明亮显眼；如果是文字图形标志，则要求明确易懂。

根据《安全色》（GB 2893—2008）规定，安全色是表达安全信息含义的颜色，安全色分为红、黄、蓝、绿四种颜色，分别表示禁止、警告、指令和提示。

根据《安全标志及其使用导则》（GB 2894—2008）规定，安全标志是用于表达特定信息的标志，由图形符号、安全色、几何图形（边框）或文字组成。安全标志分禁止标志、警告标志、指令标志和提示标志。安全警示标志的图形、尺寸、颜色、文字说明和制作材料等，均应符合国家标准规定。

（1）禁止标志：是用来禁止人们不安全行为的图形标志。基本形式是红色带斜杠的圆边框，图形是黑色，背景为白色。

（2）警告标志：是用来提醒人们对周围环境引起注意，以避免发生危险的图形标志。基本形式是黑色正三角形边框，图形是黑色，背景为黄色。

（3）指令标志：是用来强制人们必须做出某种动作或必须采取一定防范措施的图形标志。基本形式是黑色圆形边框，图形是白色，背景为蓝色。

（4）提示标志：是向人们提供目标所在位置与方向性信息的图形标志。基本形式是矩形边框，图形文字是白色，背景是所提示的标志，为绿色；消防设施提示标志为红色。

二、安全警示标志的设置与悬挂

施工单位应当根据工程项目的规模、施工现场的环境、工程结构形式以及设备、机具的位置等情况，确定危险部位，有针对性地设置安全标志。

根据国家有关规定，施工现场入口处、施工起重机械、临时用电设施、脚手架、出入通道口、楼梯口、电梯井口、孔洞口、桥梁口、隧道口、基坑边沿、爆破物及有害危险气体和液体存放处等属于危险部位，应当设置明显的安全警示标志。安全警示标志的类型、数量应当根据危险部位的性质不同，设置不同的安全警示标志。

安全警示标志设置后应当进行统计记录，并填写施工现场安全标志登记表。

1. 安全警示标志使用与管理

（1）根据工程特点及施工不同阶段，有针对性地设置标志，所用的安全标志的图形、颜色及材质都必须符合国家标准《安全标志及其使用导则》（GB 2894—2008）的要求。

（2）做到人人珍惜安全标志牌，对故意损坏者应加倍赔偿，工程标志牌有专人挂设、管理。

（3）工程所用的安全警示标志牌应在工程开工前准备就绪，并设置安全标志设置位置的平面图，按工程的实际进度及安全标志总平面布置图在相关位置及规定地方进行整齐挂设。

2. 安全警示标志悬挂的地点

（1）禁止类（红色）

① "禁止吸烟"悬挂地点：材料库房、成品库、油料堆放处、易燃易爆场所、木工棚、打字复印室。

② "禁止通行"悬挂地点：外架拆除、坑、沟、洞、槽、吊钩下方、危险部位。

③ "禁止攀登"悬挂地点：外用电梯出口、通道口、马道出入口等部位。

④ "禁止跨越"悬挂地点：首层外架四面、栏杆、未验收的外架部位。

（2）指令类（蓝色）

① "必须戴安全帽"悬挂地点：外用电梯出入口、现场大门口、吊钩下方、危险部位、马道出入口、通道口、上下交叉作业部位。

② "必须系安全带"悬挂地点：现场大门口、马道出入口、外用电梯出入口、高处作业场所、特种作业场所。

③ "必须穿防护服"悬挂地点：通道口、马道出入口、外用电梯出入口、电焊作业场所、油漆防水施工作业场所。

④ "必须戴防护眼镜"悬挂地点：马道出入口、通道口、外用电梯出入口、焊工操作场所、钢筋加工场所等。

（3）警告类（黄色）

① "当心弧光"悬挂地点：焊工操作场所。

② "当心塌方"悬挂地点：坑下作业场所、土方开挖。

③ "机械伤人"悬挂地点：机械操作场所、电锯、电钻、电刨、钢筋加工场所、机械修理场所。

（4）提示类（绿色）

"安全状态通行"悬挂地点：安全通道、行人车辆通道、外架施工层防护、人行通道、防护棚。

三 常见的安全警示标志

常见的安全警示标志如图 8-2 所示。

图 8-2

项目八　建筑工程施工现场安全管理

图 8-2　常见的安全警示标志

任务四　现场临时用电、用水管理

建筑工程施工现场临时用电、临时用水的安全管理是施工现场项目管理的重要组成部分，是工程项目保证质量、保证进度的决定因素之一。

一　施工现场临时用电管理

1. 临时用电施工组织设计的编制、审核和实施

临时用电施工组织设计的编制、审核和实施是保障安全用电的源头，安全用电要从源

221

头抓起。《施工现场临时用电安全技术规范》（JGJ 46—2005）（以下简称《规范》）规定：施工现场临时用电在 5 台以上或总用电量在 50kW 及 50kW 以上者，应编制临时用电施工组织设计。而施工现场临时用电在 5 台以下或总用电量在 50kW 及 50kW 以下者，应制定安全用电和电气防火措施。

《规范》已明确要求对施工现场的临时用电要进行策划，以保证临时用电的使用和管理有章可循。

（1）临时用电施工组织设计编制及变更时，必须履行"编制、审核、批准"程序，由施工单位电气工程技术人员组织编制，总工程师审核，监理单位总监理工程师批准后实施。变更临时用电施工组织设计时应补充有关图纸资料。

（2）严格遵守《规范》要求的三项技术原则：采用三级配电系统；采用 TN-S 接零保护系统；采用二级漏电保护系统。

（3）施工现场临时用电施工组织设计应包括下列内容：现场基本概况；确定电源进线、变电所或配电室、配电装置、用电设备位置及线路走向；进行负荷计算；选择变压器；选择导线或电缆；选择电器、设计接地装置，绘制临时用电电气平面图、配电系统接线图；设计防雷装置；确定防护措施；制定安全用电措施和电气防火措施。

（4）现场电工必须持证上岗，应严格按照方案要求实施，禁止凭经验减小线缆截面积，否则会对施工现场的临时用电安全及安全生产埋下隐患。

（5）施工现场临时用电应根据施工现场实际进度情况，分阶段（可按桩基施工、地下室施工、主体施工、装饰装修施工等）经编制、审核、批准部门和使用单位共同验收，合格后方可投入使用。

2. 施工现场临时用电的安全保障

（1）施工现场临时用电设备的接地及局部等电位连接

①施工现场必须采用 TN-S 接零保护系统。大部分施工现场在打桩或基础施工前一般采用人工接地，在主体基础接地施工结束后，可与主体接地装置连接，保证工作接地或重复接地的可靠性。应在总箱漏电保护器的一次电源进线侧做重复接地；还必须在配电线路中间、末端处以及设备集中、线路拐弯、高大设备、分电箱处、开关箱处做重复接地。主体楼层接地可利用建筑物均压环或防雷引下线做接地干线进线接地连接。

②塔式起重机、施工电梯、物料提升机等设备需设置避雷针（接闪器），长度为 1~2m，可采用ϕ20mm 镀锌圆钢，置于架体最顶端。外脚手架或悬挑脚手架可利用建筑物均压环或防雷引下线进行多处等电位连接。

③接地连接宜采用 25mm×4mm 镀锌扁钢或 BVR16mm² 黄绿双色线或编织铜线进行连接，确保其机械强度及连接可靠性。

（2）配电箱电器的接线

①施工现场必须采用"三级配电、二级保护"，根据现场需要也可做"多级配电、三级保护"，因大多施工现场三级箱数量不足、违章接线普遍存在，建议二级配电箱内也设漏电保护器，切实做到安全用电。三级配电系统如图 8-3 所示。

a) 总配电柜　　　　　b) 二级配电箱（1）　c) 二级配电箱（2）　　d) 开关箱　　e) 电焊机开关箱

图 8-3　三级配电系统

②总配电柜、分配电箱、开关箱应装设电源隔离总开关，置于电源进线端，不能用空气开关或漏电保护器作隔离开关，必须选用能同时断开相线和中性线的四极开关，单相回路应采用二极开关。

③总开关电器的额定值、动作整定值应与分路开关电器的额定值、动作整定值相适应，总配电箱和开关箱中漏电保护器的极数和线数必须与其负荷的相数和线数一致，还应注意开关箱内负荷隔离开关与漏电保护器的匹配问题。

④配电箱内必须分设 N 线端子板和 PE 线端子板。保证端子数与进出线数保持一致。

⑤箱内配线截面积要与相应开关的负荷匹配。

⑥工地常用的起重机、卷扬机等用电设备常紧急停车，因此必须在设备配电箱中设紧急开关以迅速及时地断开电源。

（3）临时用电线缆安装与敷设控制

①室外电缆线路应采用具有保护性能的带护套电缆，埋地、架空或穿管敷设。严禁沿地面明设，应避免机械损伤和介质腐蚀，室内配线必须采用绝缘导线或电缆沿绝缘子的绝缘槽、穿管或钢索敷设，禁止将电源线直接捆绑在钢管等金属物上。

②电缆垂直敷设上、下楼层不得与外脚手架相连，应充分利用在建工程的竖井、垂直空洞等。

③电缆线尽量短且无接头。如一定要有，则须采取防止接头拉伸的加固措施。

④线路的安全距离必须满足规范要求。

⑤电缆线芯数应根据负荷及其控制电器的相数和线数确定：三相四线时，应选用五芯电缆；三相三线时，应选用四芯电缆；三相用电设备中配置有单相用电器具时，应选用五芯电缆；单相二线时，应选用三芯电缆。

（4）机械设备的使用和管理要加强

建立和执行专人专机负责制，机械设备要定期检查和维修保养。电动建筑机械必须按规定做保护接零，做到"一机、一闸、一漏、一箱"；手持电动工具的外壳、手柄、插头、开关、负荷线等必须完好无损，使用前必须做绝缘检查和空载检查。

3. 临时用电安全知识的培训和安全管理

（1）要加强对施工现场管理人员及现场电工的临时用电安全技术规范知识的学习和

培训，使他们能熟悉标准，掌握标准，提高对安全用电的重视程度，并能更好地按标准进行作业和管理。

（2）建立职工入场安全培训制度，认真对进场施工人员进行三级安全教育，使其了解施工现场临时用电的基本安全知识，明白为什么施工现场临时用电的使用和维护必须由专业电工负责，不能随意操作，乱拉乱接；对机械设备使用人员要加强安全操作规程的学习，不违章作业。

（3）针对施工现场临时用电中常出现的问题进行重点学习，分析原因，找出解决办法，并制定对策及提出改进措施。

（4）施工现场应制定用电事故应急预案并应设兼职急救人员，能对施工现场出现的触电事故、物体打击、机械伤害、高空坠落等可能出现的伤害在第一时间进行紧急处理，减轻人员的伤害程度，为抢救赢取宝贵的时间。

（5）建立和完善临时用电管理安全责任制，对临时用电工程应进行定期检查。检查时应复查接地电阻值和绝缘电阻值。对安全隐患必须及时处理，并应履行复查验收手续，保证整改到位，及时消除安全隐患。现场项目部应严格奖罚措施，做到临时用电安全管理与激励机制相结合，促进项目用电管理水平逐步提高。

由于施工现场临时用电点多面广，用电安全潜在危险因素多，在临时用电管理中要从临时用电设计、实施、检查及整改全过程监控，做好临时用电的安全技术保障，不断加强安全用电知识的普及、培训，提高施工人员的素质。既要注重电气安全设备、材料和人员的配备，又要抓好安全用电管理制度的实施，杜绝电气设备和人身事故的发生，保证工程建设项目的顺利完成。

二 施工现场临时用水管理

1. 一般规定

现场临时用水包括生产用水、机械设备用水、生活用水和消防用水。

现场临时用水必须根据现场工况编制临时用水方案，建立相关的管理文件和档案资料。

消防用水一般利用城市或建设单位的永久消防设施。如自行设计，消防干管直径应不小于100mm，消防栓处昼夜要有明显标志，配备足够的水龙带，周围3m内不准存放物品。高度超过24m的建筑工程，应安装临时消防竖管，管径不得小于75mm，严禁将消防竖管作为施工用水管线。

消防供水要保证足够的水源和水压。消防泵应使用专用配电线路，保证消防供水。

2. 现场临时用水设计

（1）施工现场临时给排水设计

①水源：采用业主方提供的市政自来水与降水工程的水源。

②市政水源：从生活区市政给水引一路供水至施工现场。供水管道多采用PPR管材，管道入水口处安装闸阀及水表等控制水流与计量的装置。

（2）施工现场临时给排水设计

①施工给水系统

根据平面布置图，结合设计规范要求，从业主方指定市政供水管网接至现场内供水点，通过加压泵提供高层供水。

②施工用排水系统

排水系统主要处理施工用临时卫生间，所有污水进入已建好化粪池处理，达到排放要求后排入市政下水管道。

在工地周围设明沟，雨水、废水和施工积水的排出等直接排入明沟内，然后分别进入沉砂池、沉淀池及隔油池，经处理达到排放要求后进入市政下水道。由业主方提供的分支接口为现场施工用水水源，利用现场施工用水量计算输水主管材质、管径及铺设线路。地面需水点输水管按实际需求经计算后确定材质及管径。

③施工现场雨污水排放设置

施工现场沿建筑物周围设排水沟，排水沟端部设置集水坑。

现场大门入口、临时马道处设置截水沟，以防止雨水散排影响文明施工。

④用水管理措施

施工用水的排放，严格按场内设施排放，禁止高处往低处乱排、散排。每周清理污水管线及排水管线一次，防止管道堵塞，影响现场文明施工。加强对水表的管理，需要用水时由专职用水管理员提前3天向业主方申请用水，指定用水接口，安装水表后才能使用。水表底数应立即请业主方代表确认，每次抄表时应陪同业主方代表共同查看，共同签字确认。每月核对月总表与各分表的计量数据。

严格检查表后管路的渗漏情况，如发生渗漏，应立即处理，并报业主方代表验收。

用水管理员每天应检查水表的工作状况，查看是否有损坏，如有损坏应立即停止用水并通知业主方，然后共同对坏表与新表进行确认。

加强对作业用水工人的教育，宣传节约用水，制定严格的浪费用水的处罚条例。

3. 管道连接与安装

（1）供水管道采用给水聚丙烯管，采用热熔连接，安装应使用专用热熔工具。

（2）热熔连接应按下列步骤进行：

①热熔工具接通电源，到达工件温度指示灯亮后方开始操作。

②切割管材，必须使端面垂直于管轴线，管材切断一般使用管道切割机，必要时，可使用锋利的钢锯，但切割后管材断面应去除毛刺。

③管材与管件连接端面必须清洁、干燥、无油。

④用卡尺和合适的笔在管测量并绘出热熔深度，热熔深度应符合要求。

（3）管道采用法兰连接时，应符合下列规定：

①法兰盘套在管道上。

②PPR过渡接头与管道热熔连接步骤应符合相关规定。

③校直两个对应的连接件使连接的两片法兰垂直于管道中心线，表面相互平行。

④法兰的衬垫，应采用耐热无毒橡胶圈。

⑤应使用相同规格的螺栓，安装方向一致，螺栓应对称紧固，紧固好的螺栓头应露出螺母之外，宜齐平。螺栓、螺母宜采用镀锌件。

⑥连接管道的长度应精确，当紧固螺栓时，不应使管道产生轴向拉力。

4. 饮用水管道清洗、消毒

（1）饮用水给水管道在验收前应进行通水冲洗。冲洗时水流速度宜大于 2m/s，应不留死角，每个配水点的水龙头均要打开，系统最低点应设放水口，清洗时控制在冲洗出口处排水的水质与进水水质相当为宜。

（2）生活饮用水系统经冲洗后，还应用含 20～30mg/L 的游离氯灌满管道进行消毒，含氯水在管中应滞留 24h 以上。

（3）管道清洗消毒后，再用饮用水冲洗。

5. 安全施工

（1）管道连接使用热熔工具时，应遵守电器工具安全操作规程，注意防潮和脏物污染。

（2）操作现场不得有明火，严禁对给水聚丙烯管材进行明火烘弯。

（3）给水聚丙烯管道不得作为攀拉、吊架等使用。

（4）直埋暗管封蔽后应在墙面或地面标明暗管的位置的走向，严禁在管上钉金属标记。

任务五　现场环境保护与职业健康管理

环境保护是我国的一项基本国策。保护和改善施工环境能保证人们身体健康，消除外部干扰保证施工顺利进行，是现代生产的客观要求，是国法和政府的要求，也是企业行为准则。

国家卫生健康委员会于 2020 年 12 月 4 日审议通过《工作场所职业卫生管理规定》，该规定的颁布实施对加强职业卫生管理工作，强化用人单位职业病防治的主体责任，预防、控制职业病危害，保障劳动者健康和相关权益都具有十分广泛的意义。

一　施工现场环境保护管理

1. 施工现场环境保护管理组织机构及职责

施工现场组织成立由项目经理为组长的环境保护管理小组，组员包括项目总工程师、专业经理、质检员、材料员及环保员等。具体分工如下。

项目经理：对环境管理负全面责任。

项目总工程师：协助项目经理对环境管理过程控制负责。负责施工组织设计中环境内容的编制与实施，负责纠纷和措施控制。负责环境管理记录的管理及组织、工程环境质量的验收工作，并定期组织各施工班组进行环境管理交流会，以促进工程的整体环保控制。

专业经理：对所承担的分部分项工程环境状况负责，负责分部分项技术交底、编制作业指导书中环境保护方面的交底文件，保证施工过程符合图纸规范规程要求。使分部分项工程环境水平达到规定标准。负责组织自检、互检、填写环境管理记录。

质量检查员：负责过程检查，验评工程的环境状况，签署预检单、隐蔽检查记录，对分部分项工程进行核定，并对核定结果负责。负责向项目经理、技术负责人提出工程存在的问题和改进意见，按系统反映工程环境状况。

材料员：审查采购计划，负责进货验证，并做标识；检验、整理材料合格证、产品说明、环保检验报告；及时报审监理备案。对达不到环保要求的物资绝对不许进场。

环保员：编制环境管理目标、指标、管理方案；在作业前，对施工人员进行环境保护的常识教育；监督检查施工过程环境保护情况，并留下记录；发现不符合的过程，及时纠正。

2. 施工现场环境保护管理措施

（1）施工作业现场环境保护措施

①施工现场大门明显处设置工程概况牌、管理人员名单及监督电话牌、安全生产牌、消防保卫牌、文明施工牌和施工现场平面图和安全宣传栏等。

②施工现场设置良好的排水系统及废水回收利用设施，严禁将污水直接排放到市政管道或江河。

③施工现场设置的安全标志应符合要求，夜间或光线不好部位增设警示灯。

④施工现场物料实行定置管理。各种设施、设备器材、建筑材料、现场制品、成品、半成品、构配件等按现场平面图指定位置堆放，并悬挂标示牌。

⑤施工现场入口处，设置洗车设备，道路硬化。现场内道路坚实畅通。场内大门口处适当位置设立旗杆，悬挂企业旗帜和彩旗。

⑥施工作业面保持良好的安全作业环境，余料及时清理和清扫。严禁随意扔弃。

（2）生活区、办公区环境保护措施

①施工现场生活区、办公区与施工区必须隔离设置，实行区划管理。生活、办公设施统一规划、整齐划一，符合有关安全卫生的规定。

②食堂距离有毒有害污染源不得少于30m，食堂有卫生许可证，炊事人员持有健康合格证和卫生培训上岗证，并每年进行体检，穿白色工作服上岗。在外购买食品选择具有卫生条件定点单位，确保饮食安全。

③宿舍内经常清扫和消毒，保持室内清洁卫生。生活垃圾采用封闭容器存放，室内地面进行硬化，有良好的排水系统，严禁乱倒垃圾、污水。

④宿舍内具备良好的照明。如果灯具距离地面少于2.4m或采用上、下铺人员易接触电气线路和灯具，照明电源必须采用36V电压，按规范要求架设。严禁私拉乱接用电器、利用电源线晾挂衣物。宿舍内严禁使用明火、电炉和电褥子取暖。

⑤宿舍具备良好的通风条件，宿舍内每人占地面积不得小于$2m^2$，采用定型的上下床，留有行走通道。严禁员工睡通铺，或利用地下室及在建工程作为宿舍。

⑥施工现场必须设置符合卫生要求的饮水设备，淋浴、洗手、消毒设施，有健全的生活卫生和预防食物中毒管理制度。有适当的就餐场所，严禁利用现场围挡搭设临建设施。

⑦在施工现场外设置的生活区，实行封闭管理，建立各项管理制度。

⑧施工现场厕所必须采用水冲式，设专人清扫。严禁使用旱厕。高层建筑施工时必须隔层设置移动式简易厕所。

⑨施工现场必须配备保健医药箱和急救器材，具有医务和急救知识的人员值班。

（3）公共环境保护措施

①建设工程施工单位应采取防止因施工可能造成毗邻建筑物、地下管线、社会交通、居民出入等造成危害的专项防护措施，措施应符合有关法律、法规和强制性标准。严禁在未探明地下管线准确位置前盲目施工。

②在建筑物或构筑物内清理垃圾、渣土及易产生扬尘的废弃物时，必须装入容器内运走，严禁抛撒。施工现场集中堆放的渣土、砂石堆必须采取低脚砌筑不低于500mm高的围挡，表面遮盖等防尘措施。

③在规定区域内采用商品混凝土和成品灰，严禁现场搅拌混凝土和灰土，严禁露天堆放散装水泥。

④工程垃圾和工程渣土及产生扬尘的废弃物装载过程中，采取喷淋压尘等措施。运输时必须采取封盖严密的工程车辆，严禁泄漏污染市容。

⑤施工现场采取控制施工扬尘的措施。施工现场内的地坪应当平整、硬化、裸露地面用防尘网覆盖，并经常洒水，清扫降尘。

（4）粉尘控制措施

①由于其他原因而未做到硬化的地面要定期压实和洒水，减少灰尘对周围环境的污染。

②禁止在施工现场焚烧有毒、有害和有恶臭气味的物质。

③装卸有粉尘的材料时，应根据不同情况洒水湿润或在仓库内进行。

④严禁向建筑物外抛掷垃圾，所有垃圾装袋或装桶投入指定地点并及时运走。

⑤运输车辆必须冲洗干净后方能离场上路行驶；驶离现场前必须对车厢进行检查，防止车厢内部裸露；装运建筑材料、土石方、建筑垃圾及工程渣土的车辆，派专人负责清扫道路及冲洗，保证行驶途中不污染道路和环境。

⑥施工场地内设置专人进行道路、楼层的清洁工作，并进行严格检查；严格执行工完料尽场地清的原则。

（5）噪声控制措施

建筑施工噪声是指在建筑施工过程中产生的干扰周围生活环境的声音。在城市市区范围内向周围生活环境排放建筑施工噪声，应当符合国家规定的建筑施工环境噪声排放标准。对可能产生环境噪声污染的城市建筑施工项目，必须在开工十五日以前向当地环保部门领取建筑《建筑施工噪声排放申报登记表》，并按要求如实申报该工程的项目名称，施工场所和期限，可能产生的环境噪声值以及所采取的环境噪声污染防治措施的情况。施工项目必须取得环保部门发放的建筑施工噪声防治许可证，并严格按照排放许可证规定的要求施工。

①每一项施工方案的编制中都必须详细考虑所采用的施工方法或施工工艺，尽可能采用低噪声的工艺和施工方法；施工方案实施前必须经过环境保护小组的审核。

②建筑施工作业的噪声可能超过建筑施工现场的噪声限值时，开工前须向建设行政主管部门和环保部门申报，并采取相应处理措施；同周围居民组织协调同意，并经环保部门核准后方能施工。

③合理安排施工工序，禁止夜间进行产生噪声的建筑施工作业（晚上10时至第二天早上6时）。因施工不能中断的技术原因和其他特殊情况，确需夜间连续施工作业的，施工单位必须办理县级以上人民政府或者有关主管部门的证明，提前五日向当地环保部门申请夜间施工许可事宜，批准后才能进行夜间施工作业。夜间施工作业前还必须公告附近居民。

④进入施工现场内的车辆、所有场内施工用机械设备不允许鸣笛；地面人员和高层人员的联系采用对讲机；工人施工时禁止大喊大叫。

⑤施工场地外围进行噪声监测。对于一些产生噪声的施工机械，采取有效全封闭措施，减少噪声，如切割金属和锯模板的场地均搭设工棚、设置声屏障以屏蔽噪声。

⑥施工中模板的支设和拆除必须轻拿轻放，严禁硬敲重砸或高空抛掷，防止过大噪声的出现。

⑦严格执行项目所在地建筑施工现场环境保护相关法规的规定。

（6）光污染控制措施

①电焊、金属切割产生的弧光必须采用围板与周围环境进行隔离，防止弧光满天散发。

②现场围墙上布设的灯具原则上不得超过围墙高度；塔式起重机及周围场地照明的大灯必须将照射方向调向场内，不得直接照射居民住宅区，施工场地外围的照明采用柔光灯，不可采用强光灯具。

③原则上现场施工时间定到午夜 12 时，12 时以后关闭大灯，施工现场开启柔光灯进行现场照明；如必须夜间加班工作的，则必须将不使用的大灯关闭。

（7）排污控制措施

①施工现场厕所污水在进入污水管网前必须经过化粪处理，并定期撒适当的防疫药物后方可排入市政管道；厕所、化粪池应具有防漏措施，防止污染水源。

②现场冲洗机械设备必须在指定地点进行，避免冲洗的废油及污水四处扩散，冲洗完成后必须将冲洗的废油进行收集；机械修理等地方必须于地面上采取木板等进行适当的铺垫，防止污染地面。

③施工现场必须保持雨水排水的畅通，防止现场局部地方产生积水现象。

（8）现场防污染控制措施

①模板加工必须在加工棚内进行，工作前事先做好模板配板图，避免在施工现场进行加工，产生碎屑等废料污染场地；使用的模板严禁使用油性脱模剂。

②现场使用的油料必须设置专人进行保管，防止产生油料扩散现象；现场摆放的易扩散油料或施工用料必须进行密闭储存，防止扩散。

③现场使用的易漂浮材料必须装袋进行储存，防止扩散。

④现场垃圾实行分类管理，设置足够的垃圾池和垃圾桶，建筑垃圾集中堆放并及时清运。

⑤现场禁止焚烧油毡、橡胶等会产生有毒、有害烟尘和恶臭气体的物品。

⑥禁止使用有毒有害物品回填工地，防止对水源产生污染。

⑦化学物品，外加剂等要妥善保管，库内存放，防止污染环境。

（9）现场防病防疫控制措施

①现场设置卫生设施有专用水源供冲洗，化粪池加盖并定期喷药，每日有专人负责清洁。

②工地设茶水亭和茶水桶，做到有盖、加锁和有标志。

③现场严格控制污水的积存，由施工人员及时清理。

④保持员工住宿区的整洁、通风，及时对有传染病的人员进行隔离或送医院检查治疗。

⑤对供应工地餐饮的食堂进行专项控制，严格执行留样制度，严格检查饭菜质量和食堂卫生、餐具卫生，认真落实相关的卫生制度，定期消毒。

⑥现场设保健箱，备用急救包和常用药品。

3. 倡导绿色施工

绿色施工作为建筑全寿命周期中的一个重要阶段，是实现建筑领域资源节约和节能减排的关键环节。绿色施工是指工程建设中，在保证质量、安全等基本要求的前提下，通过科学管理和技术进步，最大限度地节约资源并减少对环境产生负面影响的施工活动，实现节能、节地、节水、节材和环境保护（四节一环保）。实施绿色施工，应依据因地制宜的原则，贯彻执行国家、行业和地方相关的技术经济政策。

绿色施工应是可持续发展理念在工程施工中全面应用的体现，绿色施工并不仅仅是指在工程施工中实施封闭施工，没有尘土飞扬，没有噪声扰民，在工地四周栽花、种草，实施定时洒水等内容，它涉及可持续发展的各个方面，如生态与环境保护、资源与能源利用、社会与经济的发展等内容。

二、施工现场职业健康管理

为贯彻执行国家有关职业病防治的法律法规、政策和标准，加强对职业病防治工作的管理，提高职业病防治的水平，切实保障劳动者的健康，建筑施工企业应制定职业病防治工作责任制度。

1. 职业健康的概念

职业健康是研究并预防因工作导致的疾病，防止原有疾病的恶化。主要表现为工作中因环境及接触有害因素引起人体生理机能的变化。定义有很多种，最权威的是1950年由国际劳工组织和世界卫生组织的联合职业委员会给出的定义：职业健康应以促进并维持各行业职工的生理、心理及社交处在最好状态为目的；防止职工的健康受工作环境影响；保护职工不受健康危害因素伤害；将职工安排在适合他们的生理和心理的工作环境中。

2. 影响职业健康的因素

影响职业健康的因素主要有化学因素、物理因素和环境危害因素三大类。其中人们较为熟悉因素的有以下三种。

①粉尘：是指能悬浮于空气中的固体微粒。在建筑行业施工生产中会有大量粉尘，如果不加以控制，它将破坏作业环境，危害工人身体健康和损坏机器设备，还会污染大气环境。

②噪声：是指给人和自然界带来烦恼的、不受欢迎的声音。影响人们工作、学习及休息的声音都称为噪声。对噪声的感受因人的感觉、习惯等而不同，因此噪声有时是一个主观的感受。一般来说人们将影响人的交谈或思考的环境声音称为噪声。

③有毒有害气体：是指一氧化碳、二氧化氮、硫化氢、二氧化硫、瓦斯及二氧化碳等，这些气体对作业人员的生命安全和身体健康有很大危害。

3. 企业各部门和人员的职责

（1）法定代表人或最高管理者的职责

法定代表人或最高管理者批准颁发职业病防治工作责任制，具体职责如下：

①认真贯彻国家有关职业病防治的法律法规、政策和标准，落实各级职业病防治责任

制，确保劳动者在劳动过程中的健康与安全。

②建立健全职业卫生管理体系。设置与规模相适应的职业卫生管理机构，建立职业卫生管理网络，配备专职或兼职的职业卫生主管，负责具体的职业病防治工作。

③定期召开职业卫生工作会议，听取工作汇报，亲自研究和制定年度职业病防治计划与方案，落实职业病防治所需经费，督促落实各项防范措施。

④对新、改、扩建或技术改造、技术引进项目（通称"建设项目"）可能产生职业病危害时，应进行职业病危害控制效果评价，并经卫生行政部门验收合格后方可正式投入生产和使用。

⑤亲自参加发生的职业病危害事故调查和分析，对有关责任人以严肃处理。

⑥对职业病防治工作负领导责任。

（2）职业卫生管理机构和职责

按照《中华人民共和国职业病防治法》规定，企业须建立职业卫生管理机构，其职责如下：

①组织制定职业卫生管理制度和操作规程，并督促执行。

②根据机构设置，明确各部门、人员职责。

③制定年度职业病防治计划与方案，并组织具体实施，保证经费的落实和使用。

④负责职业病防治工作，建立职业卫生管理档案。

⑤组织对劳动者进行职业卫生法规、职业知识培训与宣传教育。对在职业病防治工作中有贡献的进行表扬、奖励，对违章者、不履行职责者进行批评教育和处罚。

⑥检查各部门职业病防治工作开展情况，对查出的问题及时研究，制定整改措施，落实部门按期解决。

⑦听取各部门、车间、安技人员、劳动者、工会代表关于职业卫生有关情况的汇报，及时采取措施。

⑧对发生职业病危害事故采取应急措施，及时报告，并协助有关部门调查和处理，对有关责任人给予严肃处理。

⑨对职业病防治工作负直接责任。

（3）（兼职）职业卫生主管职责

在职业卫生管理机构的领导下工作，具体职责如下：

①协助职业卫生管理机构推动本单位开展职业卫生工作，贯彻执行《中华人民共和国职业病防治法》及配套法规标准。汇总和审查各项技术措施、计划，并且督促有关部门切实按期执行。

②组织对劳动者进行职业卫生培训教育，总结推广职业卫生管理先进经验。

③组织劳动者进行职业健康检查，并建立职业健康档案及管理档案。

④组织开展职业病危害因素的日常监测、登记、上报、建档。

⑤组织和协助有关部门制定职业卫生管理制度和操作规程，对这些制度的执行情况进行监督检查。

⑥定期组织现场检查，对检查中发现的不安全情况，有权责令改正，或立即报告职业

卫生管理机构研究处理。

⑦负责职业病危害事故报告，参加事故调查处理。

⑧负责建立职业病危害防治档案，负责登录、存档、申报等工作。

（4）工作场所负责人职责

在职业卫生管理机构的领导下工作，具体职责如下：

①把职业卫生管理制度的措施贯彻到每个具体环节。

②组织对本工作场所职工的职业卫生培训、教育，发放个人防护用品。

③督促职工严格按操作规程生产，确保个人防护用品的正确使用。严加阻止违章、冒险作业。

④定期组织本工作场所范围的检查，对设备、防护设施中存在的问题，及时报职业卫生管理机构，采取措施。

⑤发生职业病危害事故时，迅速上报，并及时组织抢救。

⑥对本工作场所的职业病防治工作负全部责任。

4. 管理制度

（1）岗位职业健康操作制度

①所有上岗工作前职工必须建立职工健康档案，公司综合办公室、职卫办主任确认未有岗位禁忌疾病者方能上岗工作。

②所有存在职业危害的岗位，作业人员必须穿戴好劳动保护用品；戴好防尘口罩；噪声源岗位戴好耳塞。

③带有职业危害的岗位，注意劳逸结合。

④实施作业前要确认工作现场或使用的物料是否存在职业危害，如存在职业危害在未采取有效防护措施前有权拒绝作业。

⑤对不穿戴防护用品者应停止其作业并进行再宣传教育。

（2）从业人员健康监护档案管理制度

为了更好地开展职业病防治工作、维护广大员工的身体健康，保证健康监护档案和职业病诊断档案资料的连续性和完整性，按照《中华人民共和国职业病防治法》《职业病诊断与鉴定管理办法》及《职业健康检查管理办法》的要求制定从业人员职业健康档案管理制度。

健康监护档案内容包括：健康监护档案册；职业健康体检结果报告；健康体检综合分析报告；职业健康体检复查人员名单及复查结果报告；职业病观察对象和职业禁忌证处理意见书。

（3）职业危害申报制度

①新项目立项前，项目负责主管科室申报建设项目的同时，申报项目工程预算职业危害防护措施所需费用，说明"三同时"（劳动安全卫生设施必须与主体工程同时设计、同时施工、同时投入生产和使用）过程的详细清单。逐级上报上级主管部门，进行职业危害的评价。

②专职安全员应定期向公司安全处申报职业危害检测报告、职业危害现状评价申请报告，并向生产监督管理局报告。

③在施工过程中，发现或察觉有毒物等有危害因素释放、泄漏时，必须第一时间上报上级主管领导，书面申请上级部门检测，检测后方可继续生产。

（4）职业卫生管理制度

认真贯彻执行《中华人民共和国职业病防治法》，切实做好职业病防治工作，提高工作效率和职业健康的管理水平。

①根据企业实际情况，配备专（兼）职职业卫生管理医生，负责本企业日常的职业健康及职业病防治工作。

②建立、健全接触有毒有害职业人员档案，积累各种动态资料，定期分析研究，及时向领导汇报并提出合理化建议。

③新建项目的职业病防护必须与主体工程同时设计、同时施工、同时投入生产和使用。

④对可能发生急性职业损伤的有毒、有害工作场所，应设置自动报警装置，配置现场急救用品、冲洗设备、应急撤离通道和必要的泄险区。

⑤对可能产生危害因素（如粉尘、毒物、噪声、易燃气体等）场所应定期进行检测，超标场所应采取措施，减少危害。

⑥工作场所应配备防护器材，并定期检查、更换。

⑦有毒有害场所应设置提示、警告等警示标志。

⑧开展职业健康监护工作，负责和参加上级卫生部门对接触有毒有害作业职工的就业前（上岗）和定期及离岗时的职业健康检查，发现职业禁忌证者，通知有关部门及时调离岗位，并妥善安置，出现职业中毒者及时组织抢救，并立即报告所在地区主管部门。

⑨企业不得安排未经上岗前职业健康检查的人员从事接触职业危害的作业，不得安排有职业禁忌证的人员从事其所禁忌的作业，对未进行离岗前职业健康检查的人员不得解除或者终止与其签订的劳动合同。

⑩对接触有毒有害职业人员定期进行体检。

思考与练习

1. 我国施工现场安全管理存在哪些问题？
2. 消防管理资源配置有哪些要求？
3. 施工现场消防安全管理制度包括哪些内容？
4. 施工现场发生火灾的主要原因有哪些？
5. 预防电气火灾的措施有哪些？
6. 施工现场电焊消防安全管理措施有哪些？
7. 安全警示标志如何区分？
8. 施工现场临时用电管理的基本内容有哪些？
9. 施工现场环境保护管理组织机构的主要职责有哪些？
10. 简述职业健康的概念。
11. 影响职业健康的因素有哪些？

技能测试题

一、单选题

1. 建设工程施工现场的消防安全由（　　）负责。
   A. 建设单位　　　B. 设计单位　　　C. 施工单位　　　D. 监理单位
2. 临时木工间、油漆间和木、机具间等，每（　　）m² 应配置一个种类合适的灭火器。
   A. 15　　　　　B. 20　　　　　C. 25　　　　　D. 30
3. 施工现场一般临时设施区，每（　　）m² 配备两个（　　）L 灭火器。
   A. 100，12　　B. 100，10　　C. 50，12　　D. 50，10
4. 仓库或堆料场内应分组布置灭火器，每组灭火器不应少于（　　）个，每组灭火器之间的距离不应大于（　　）m。
   A. 4，30　　　B. 2，30　　　C. 4，20　　　D. 2，20
5. 施工现场仓库内不准使用碘钨灯和超过（　　）W 以上的白炽灯等高温照明灯具。
   A. 36　　　　　B. 50　　　　　C. 60　　　　　D. 100
6. 施工现场配电室的耐火等级要大于（　　），室内配置砂箱和绝缘灭火器。
   A. 四级　　　　B. 三级　　　　C. 二级　　　　D. 一级
7. 施工现场若使用碘钨灯，灯与易燃物间距应大于（　　）cm。
   A. 30　　　　　B. 50　　　　　C. 80　　　　　D. 100
8. 施工现场乙炔瓶、氧气瓶和焊炬间的距离不得小于（　　）m，否则应采取隔离措施。
   A. 1　　　　　B. 3　　　　　C. 5　　　　　D. 10
9. 在市区主要路段的工地周围，应用硬质材料连续设置不低于（　　）m 的围挡。
   A. 1.5　　　　B. 1.8　　　　C. 2.5　　　　D. 2.8
10. 在一般路段的工地周围，应用硬质材料连续设置不低于（　　）m 的围挡。
    A. 1.5　　　　B. 1.8　　　　C. 2.5　　　　D. 2.8
11. 在建工程建筑物必须使用符合规定要求的密目安全立网进行封闭围挡，（　　）及以下的，必须全封闭围挡。
    A. 12 层　　　B. 15 层　　　C. 16 层　　　D. 18 层
12. 工地食堂室内高度应不低于（　　）m，设透气窗，墙面抹灰刷白，地面抹水泥砂浆，灶台镶贴瓷砖。
    A. 2.5　　　　B. 2.6　　　　C. 2.7　　　　D. 2.8
13. 施工现场临时用电为（　　）台以上或总用电量在（　　）者，应编制临时用电施工组织设计。
    A. 2，20kW 及 20kW 以上　　　B. 3，30kW 及 30kW 以上
    C. 5，50kW 及 50kW 以上　　　D. 8，80kW 及 80kW 以上
14. 高度超过（　　）m 的建筑工程，应安装临时消防竖管，管径不得小于（　　）mm，严禁消防竖管作为施工用水管线。

A. 20,75　　　　B. 24,75　　　　C. 20,50　　　　D. 24,50

15. 工地宿舍如果灯具距离地面少于 2.4m 或采用上、下铺人员易接触电气线路和灯具，照明电源必须采用（　　）V 电压，按规范要求架设。

A. 12　　　　　B. 24　　　　　C. 36　　　　　D. 50

二、多选题

1. 下列关于工程内临时消火栓及其布置的说法，正确的有（　　）。
   A. 应分设于位置明显且易于操作的部位
   B. 应保证消火栓的充实水柱能到达工程内任何部位
   C. 消火栓口出水方向宜与墙壁成 60°角，离地面 1.2m
   D. 消火栓配备的水带每节长度不宜超过 20m
   E. 每个消火栓处宜设启动消防水泵的按钮

2. 下列关于施工现场用电安全管理的说法，正确的有（　　）。
   A. 严禁随意拉设电线
   B. 严禁超负荷用电
   C. 各部门下班后该关闭的电源应予以关闭
   D. 电气线路、设备安装应由电工负责
   E. 禁止私用电热棒、电炉等大功率电器

3. 安全色是表达安全信息含义的颜色，分为红、黄、蓝、绿四种颜色，分别表示（　　）。
   A. 禁止　　　　B. 警告　　　　C. 提醒　　　　D. 指令
   E. 提示

4. 安全标志是用于表达特定信息的标志，由（　　）等组成。
   A. 图形符号　　B. 安全色　　　C. 警戒色　　　D. 几何图形
   E. 文字

5. 依据《施工现场临时用电安全技术规范》（JGJ 46—2005）的要求，施工现场临时用电应遵守的技术原则有（　　）。
   A. 采用三级配电系统　　　　　　B. 采用二级配电系统
   C. 采用 TN-S 接零保护系统　　　D. 采用三级漏电保护系统
   E. 采用二级漏电保护系统

6. 施工现场临时用水包括（　　）。
   A. 生产用水　　B. 机械用水　　C. 生活用水　　D. 消防用水
   E. 储备用水

7. 下列关于施工作业现场环境保护措施的说法，正确的有（　　）。
   A. 施工现场设置良好的排水系统及废水回收利用设施
   B. 施工现场物料实行定置管理
   C. 施工现场出入口处，设置洗车设备，道路不必硬化
   D. 施工作业面保持良好的安全作业环境
   E. 施工现场设置的安全标志应符合要求

8. 影响职业健康的因素主要有（　　）。
   A. 化学因素　　　B. 物理因素　　　C. 生物因素　　　D. 社会因素
   E. 环境危害因素

三、判断题

1. 施工单位对全体施工人员进行消防知识普及教育率应达到95%以上，对电气焊工等重点工种人员的消防专项教育培训率应达到100%。　　　　　　　　　　　　　（　　）

2. 在三级动火区域进行焊割作业，焊工必须持操作证动火作业。　　　　　（　　）

3. 消防工作归口管理职能部门应每日对公司进行防火巡查。　　　　　　　（　　）

4. 在营业或工作期间为保证物品安全应将安全出口上锁。　　　　　　　　（　　）

5. 施工现场应有明显的防火宣传标志。每半月对现场进行一次消防检查记录；每季度召开一次治安、保卫会议，培训一次义务消防队。　　　　　　　　　　　（　　）

6. 施工现场组织成立由项目经理为组长的环境保护管理小组，组员包括项目总工、专业经理、质检员、材料员及环保员等。　　　　　　　　　　　　　　　　（　　）

7. 出于消防考虑，乙炔瓶应放在操作地点的下风处，不得放在电线的下面。
　　　　　　　　　　　　　　　　　　　　　　　　　　　　　　　　（　　）

8. 施工现场使用易燃、易爆物品必须有专业人员负责，建立健全领退登记制度，使用时不得超过当天用量。　　　　　　　　　　　　　　　　　　　　　　（　　）

项目九
建筑工程安全专项施工方案编制

能力目标
能结合实际工程项目，针对不同的分部分项工程，编制安全专项施工方案。

素质要求
增强安全防范意识，对可能出现的危险，事先做足准备，居安思危，防患于未然。

知识导图

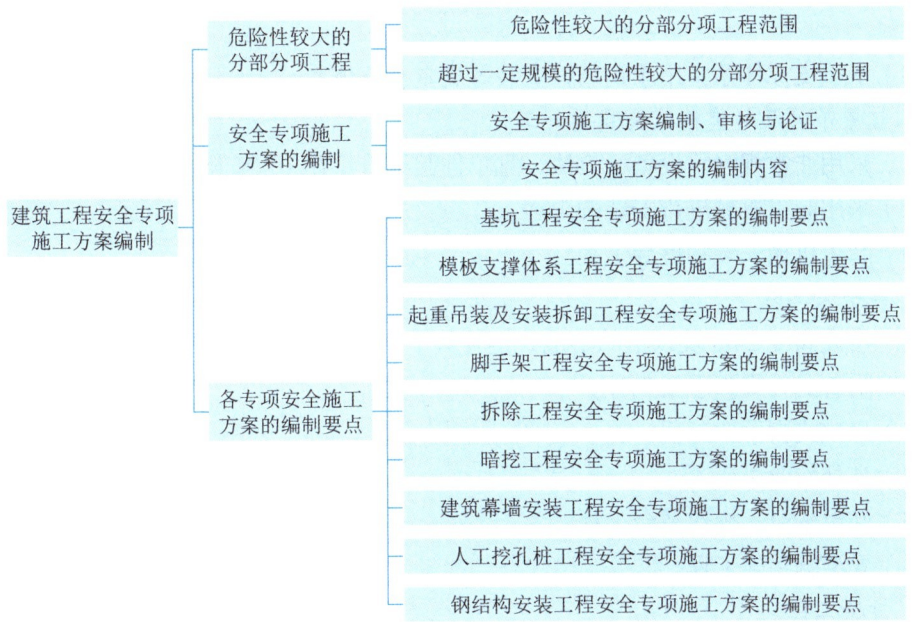

【项目引导】 某公司办公楼项目门厅宽 20m、高 25m，在浇筑门厅屋顶混凝土时，模板支撑体系整体坍塌。对事故调查发现，施工企业提供的安全专项施工方案未经过专家论证，经复核验算，支撑架搭设方式不合理，存在严重安全隐患。

【试　问】 哪些分部分项工程在施工前必须编制安全专项施工方案？什么情况需要进行专家论证？安全专项施工方案包含哪些内容？

任务一　危险性较大的分部分项工程

危险性较大的分部分项工程（简称"危大工程"），是指房屋建筑和市政基础设施工程在施工过程中，容易导致人员群死群伤或者造成重大经济损失的分部分项工程。危大工程及超过一定规模的危大工程范围由国务院住房城乡建设主管部门确定。省级住房城乡建设主管部门可以结合本地区实际情况，补充本地区危大工程范围。

一、危险性较大的分部分项工程范围

1. 基坑工程

（1）开挖深度超过3m（含3m）的基坑（槽）的土方开挖、支护、降水工程。

（2）开挖深度虽未超过3m，但地质条件、周围环境和地下管线复杂，或影响毗邻建（构）筑物安全的基坑（槽）的土方开挖、支护、降水工程。

2. 模板工程及支撑体系

（1）各类工具式模板工程：滑模、爬模、飞模、隧道模等工程。

（2）混凝土模板支撑工程：搭设高度5m及以上，或搭设跨度10m及以上，或施工总荷载（荷载效应基本组合的设计值，简称"设计值"）10kN/m² 及以上，或集中线荷载（设计值）15kN/m及以上，或高度大于支撑水平投影宽度且相对独立无联系构件的混凝土模板支撑工程。

（3）承重支撑体系：用于钢结构安装等满堂支撑体系。

3. 起重吊装及起重机械安装拆卸工程

（1）采用非常规起重设备、方法，且单件起吊重量在10kN及以上的起重吊装工程。

（2）采用起重机械进行安装的工程。

（3）起重机械安装和拆卸工程。

4. 脚手架工程

（1）搭设高度24m及以上的落地式钢管脚手架工程（包括采光井、电梯井脚手架）。

（2）附着式升降脚手架工程。

（3）悬挑式脚手架工程。

（4）高处作业吊篮。

（5）卸料平台、操作平台工程。

（6）异型脚手架工程。

5. 拆除工程

可能影响行人、交通、电力设施、通信设施或其他建（构）筑物安全的拆除工程。

6. 暗挖工程

采用矿山法、盾构法、顶管法施工的隧道、洞室工程。

7. 其他

（1）建筑幕墙安装工程。

（2）钢结构、网架和索膜结构安装工程。

（3）人工挖孔桩工程。

（4）水下作业工程。

（5）装配式建筑混凝土预制构件安装工程。

（6）采用新技术、新工艺、新材料、新设备可能影响工程施工安全，尚无国家、行业及地方技术标准的分部分项工程。

二、超过一定规模的危险性较大的分部分项工程范围

1. 深基坑工程

开挖深度超过 5m（含 5m）的基坑（槽）的土方开挖、支护、降水工程。

2. 模板工程及支撑体系

（1）各类工具式模板工程：包括滑模、爬模、飞模、隧道模等工程。

（2）混凝土模板支撑工程：搭设高度 8m 及以上，或搭设跨度 18m 及以上，或施工总荷载（设计值）15kN/m^2 及以上，或集中线荷载（设计值）20kN/m 及以上的混凝土模板支撑工程。

（3）承重支撑体系：用于钢结构安装等满堂支撑体系，承受单点集中荷载 7kN 及以上。

3. 起重吊装及起重机械安装拆卸工程

（1）采用非常规起重设备、方法，且单件起吊重量在 100kN 及以上的起重吊装工程。

（2）起重量 300kN 及以上，或搭设总高度 200m 及以上，或搭设基础标高在 200m 及以上的起重机械安装和拆卸工程。

4. 脚手架工程

（1）搭设高度 50m 及以上的落地式钢管脚手架工程。

（2）提升高度在 150m 及以上的附着式升降脚手架工程或附着式升降操作平台工程。

（3）分段架体搭设高度 20m 及以上的悬挑式脚手架工程。

5. 拆除工程

（1）码头、桥梁、高架、烟囱、水塔或拆除中容易引起有毒有害气（液）体或粉尘扩散、易燃易爆事故发生的特殊建（构）筑物的拆除工程。

（2）文物保护建筑、优秀历史建筑或历史文化风貌区影响范围内的拆除工程。

6. 暗挖工程

采用矿山法、盾构法、顶管法施工的隧道、洞室工程。

7. 其他

（1）施工高度 50m 及以上的建筑幕墙安装工程。

（2）跨度 36m 及以上的钢结构安装工程，或跨度 60m 及以上的网架和索膜结构安装工程。

（3）开挖深度 16m 及以上的人工挖孔桩工程。

（4）水下作业工程。

（5）重量 1000kN 及以上的大型结构整体顶升、平移、转体等施工工艺。

（6）采用新技术、新工艺、新材料、新设备可能影响工程施工安全，尚无国家、行业及地方技术标准的分部分项工程。

任务二　安全专项施工方案的编制

安全专项施工方案是指针对现场存在安全隐患的生产部位（如高压线下施工，深基坑施工等）进行安全施工安排及配置。

应单独编制安全专项施工方案的工程主要有以下几种类型：对于危险性较大的分部分项工程，应单独编制专项施工方案；对于超过一定规模的危险性较大的分部分项工程，还应组织专家对单独编制的专项施工方案进行论证。

一　安全专项施工方案编制、审核与论证

施工单位应当在危险性较大的分部分项工程施工前编制专项方案，对于超过一定规模的危险性较大的分部分项工程，施工单位应当组织专家对专项方案进行评审论证。

1. 安全专项施工方案的编制

建筑工程实行施工总承包的，安全专项施工方案应当由施工总承包单位组织编制。其中，起重机械安装拆卸工程、深基坑工程、附着式升降脚手架等专业工程实行分包的，其安全专项方案可由专业承包单位编制。

施工单位应当根据国家现行相关标准规范，由项目技术负责人组织相关专业技术人员结合工程实际编制安全专项施工方案。

2. 安全专项施工方案的审核

专项施工方案应由施工单位技术部门组织本单位施工技术、安全、质量部门的专业技术人员进行审核。经审核合格的，由施工单位技术负责人签字。实行施工总承包的，专项方案应当由总承包单位技术负责人及相关专业承包单位技术负责人签字。

安全专项施工方案经施工单位审核合格后报监理单位，由项目总监理工程师审核签字后执行。

3. 安全专项施工方案的论证

超过一定规模的危险性较大分部分项工程专项方案，应当由施工单位组织专家组对编制的专项施工方案进行论证审查。专家组应由 5 名及以上符合相关专业要求的专家组成，专家组应对论证内容提出明确意见，形成论证报告，并在论证报告上签字。论证审查报告作为安全专项施工方案的附件。

（1）关于专家论证会参会人员

超过一定规模的危大工程专项施工方案专家论证会的参会人员应当包括：

①专家。

②建设单位项目负责人。

③有关勘察、设计单位项目技术负责人及相关人员。

④总承包单位和分包单位技术负责人或授权委派的专业技术人员、项目负责人、项目

技术负责人、专项施工方案编制人员、项目专职安全生产管理人员及相关人员。

⑤监理单位项目总监理工程师及专业监理工程师。

（2）专家论证内容

对于超过一定规模的危大工程专项施工方案，专家论证的主要内容应当包括：

①专项施工方案内容是否完整、可行。

②专项施工方案计算书和验算依据、施工图是否符合有关标准规范的要求。

③专项施工方案是否满足现场实际情况，并能够确保施工安全。

施工单位应根据论证报告修改完善专项方案，报专家组组长认可后，经施工单位技术负责人、项目总监理工程师、建设单位项目负责人签字后，方可组织实施。

4. 安全专项施工方案的管理

施工单位应当严格按照专项方案组织施工，不得擅自修改、调整专项方案。如因设计、结构、外部环境等因素发生变化确需修改的，修改后的专项方案应当重新履行审核批准手续。各安全施工专项方案由项目收集成册，作为资料附件。

二、安全专项施工方案的编制内容

安全专项施工方案的主要内容应当包括：

（1）工程概况：危大工程概况和特点、施工平面布置、施工要求和技术保证条件。

（2）编制依据：相关法律、法规、规范性文件、标准、规范及施工图设计文件、施工组织设计等。

（3）施工计划：包括施工进度计划、材料与设备计划。

（4）施工工艺技术：技术参数、工艺流程、施工方法、操作要求、检查要求等。

（5）施工安全保证措施：组织保障措施、技术措施、监测监控措施等。

（6）施工管理及作业人员配备和分工：施工管理人员、专职安全生产管理人员、特种作业人员、其他作业人员等。

（7）验收要求：验收标准、验收程序、验收内容、验收人员等。

（8）应急处置措施。

（9）计算书及相关施工图纸。

任务三　各专项安全施工方案的编制要点

一、基坑工程安全专项施工方案的编制要点

1. 编制说明及依据

简述安全专项施工方案的编制目的，方案编制所依据的相关法律、法规、规范性文件、标准、规范及图纸（国标图集）、施工组织设计，以及编制依据的版本、编号等。采用电算软件的，应说明方案计算使用的软件名称、版本。

（1）法律依据。基坑工程所依据的相关法律、法规、规范性文件、标准、规范等。

（2）项目文件。施工合同（施工承包模式）、勘察文件、基坑设计施工图纸、现状地形及影响范围管线探测或查询资料、相关设计文件、地质灾害危险性评价报告、业主相关规定、管线图等。

（3）施工组织设计等。

2. 工程概况

简要描述工程地址，周边建筑物、道路、管线等环境情况，基坑平面尺寸、基坑开挖深度，工程地质情况、水文地质情况、气候条件（极端天气状况、最低温度、最高温度、暴雨），施工要求和技术保证条件。支护（降水）结构选型依据，支护（降水）系统的构造。说明支护工程的使用年限，降水工程的持续时间。

（1）基坑工程概况和特点。

①工程基本情况：基坑周长、面积、开挖深度、基坑设计使用年限、基坑支护设计（包括平面布置图、剖面图及其设计参数表）等。

②工程地质情况：地形地貌、地层岩性、不良地质作用和地质灾害、特殊性岩土、基坑土方开挖设计（包括土方开挖方式及布置，土方开挖与加撑的关系）等情况。

③工程水文地质情况：地表水、地下水、地层渗透性与地下水补给排泄、基坑地下水控制设计（包括施工降水、帷幕隔水）等情况。

④施工地的气候特征和季节性天气。

⑤主要工程量清单。

（2）施工平面布置。

基坑围护结构施工及土方开挖阶段的施工总平面布置（含临水、临电、安全文明施工现场要求及危大工程标识等）及说明，基坑周边使用条件。

（3）周边环境条件。

①邻近建（构）筑物、道路及地下管线与基坑工程的位置关系。

②邻近建（构）筑物的工程重要性、层数、结构形式、基础形式、基础埋深、桩基础或复合地基增强体的平面布置、桩长等设计参数、建设及竣工时间、结构完好情况及使用状况。

③邻近道路的重要性、道路特征、使用情况。

④地下管线（包括供水、排水、燃气、热力、供电、通信、消防等）的重要性、规格、埋置深度、使用情况。

⑤环境平面图应标注与工程之间的平面关系及尺寸，条件复杂时，还应画剖面图并标注剖切线及剖面号，剖面图应标注邻近建（构）筑物的埋深、地下管线的用途、材质、管径尺寸、埋深等。

⑥临近河、湖、管渠、水坝等位置，应查阅历史资料，明确汛期水位高度，并分析对基坑可能产生的影响。

⑦相邻区域内正在施工或使用的基坑工程状况。

（4）施工要求。

明确质量安全目标要求，工期要求（本工程开工日期、计划竣工日期），基坑工程计划开工日期、计划完工日期。

（5）技术保证条件。

实施基坑工程的有关设备、材料、构配件的准备情况，拟投入人员技术技能情况。

（6）风险辨识与分级。

风险因素辨识及基坑安全风险分级。

3. 施工计划

（1）施工进度计划：基坑工程的施工进度安排，具体到各分项工程的进度安排。

（2）材料与设备计划等：机械设备配置，主要材料及周转材料需求计划，主要材料投入计划、力学性能要求及取样复试详细要求，试验计划。

（3）劳动力计划。

（4）机械设备投入计划。

（5）监测计划。

4. 施工工艺技术

（1）技术参数：支护结构施工、降水、帷幕、关键设备等工艺技术参数。

（2）工艺流程：基坑工程总的施工工艺流程和分项工程工艺流程。

（3）施工方法及操作要求：基坑工程施工前准备，地下水控制、支护施工、土方开挖等工艺流程、要点，常见问题及预防、处理措施。

（4）检查要求：基坑工程所用的材料进场质量检查、抽检，基坑施工过程中各工序检查内容及检查标准。

5. 施工安全保证措施

描述安全生产组织措施、施工安全技术措施。措施应包括：坑壁支护方法及控制坍塌的安全措施；基坑周边环境及防护措施；施工作业人员安全防护措施；基坑临边防护及坑边载荷安全要求、进行危险源辨识、施工用电安全措施等。

（1）组织保障措施：安全组织机构、安全保证体系及相应人员安全职责等。

（2）技术措施：安全保证措施、质量技术保证措施、文明施工保证措施、环境保护措施、季节施工保证措施等。

（3）监测监控措施：监测组织机构，监测范围、监测项目、监测方法、监测频率、预警值及控制值、安全巡视、信息反馈，监测点布置图等。

6. 施工管理及作业人员配备和分工

（1）施工管理人员：管理人员名单及岗位职责（如项目负责人、项目技术负责人、施工员、质量员、各班组长等）。

（2）专职安全人员：专职安全生产管理人员名单及岗位职责。

（3）特种作业人员：特种作业人员持证人员名单及岗位职责（附特种作业证书）。

（4）其他作业人员：其他人员名单及岗位职责。

7. 验收要求

（1）验收标准：根据施工工艺明确相关验收标准及验收条件。

（2）验收程序及人员：具体验收程序，确定验收人员组成（建设、勘察、设计、施工、监理、监测等单位相关负责人)。

(3) 验收内容：基坑开挖至基底且变形相对稳定后支护结构顶部水平位移及沉降、建(构)筑物沉降、周边道路及管线沉降、锚杆(支撑)轴力控制值，坡顶(底)排水措施和基坑侧壁完整性。

8. 应急处置措施

(1) 应急处置领导小组组成与职责、应急救援小组组成与职责，包括抢险、安保、后勤、医救、善后、应急救援工作流程及应对措施、联系方式等。

(2) 重大危险源清单及应急措施。

(3) 周边建(构)筑物、道路、地下管线等产权单位各方联系方式、救援医院信息(名称、电话、救援线路)。

(4) 应急物资准备。

9. 计算书及相关施工图纸

(1) 施工设计计算书(如基坑为专业资质单位正式施工图设计，此附件可略)。

(2) 相关施工图纸：施工总平面布置图、基坑周边环境平面图、监测平面图、基坑土方开挖示意图、基坑施工顺序示意图、支护结构施工图、支护结构施工工况图、降水或截水施工图(井点布置平面图、井点详图)、基坑安全防护做法图、基坑内外排水图、马道收尾示意图等。

二 模板支撑体系工程安全专项施工方案的编制要点

1. 编制依据

简述安全专项施工方案的编制目的，方案编制所依据的相关法律、法规、规范性文件、标准、规范及图纸(国标图集)、施工组织设计，以及编制依据的版本、编号等。采用电算软件的，应说明方案计算使用的软件名称、版本。

(1) 法律依据：模板支撑体系工程所依据的相关法律、法规、规范性文件、标准、规范等。

(2) 项目文件：施工合同(施工承包模式)、勘察文件、施工图纸等。

(3) 施工组织设计等。

2. 工程概况

描述高大模板工程特点、施工平面及立面布置、施工要求和技术保证条件，具体明确支模区域，支模标高、高度，支模范围内的梁截面尺寸、跨度、板厚，支撑的地基情况等。梁板的混凝土等级。采用的模板体系及高大模板工程的构造设计。

(1) 模板支撑体系工程概况和特点：本工程及模板支撑体系工程概况，具体明确模板支撑体系的区域，模板支撑体系范围内梁板规格，模板支撑体系的地基基础情况等。

(2) 施工平面及立面布置：本工程施工总体平面布置情况、支撑体系区域的结构平面图及剖面图。

(3) 施工要求：明确质量安全目标要求，工期要求(本工程开工日期、计划竣工日期)，模板支撑体系工程搭设日期及拆除日期。

（4）技术保证条件：实施模板支撑体系工程的有关设备、材料及构配件的落实情况，拟投入人员技术技能情况。

（5）风险辨识与分级：风险辨识及模板支撑体系安全风险分级。

（6）施工地的气候特征和季节性天气。

3. 施工计划

（1）施工进度计划：模板支撑体系工程施工进度安排，具体到各分项工程的进度安排。

（2）材料与设备计划：模板支撑体系选用的材料和设备进出场明细表。

（3）劳动力计划。

4. 施工工艺技术

（1）技术参数：模板支撑体系的所用材料、规格、支撑体系设计、构造措施等技术参数。

（2）工艺流程：支撑体系搭设、使用及拆除工艺流程。

（3）施工方法及操作要求：模板支撑体系搭设前施工准备、基础处理、模板支撑体系搭设方法、构造措施（剪刀撑、周边拉结等）、模板支撑体系拆除方法等。

（4）检查要求：模板支撑体系主要材料进场质量检查，模板支撑体系施工过程中对照专项施工方案有关检查内容等。

5. 施工安全保证措施

描述模板支撑体系搭设及混凝土浇筑区域管理人员组织机构、施工技术措施、模板安装和拆除的安全技术措施、施工应急救援预案，模板支撑系统在搭设、钢筋安装、混凝土浇捣过程中及混凝土终凝前后模板支撑体系位移的监测监控措施等。

（1）组织保障措施：安全组织机构、安全保证体系及相应人员安全职责等。

（2）技术措施：安全保证措施、质量技术保证措施、文明施工保证措施、环境保护措施、季节性施工保证措施等。

（3）监测监控措施：监测点的设置、监测仪器设备和人员的配备、监测方式方法等。

6. 施工管理及作业人员配备和分工

（1）施工管理人员：管理人员名单及岗位职责（如项目负责人、项目技术负责人、施工员、质量员、各班组长等）。

（2）专职安全人员：专职安全生产管理人员名单及岗位职责。

（3）特种作业人员：模板支撑体系搭设持证人员名单及岗位职责（附特种作业证书）。

（4）其他作业人员：其他人员名单及岗位职责。

7. 验收要求

（1）验收标准：根据施工工艺明确相关验收标准及验收条件。

（2）验收程序及人员：具体验收程序，确定验收人员组成（建设、设计、施工、监理、监测等单位相关负责人）。

（3）验收内容：材料构配件及质量、搭设场地及支撑结构的稳定性、阶段搭设质量、支撑体系的构造措施等。

8. 应急处置措施

（1）应急处置领导小组组成与职责、应急救援小组组成与职责，包括抢险、安保、后勤、医救、善后、应急救援工作流程及应对措施、联系方式等。

（2）重大危险源清单及应急措施。

（3）救援医院信息（名称、电话、救援线路）。

（4）应急物资准备。

9. 计算书及相关图纸

（1）计算书：支撑架构配件的力学特性及几何参数，荷载组合（包括永久荷载、施工荷载、风荷载），模板支撑体系的强度、刚度及稳定性的计算，支撑体系基础承载力、变形计算等。

（2）相关图纸：支撑体系平面布置图、立（剖）面图（含剪刀撑布置），梁模板支撑节点详图与结构拉结节点图，支撑体系监测平面布置图等。

三、起重吊装及安装拆卸工程安全专项施工方案的编制要点

1. 编制依据

简单描述相关法律、法规、规范性文件、标准、规范及图纸（国标图集）、施工组织设计、起重吊装设备的使用说明等。

（1）法律依据：起重吊装及安装拆卸工程所依据的相关法律、法规、规范性文件、标准、规范等。

（2）项目文件：施工图设计文件，吊装设备、设施操作手册（使用说明书），施工合同等。

（3）施工组织设计：重点与难点的分析及对策，拟订总体施工方案及各工序施工方案，施工总体流程、施工吊装顺序、拆除设计，基础处理方案，起重设备、塔式起重机安装拆卸方案、附着方案，起重机选型，吊索、卡具的选定，吊耳的设置与设计，高处作业平台安全防护、临边防护设计、人员上下通道设计等。

2. 工程概况

简单描述工程名称、位置、结构形式、层高、建筑面积、起重吊装部位、主要构件的重量、进度要求等。施工平面布置、施工要求和技术保证条件。

（1）起重吊装及安装拆卸工程概况和特点

①本工程概况、起重吊装及安装拆卸工程概况。

②工程所在位置、场地及其周边环境［包括邻近建（构）筑物、道路及地下地上管线、高压线路、基坑的位置关系］、装配式建筑构件的运输及堆场情况等。

③邻近建（构）筑物、道路及地下管线的现况（包括基坑深度、层数、高度、结构形式等）。

④施工地的气候特征和季节性天气。

（2）施工平面布置

①施工总体平面布置：临时施工道路及材料堆场布置，施工、办公、生活区域布置，

临时用电、用水、排水、消防布置，起重机械配置，起重机械安装拆卸场地等。

②地下管线（包括供水、排水、燃气、热力、供电、通信、消防等）的特征、埋置深度等。

③道路的交通负载。

（3）施工要求：明确质量安全目标要求，工期要求（本工程开工日期和计划竣工日期），起重吊装及安装拆卸工程计划开工日期、计划完工日期。

（4）技术保证条件：起重机械安装、拆卸工程实施的相关设备、材料、构配件情况，管理与作业人员技术技能情况，附属设备设施。

3. 施工计划

（1）施工进度计划：起重吊装及安装、加臂增高起升高度、拆卸工程施工进度安排，具体到各分项工程的进度安排。

（2）材料与设备计划：起重吊装及安装拆卸工程选用的材料、机械设备、劳动力等进出场明细表。

（3）劳动力计划。

4. 施工工艺技术

（1）技术参数：工程所用材料、规格、支撑形式等技术参数，起重吊装及安装、拆卸设备设施的名称、型号、出厂时间、性能、自重等，被吊物数量、起重量、起升高度、组件的吊点、体积、结构形式、重心、通透率、风载荷系数、尺寸、就位位置等性能参数。

（2）工艺流程：起重吊装及安装拆卸工程施工工艺流程图，吊装或拆卸程序与步骤，二次运输路径图，批量设备运输顺序排布。

（3）施工方法：多机种联合起重作业（垂直、水平、翻转、递吊）及群塔作业的吊装及安装拆卸，机械设备、材料的使用，吊装过程中的操作方法，吊装作业后机械设备和材料拆除方法等。

（4）操作要求：吊装与拆卸过程中临时稳固、稳定措施，涉及临时支撑的，应有相应的施工工艺，吊装、拆卸的有关操作具体要求，运输、摆放、胎架、拼装、吊运、安装、拆卸的工艺要求。

（5）安全检查要求：吊装与拆卸过程主要材料、机械设备进场质量检查、抽检，试吊作业方案及试吊前对照专项施工方案有关工序、工艺、工法安全质量检查内容等。

5. 施工安全保证措施

根据现场情况分析吊装安拆过程应重点注意的问题，描述组织保障、技术措施、监测监控等安全保证措施。

（1）组织保障措施：安全组织机构、安全保证体系及人员安全职责等。

（2）技术措施：安全保证措施、质量技术保证措施、文明施工保证措施、环境保护措施、季节性及防台风施工保证措施等。

（3）监测监控措施：监测点的设置，监测仪器、设备和人员的配备，监测方式、方法、频率等。

6. 施工管理及作业人员配备和分工

（1）施工管理人员：管理人员名单及岗位职责（如项目负责人、项目技术负责人、施工员、质量员、各班组长等）。

（2）专职安全人员：专职安全生产管理人员名单及岗位职责。

（3）特种作业人员：机械设备操作人员持证人员名单及岗位职责（附特种作业证书）。

（4）其他作业人员：其他人员名单及岗位职责。

7. 验收要求

（1）验收标准：起重吊装及起重机械设备、设施安装，过程中各工序、节点的验收标准和验收条件。

（2）验收程序：作业中起吊、运行、安装的设备与被吊物前期验收，过程监控（测）措施验收等流程（可用图表表示）。

（3）验收内容：进场材料、机械设备、设施验收标准及验收表，吊装与拆卸作业全过程安全技术控制的关键环节，基础承载力满足要求，起重性能符合，吊索、卡具完好，被吊物重心确认，焊缝强度满足设计要求，吊运轨迹正确，信号指挥方式确定。

（4）验收人员：施工、监理、监测等单位相关负责人、项目安全技术人员、机械管理员、监理员等组成。

8. 应急处置措施

（1）应急处置领导小组组成与职责、应急救援小组组成与职责，包括抢险、安保、后勤、医救、善后、应急救援工作流程及应对措施、联系方式等。

（2）重大危险源清单及应急措施。

（3）周边建（构）筑物、道路、地下管线等产权单位各方联系方式、救援医院信息（名称、电话、救援线路）。

（4）应急物资准备。

9. 计算书及相关施工图纸

（1）计算书：吊装计算书（包括吊装能力的计算，根据吊装设备站位图、吊装构件几何尺寸及吊装幅度、高度、半径，画出吊装站位平、立面图，以校核吊装能力）；吊索卡具的计算（包括所使用的吊索卡具形式、规格、型号，根据吊索卡具实际受力图进行吊索卡具的受力计算，以校核吊索卡具的安全系数）；吊耳计算（包括吊耳的材质、形式，焊缝的设计及相应的计算，计算书中应特别注意受力方向，应根据受力方向进行相应的验算）；地基承载力的计算（依据起重设备受力特性，应计算起重设备最大支反力或履带式起重机单幅履带最大受力，根据受力情况核实地基承载力，地基承载力计算中，要求计算至土路基）；临时支撑的计算（方案中如涉及，应进行承重平台计算）。

（2）相关施工图纸：施工总平面布置图及说明，平面图、立面图应注明起重吊装及安装设备设施或被吊物与邻近建（构）筑物、道路及地下管线、基坑、高压线路之间的平、立面关系及相关形、位尺寸（条件复杂时，应附剖面图）。

（3）委托第三方进行吊装运输或安拆作业的安全协议、资质文件等。

四、脚手架工程安全专项施工方案的编制要点

1. 编制依据
（1）法律依据：脚手架工程所依据的相关法律、法规、规范性文件、标准、规范等。
（2）项目文件：施工合同（施工承包模式）、勘察文件、施工图纸等。
（3）施工组织设计等。

2. 工程概况
（1）脚手架工程概况和特点：本工程及脚手架工程概况，脚手架的类型、搭设区域及高度等。
（2）施工平面及立面布置：本工程施工总体平面布置图及使用脚手架区域的结构平面图、立（剖）面图，塔式起重机及施工升降机布置图等。
（3）施工要求：明确质量安全目标要求，工期要求（开工日期、计划竣工日期），脚手架工程搭设日期及拆除日期。
（4）技术保证条件：实施脚手架工程的有关设备、材料及构配件的落实情况，拟投入人员技术技能情况。
（5）施工地的气候特征和季节性天气。

3. 施工计划
（1）施工进度计划：总体施工方案及各工序施工方案，施工总体流程、施工顺序及进度。
（2）材料与设备计划：脚手架选用材料的规格型号、设备、数量及进场和退场时间计划安排。
（3）劳动力计划。

4. 施工工艺技术
（1）技术参数：脚手架类型、搭设参数的选择，脚手架基础、架体、附墙支座及连墙件设计等技术参数，动力设备的选择与设计参数，稳定承载计算等技术参数。
（2）工艺流程：脚手架搭设和安装、使用、升降及拆除工艺流程。
（3）施工方法及操作要求：脚手架搭设、构造措施（剪刀撑、周边拉结等），附着式升降脚手架的安全装置（如防倾覆、防坠落、安全锁等）设置，安全防护设置，脚手架安装、使用、升降及拆除等。
（4）检查要求：脚手架主要材料进场质量检查，阶段检查项目及内容。

5. 施工安全保证措施
（1）组织保障措施：安全组织机构、安全保证体系及相应人员安全职责等。
（2）技术措施：安全保证措施、质量技术保证措施、文明施工保证措施、环境保护措施、季节性施工保证措施等。
（3）监测监控措施：监测点的设置、监测仪器设备和人员的配备、监测方式方法等。

6. 施工管理及作业人员配备和分工
（1）施工管理人员：施工管理人员名单及岗位职责（如项目负责人、项目技术负责人、

施工员、质量员、各班组长等）。

（2）专职安全人员：专职安全生产管理人员名单及岗位职责。

（3）特种作业人员：脚手架搭设、安装及拆除人员的持证人员名单及岗位职责（附特种作业证书）。

（4）其他作业人员：其他作业人员名单及岗位职责（施工管理人员、专职安全生产管理人员、特种作业人员、其他作业人员等）。

7. 验收要求

（1）验收标准：根据脚手架类型确定验收标准及验收条件。

（2）验收程序：根据脚手架类型确定脚手架验收阶段、验收项目及验收人员（建设、施工、监理、监测等单位相关负责人）。

（3）验收内容：进场材料及构配件规格型号，构造要求，组装质量，连墙件及附着支撑结构，防倾覆、防坠落、荷载控制系统及动力系统等装置。

8. 应急处置措施

（1）应急处置领导小组组成与职责、应急救援小组组成与职责，包括抢险、安保、后勤、医救、善后、应急救援工作流程及应对措施、联系方式等。

（2）针对脚手架坍塌、高处坠落、物体打击等制定重大危险源清单及应急措施。

（3）救援医院信息（医院名称、电话、救援线路）。

（4）应急物资准备。

9. 计算书及相关施工图纸

（1）脚手架计算书：永久荷载、施工荷载、风荷载，脚手架构配件的力学特性及几何参数，脚手架承载能力和刚度计算，连墙件及附墙支座计算，立杆基础承载力计算，悬挑设施的计算，动力设备荷载验算等。

（2）相关设计图纸：脚手架平面布置、立（剖）面图（含剪刀撑布置），脚手架基础节点图，连墙件布置图及节点详图，塔式起重机、施工升降机及其他特殊部位布置及构造图等。

五、拆除工程安全专项施工方案的编制要点

1. 编制依据

（1）法律依据：拆除工程所依据的相关法律、法规、规范性文件、标准、规范等。

（2）项目文件：包括施工合同（施工承包模式）、拆除结构设计资料、结构鉴定资料、拆除设备操作手册或说明书、现场勘察资料、业主规定等。

（3）施工组织设计等。

2. 工程概况

（1）拆除工程概况和特点：本工程及拆除工程概况，工程所在位置、场地情况等，各拟拆除物的平面尺寸、结构形式、层数、跨径、面积、高度或深度等，结构特征、结构安全状况，电力、燃气、热力等地上地下管线分布及使用状况等。

（2）施工平面布置：拆除阶段的施工总平面布置（包括周边建筑距离、道路、安全防护设施搭设位置、临时用电设施、临时办公生活区、废弃材料堆放位置、机械行走路线、拆除区域的主要通道和出入口）。

（3）周边环境条件：

①毗邻建（构）筑物、道路、管线（包括供水、排水、燃气、热力、供电、通信、消防等）、树木和设施等与拆除工程的位置关系；改造工程局部拆除结构和保留结构的位置关系。

②毗邻建（构）筑物和设施的重要程度和特殊要求、层数、高度（深度）、结构形式、基础形式、基础埋深、建设及竣工时间、现状情况等。

③施工平面图、断面图等应按规范绘制，环境复杂时，还应标注毗邻建（构）筑物的详细情况，并说明施工振动、噪声、粉尘等有害效应的控制要求。

（4）施工要求：明确质量安全目标要求，工期要求（本工程开工日期、计划竣工日期），拆除工程计划开工日期、计划完工日期；拆除工程的设计年限及已使用年限，目前的结构性能状况。

（5）技术保证条件：实施拆除工程的有关设备、材料的落实情况，拟投入人员技术技能情况。

（6）风险辨识与分级：风险因素辨识及拆除安全风险分级。

3. 施工计划

（1）施工进度计划：总体施工方案及各工序施工方案，施工总体流程、施工顺序。

（2）材料与设备计划等：拆除工程所选用的材料和设备进出场明细表。

（3）劳动力计划。

（4）机械设备投入计划。

4. 施工工艺技术

（1）技术参数：拟拆除建（构）筑物的结构参数及解体、清运、防护设施及关键设备等技术参数。

（2）工艺流程：拆除工程总的施工工艺流程和主要施工方法的工艺流程；拆除工程整体、单体或局部的拆除顺序。

（3）施工方法及操作要求：人工、机械、爆破和静力破碎等各种拆除施工方法的工艺流程、要点，常见问题及预防、处理措施。

（4）检查要求：拆除工程所用的主要材料、设备进场质量检查、抽检；拆除前及施工过程中对照专项施工方案有关检查内容等。

5. 施工安全保证措施

（1）组织保障措施：安全组织机构、安全保证体系及相应人员安全职责等。

（2）技术措施：安全保证措施、质量技术保证措施、文明施工保证措施、环境保护措施、季节施工保证措施等。

（3）监测监控措施：描述监测点的设置、监测仪器设备和人员的配备、监测方式方法等。

6. 施工管理及作业人员配备和分工

（1）施工管理人员：管理人员名单及岗位职责（如项目负责人、项目技术负责人、施工员、质量员、各班组长等）。

（2）专职安全生产管理人员：专职安全生产管理人员名单及岗位职责。

（3）特种作业人员：特种作业人员持证人员名单及岗位职责（附特种作业证书）。

（4）其他作业人员：其他人员名单及岗位职责。

7. 验收要求

（1）验收标准：根据施工工艺明确相关验收标准及验收条件。

（2）验收程序及人员：具体验收程序，确定验收人员组成（施工、监理、监测等单位相关负责人）。

（3）验收内容：明确局部拆除保留结构、作业平台承载结构变形控制值；明确防护设施、拟拆除物的稳定状态控制指标标准。

8. 应急处置措施

（1）应急救援领导小组组成与职责、应急救援小组组成与职责，包括抢险、安保、后勤、医救、善后、应急救援工作流程及应对措施、联系方式等。

（2）重大危险源清单及应急措施。

（3）周边建构筑物、道路、地上地下管线等产权单位各方联系方式、救援医院信息（名称、电话、救援线路）。

（4）应急物资准备。

9. 计算书及相关施工图纸

（1）计算书：吊装计算书［见"三、起重吊装及安装拆卸工程专项施工方案的编制要点"］；机械需在待拆作业面上作业时的结构承载能力计算书（原结构设计单位确认）；爆破拆除时的爆破计算书；临时支撑计算书。

（2）相关图纸。

六 暗挖工程安全专项施工方案的编制要点

1. 编制依据

（1）法律依据：暗挖工程所依据的相关法律、法规、规范性文件。

（2）项目文件：施工合同（施工承包模式）、勘察文件、设计文件及施工图、地质灾害危险性评价报告、安全风险评估报告、地下水控制专家评审报告等。

（3）技术标准：相关的国家标准、行业标准、地方标准等。

（4）施工组织设计等。

2. 工程概况

（1）暗挖工程概况和特点：工程所在位置、设计概况与工程规模（结构形式、尺寸、埋深等）、开工时间及计划完工时间等。

（2）工程地质与水文地质条件：与工程有关的地层描述（包括名称、厚度、状态、性质、物理力学参数等)。含水层的类型,含水层的厚度及顶、底板标高,含水层的富水性、渗透性、补给与排泄条件,各含水层之间的水力联系,地下水位标高及动态变化。绘制地层剖面图,应展示工程所处的地质、地下水环境,并标注结构位置。

(3)施工平面布置:拟建工程区域、生活区与办公区、道路、加工区域、材料堆场、机械设备、临水、临电、消防的布置等,在施工现场显著位置公告危大工程名称、施工时间和具体责任人员,危险区域安全警示标志。

(4)周边环境条件

①周边环境与工程的位置关系平面图、剖面图,并标注周边环境的类型。

②邻近建(构)筑物的工程重要性、层数、结构形式、基础形式、基础埋深、建设及竣工时间、结构完好情况及使用状况。

③邻近道路的重要性、交通负载量、道路特征、使用情况。

④地下管线(包括供水、排水、燃气、热力、供电、通信、消防等)的重要性、特征、埋置深度、使用情况。

⑤地表水系的重要性、性质、防渗情况、水位、对暗挖工程的影响程度等。

(5)技术保证条件:实施暗挖工程的有关设备、配套设备、材料、构配件的落实情况,拟投入人员技术技能情况。

(6)施工要求:明确质量安全目标要求,工期要求(本工程开工日期、计划竣工日期),暗挖工程计划开工日期、计划完工日期。

(7)风险辨识与分级:风险因素辨识及暗挖工程安全风险分级。

3. 施工计划

(1)施工进度计划:暗挖工程的施工进度安排,具体到各分项工程的进度安排。

(2)材料与设备计划等:机械设备配置,主要材料及周转材料需求计划,主要材料投入计划、物理力学性能要求及取样复试详细要求,试验计划。

(3)劳动力计划。

(4)机械设备投入计划。

4. 施工工艺技术

(1)技术参数:设备技术参数(包括主要施工机械设备选型及适应性评估等,如顶管设备、盾构设备、箱涵顶进设备、注浆设备和冻结设备等)、开挖技术参数(包括开挖断面尺寸、开挖进尺等)、支护技术参数(材料、构造组成、尺寸等)。

(2)工艺流程:暗挖工程总的施工工艺流程和各分项工程工艺流程。

(3)施工方法及操作要求:暗挖工程施工前准备,地下水控制、支护施工、土方开挖等工艺流程、要点,常见问题及预防、处理措施。

(4)检查要求:暗挖工程所用的材料、构件进场质量检查、抽检,施工过程中各工序检查内容及检查标准。

5. 施工安全保证措施

(1)组织保障措施:安全组织机构、安全保证体系及相应人员安全职责等。

(2)技术措施:安全保证措施、质量技术保证措施、文明施工保证措施、环境保护措施、季节施工保证措施等。

（3）监测监控措施：监测组织机构、监测范围、监测项目、监测方法、监测频率、预警值及控制值、安全巡视、信息反馈、监测点布置图等。

6. 施工管理及作业人员配备和分工

（1）施工管理人员：管理人员名单及岗位职责（如项目负责人、项目技术负责人、施工员、质量员、各班组长等）。

（2）专职安全生产管理人员：专职安全生产管理人员名单及岗位职责。

（3）特种作业人员：特种作业人员持证人员名单及岗位职责（附特种作业证书）。

（4）其他作业人员：其他人员名单及岗位职责。

7. 验收要求

（1）验收标准：根据施工工艺明确相关验收标准及验收条件。

（2）验收程序及人员：具体验收程序，确定验收人员组成（建设、勘察、设计、施工、监理、监测等单位相关负责人）。

（3）验收内容：暗挖工程每个工序完成后通过工程自身结构的完整程度、周边环境变形情况分析安全稳定状况并进行验收。

8. 应急处置措施

（1）应急处置领导小组组成与职责、应急救援小组组成与职责，包括抢险、安保、后勤、医救、善后、应急救援工作流程及应对措施、联系方式等。

（2）重大危险源清单及应急措施。

（3）周边建构筑物、道路、地下管线等产权单位各方联系方式、救援医院信息（名称、电话、救援线路）。

（4）应急物资准备。

9. 计算书及相关施工图纸

（1）施工计算书：注浆量和注浆压力、盾构掘进参数、顶管（涵）顶进参数、反力架（或后背）、钢套筒、冻结壁验算、地下水控制等。

（2）相关施工图纸：工程设计图、施工总平面布置图、周边环境平面（剖面）图、施工步序图、节点详图、监测布置图等。

七 建筑幕墙安装工程安全专项施工方案的编制要点

1. 工程概况

（1）建筑幕墙安装工程概况和特点：本工程及建筑幕墙安装工程概况，幕墙系统的类型、划分区域，幕墙设计基本技术参数及性能指标、选用材料及技术数据说明等。

（2）施工平面及立面布置：本工程施工总体平面布置图及幕墙工程危大内容，包括幕墙工程平面图、立面图、剖面图、典型节点图、幕墙类型、幕墙主要构件形状参数、材质等。

（3）施工要求：明确质量安全目标要求，工期要求（本工程开工日期、计划竣工日期），幕墙工程开始安装日期及完成日期。

（4）技术保证条件：幕墙工程安装的有关设备、材料及构配件的落实情况，拟投入人员技术、技能情况。

（5）幕墙工程周边结构概况及施工地的气候特征和季节性天气。

2. 编制依据

（1）法律依据：建筑幕墙安装工程所依据的相关法律、法规、规范性文件、标准、规范等。

（2）项目文件：施工合同（施工承包模式）、勘察文件、施工图纸等。

（3）施工组织设计等。

3. 施工计划

（1）施工进度计划：总体施工方案及各工序施工方案，施工总体流程、施工顺序及进度。

（2）材料与设备计划：幕墙工程选用材料的规格型号、设备、数量及进场和退场时间计划安排。

（3）劳动力计划。

4. 施工工艺技术

（1）技术参数：幕墙类型、安装操作设施的选择，基础、架体、附墙支座及连墙件设计等技术参数，动力设备的选择与设计参数。

（2）工艺流程：幕墙安装操作设施及运输设备的安装、使用及拆除工艺流程。

（3）施工方法及操作要求：幕墙安装操作设施搭设前施工准备、搭设方法、构造措施（如剪刀撑、周边拉结等），安全装置（如防倾覆、防坠落、安全锁等）设置，安全防护设置，拆除方法等。

（4）检查要求：幕墙工程所用的材料进场质量检查，阶段检查项目及内容。

5. 施工安全保证措施

（1）组织保障措施：安全组织机构、安全保证体系及相应人员安全职责等。

（2）技术措施：安全保证措施、质量技术保证措施、文明施工保证措施、环境保护措施、季节性施工保证措施等。

（3）监测监控措施：监测内容，监测方法、监测频率、监测仪器设备的名称、型号和精度等级，监测项目报警值，日常安全巡视与巡视结果记录，监测点平面布置图等。

6. 施工管理及作业人员配备和分工

（1）施工管理人员：管理人员名单及岗位职责（如项目负责人、项目技术负责人、施工员、质量员、各班组长等）。

（2）专职安全人员：专职安全生产管理人员名单及岗位职责。

（3）特种作业人员：幕墙安装操作设施搭设的持证人员名单及岗位职责（附特种作业证书）。

（4）其他作业人员：其他人员名单及岗位职责。

7. 验收要求

(1) 验收标准：根据幕墙安装施工工艺明确验收标准及验收条件。

(2) 验收程序：根据幕墙安装施工工艺确定幕墙安装验收阶段、验收项目及验收人员（建设、施工、监理、监测等单位相关负责人）。

(3) 验收内容：进场材料及构配件规格型号，构造要求，组装质量，连墙件及附着支撑结构，防倾覆、防坠落、荷载控制系统及动力系统等装置。

8. 应急处置措施

(1) 应急处置领导小组组成与职责、应急救援小组组成与职责，包括抢险、安保、后勤、医救、善后、应急救援工作流程及应对措施、联系方式等。

(2) 幕墙安装施工过程中的隐患，制定重大危险源清单及应急措施。

(3) 救援医院信息（名称、电话、救援线路）。

(4) 应急物资准备。

9. 计算书及相关施工图纸

(1) 幕墙工程计算书：计算依据、计算参数、计算简图、控制指标及幕墙安装操作设施及运输设备的各构部件、基础、附着支撑的承载力验算，索具吊具及动力设备的计算等。

(2) 相关设计图纸：幕墙安装操作设施及运输设备的布置平面图、剖面图，安全防护设计施工图，基础、预埋锚固、附着支撑、特殊部位、特殊构造等节点详图。

八 人工挖孔桩工程安全专项施工方案的编制要点

1. 编制依据

(1) 法律依据：人工挖孔桩工程的相关法律、法规、规范性文件、标准、规范等。

(2) 施工图设计文件：招标文件、勘察文件、设计图纸、现状地形及影响范围管线探测或查询资料、业主相关规定等。

(3) 施工组织设计等。

2. 工程概况

(1) 人工挖孔桩工程概况和特点：本工程所在位置、场地及其周边环境情况，基础或基坑（边坡）支护桩规模［基坑（边坡）周长、面积、开挖深度、设计基坑（边坡）使用时间，基础桩形式及其上建构筑物概况等］，基础或基坑（边坡）支护桩设计概述［桩径、桩长、桩间距、桩芯及护壁混凝土型号、钢筋笼配置、桩端持力层要求及嵌固深度、主要工程量清单（桩表）等］，±0.000 标高、自然地面标高及其相互关系，挖孔桩周边环境施工现场条件，挖孔桩与邻近建（构）筑物、道路及地下管线的位置关系，工程地质和水文地质条件（与挖孔桩有关的地层描述，包括名称、厚度、状态、性质等），与挖孔桩有关的含水层描述及应对措施。

(2) 施工平面布置：临时施工道路及材料堆场布置，施工、办公、生活区域布置，临时用电、用水、排水、消防布置，起重机械配置，挖孔桩平面及典型的挖孔桩开挖地层概况图等。

（3）施工要求：明确质量安全目标要求，工期要求（本工程开工日期、计划竣工日期），人工挖孔桩工程计划开工日期、计划完工日期。

（4）技术保证条件：实施人工挖孔桩工程的有关设备、材料、构配件的落实情况，拟投入人员技术技能情况。

3. 施工计划

（1）施工进度计划：人工挖孔桩工程施工进度安排，具体到各分项工程的进度安排。

（2）材料与设备计划：人工挖孔桩工程选用的材料和设备进出场明细表。

4. 施工工艺技术

（1）技术参数：挖孔桩孔径、深度、钢筋笼重量、混凝土数量等技术参数。

（2）工艺流程：总体施工方案及各工序施工方案，施工总体流程、施工顺序，重点包括挖孔桩分区、分序跳挖要求。

（3）施工方法：施工方案设计，如出土用垂直运输设备（电动葫芦等）、护壁设计（如设计单位未提供）、钢筋笼安装、混凝土浇筑方案等。

（4）操作要求：人工挖孔桩工程从开挖到浇筑的有关操作具体要求。

（5）检查要求：人工挖孔桩工程主要材料进场质量检查、抽检，过程中对照专项施工方案有关检查内容等。

5. 施工安全保证措施

（1）组织保障措施：安全生产小组、各班组组成人员。

（2）技术保障措施：安全组织机构、安全保证体系及相应人员安全职责，安全检查相关内容，有针对性的安全保证措施（包括人身安全、孔内安全、用电安全、机械设备安全措施等），孔内有害气体检测及预防措施，地下水抽排及防止触电安全措施，施工及检查人员上下安全通行措施等。

（3）监测监控措施：可参照基坑或边坡工程的监测内容执行，与挖孔桩施工有关的基坑（边坡）及周边建（构）筑物安全状况均应进行监测，方案中应明确第三方监测与施工方监测的内容。总体内容包括监测总平面布点图〔包括基坑（边坡）本身、周边建（构）筑物、道路及管线、监测基准点位置〕，监测组织机构、监测仪器设备及精度、监测仪器有效期证明材料，监测内容及位移控制值、预警值、第三方监测与施工方监测的内容或双方共同监测的内容，监测操作要点，监测达到预警值及控制值时的应对措施，施工过程中针对挖孔桩自身及周边环境安全等因素的人工巡查及巡查过程中处置流程或方案。

6. 施工管理及作业人员配备和分工

（1）施工管理人员：管理人员名单及岗位职责（如项目负责人、项目技术负责人、施工员、质量员、各班组长等）。

（2）专职安全生产管理人员：专职安全生产管理人员名单及岗位职责。

（3）特种作业人员：特种作业持证人员名单及岗位职责（附特种作业证书）。

（4）其他作业人员：其他人员名单及岗位职责。

7. 验收要求

（1）验收标准：人工挖孔桩工程各有关验收标准及验收条件。

（2）验收程序：验收程序图。

（3）验收内容：进场材料、设备验收要求及验收表，人工挖孔桩工程验收要求和验收表。

（4）验收人员：验收人员组成（建设、勘察、设计、施工、监理、监测等单位相关负责人）。

8. 应急处置措施

（1）应急处置领导小组组成与职责、应急救援小组组成与职责，包括抢险、安保、后勤、医救、善后、应急救援工作流程及应对措施、联系方式等，项目参建、周边建（构）筑物产权单位各方联系方式、救援医院信息（名称、电话、救援线路）。

（2）应急预案：应急物资准备，危险源清单及应对措施（以表格方式）。

9. 计算书及相关施工图纸

（1）计算书：护壁施工设计计算书（如有），钢筋笼安装时吊装施工设计计算书。

（2）相关图纸。

九 钢结构安装工程安全专项施工方案的编制要点

1. 编制依据

（1）法律依据：钢结构安装工程所依据的相关法律、法规、规范性文件、标准、规范等。

（2）项目文件：施工合同（施工承包模式）、勘察文件、施工图纸等。

（3）施工组织设计等。

2. 工程概况

（1）钢结构安装工程概况和特点：

①工程基本情况：建筑面积、高度、层数、结构形式、主要特点等。

②钢结构工程概况及超危大工程内容：钢结构工程平面图、立面图、剖面图，典型节点图、主要钢构件断面图、最大板厚、钢材材质和工程量等，列出超危大工程。

（2）施工平面布置：

①施工平面布置：临时施工道路及运输车辆行进路线，钢构件堆放场地及拼装场地布置，起重机械布置、移动吊装机械行走路线等，施工、办公、生活区域布置，临时用电、用水、排水、消防布置。

②地下管线（包括供水、排水、燃气、热力、供电、通信、消防等）的特征、埋置深度、位置等。

（3）施工要求：明确质量安全目标要求，工期要求（本工程开工日期、计划竣工日期），钢结构工程计划开始安装日期、完成安装日期。

（4）技术保证条件：钢结构安装有关的设备、材料及构配件的落实情况，拟投入人员技术技能情况。

（5）周边环境条件：工程所在位置、场地及其周边环境［邻近建（构）筑物、道路及地下地上管线、高压线路、基坑的位置关系]。

（6）风险辨识与分级：风险辨识及钢结构安装安全风险分级。

3. 施工计划

（1）施工总体安排及流水段划分。

（2）施工进度计划：钢结构安装工程的施工进度安排，具体到各分项工程的进度安排。

（3）施工所需的材料设备及进场计划：机械设备配置、施工辅助材料需求和进场计划，主要材料投入和进场计划、力学性能要求及取样复试详细要求、试验计划。

（4）劳动力计划。

4. 施工工艺技术

（1）技术参数

①钢构件的规格尺寸、重量、安装就位位置（平面距离和立面高度），选择塔式起重机及移动吊装设备的性能、数量、安装位置，确定吊索具和起重设备行走路线、起重设备站位处地基承载力、并进行工况分析。

②钢结构安装所需操作平台、工装、拼装胎架、临时承重支承架体、构造措施及其基础设计、地基承载力等技术参数。

③冬、雨期施工确保质量的技术措施和必要的技术参数。

④钢结构安装所需施工预起拱值等技术参数。

（2）工艺流程：钢结构安装工程总的施工工艺流程和各分项工程工艺流程（操作平台、拼装胎架及临时承重支撑架体的搭设、安装和拆除工艺流程）。

（3）施工方法及操作要求：钢结构工程施工前准备、现场组拼、安装就位、校正、焊接、卸载和涂装等施工方法、操作要点，以及所采取的安全技术措施（操作平台、拼装胎架、临时承重支撑架体及相关设施、设备等的拆除方法），常见安全、质量问题及预防、处理措施。

（4）检查要求：描述钢构件及其他材料进场质量检查，钢结构安装过程中对照专项施工方案进行有关工序、工艺等过程安全质量检查内容等。

5. 施工安全保证措施

（1）组织保障措施：安全组织机构、安全保证体系及相应人员安全职责等。

（2）技术措施：安全保证措施、质量技术保证措施、文明施工保证措施、环境保护措施、季节施工保证措施等。

（3）监测监控措施：监测组织机构，监测范围、监测项目、监测方法、监测频率、预警值及控制值、安全巡视、信息反馈，监测点布置图等。

6. 施工管理及作业人员配备和分工

（1）施工管理人员：管理人员名单及岗位职责（项目负责人、项目技术负责人、施工员、质量员、各班组长等）。

（2）专职安全人员：专职安全生产管理人员名单及岗位职责。

（3）特种作业人员：特种作业持证人员名单及岗位职责（附特种作业证书）。

（4）其他作业人员：其他人员名单及岗位职责。

7. 验收要求

（1）验收标准：根据施工工艺明确相关验收标准及验收条件（专项施工方案，钢结构施工图纸及工艺设计图纸，《钢结构工程施工质量验收标准》，安全技术规范、标准、规程，其他验收标准）。

（2）验收程序及人员：具体验收程序，验收人员组成（建设、施工、监理、监测等单位相关负责人）。

（3）验收内容

①吊装机械选型、使用备案证及其必要的地基承载力；双机或多机抬吊时的吊重分配、吊点位置及站车位置等。

②吊索具的规格、完好程度；吊耳尺寸、位置及焊接质量。

③大型拼装胎架，临时支撑架体基础及架体搭设。

④构件吊装时的变形控制措施。

⑤工艺需要的结构加固补强措施。

⑥提升、顶升、平移（滑移）、转体等相应配套设备的规格和使用性能、配套工装。

⑦卸载条件。

⑧其他验收内容。

8. 应急处置措施

（1）应急救援领导小组组成与职责、应急救援小组组成与职责，包括抢险、安保、后勤、医救、善后、应急救援工作流程及应对措施、联系方式等。

（2）重大危险源清单及应急措施。

（3）救援医院信息（名称、电话、救援线路）。

（4）应急物资准备。

9. 计算书及相关图纸

（1）计算书：包括荷载条件、计算依据、计算参数、计算简图、控制指标、计算结果等。

（2）计算书内容：吊耳、吊索具、必要的地基或结构承载力验算，拼装胎架、临时支撑架体，有关提升、顶升、滑移及转体等相关工艺设计计算，双机或多机抬吊吊重分配、不同施工阶段（工况）结构强度、变形的模拟计算及其他必须验算的项目。

（3）相关措施施工图主要包括：吊耳、拼装胎架、临时支承架体，有关提升、顶升、滑移、转体及索、索膜结构张拉等工装，有关安全防护设施、操作平台及爬梯、结构局部加固等；监测点平面布置图；施工总平面布置图。

（4）相关措施施工图应符合绘图规范要求，不宜采用示意图。

思考与练习

1. 什么是安全专项施工方案？
2. 什么情况下需单独编制安全专项施工方案？
3. 简述危险性较大的分部分项工程范围。

4. 简述超过一定规模的危险性较大的分部分项工程范围。
5. 什么情况下需进行安全专项施工方案的论证？专家论证的主要内容应当包括哪些？
6. 简述安全专项施工方案的编制内容。

技能测试题

一、单选题

1. 对于一定规模的危险性较大的分部分项工程要编制专项施工方案，并附安全验算结果，经（　　）签字后方可实施。
   A. 施工单位的项目负责人
   B. 施工单位的项目负责人和技术负责人
   C. 施工单位的项目负责人和总监理工程师
   D. 施工单位的技术负责人和总监理工程师

2. 《危险性较大的分部分项工程安全管理办法》中规定，超过一定规模的危险性较大的分部分项工程，（　　）应当组织专家对专项方案进行论证。
   A. 建设单位　　B. 施工单位　　C. 施工项目部　　D. 监理单位

3. 超过一定规模的危险性较大的分部分项工程专项方案应当召开专家论证，实行施工总承包的，由（　　）组织召开。
   A. 监理单位　　　　　　　　B. 施工总承包单位
   C. 建设单位　　　　　　　　D. 相关专业承包单位

4. 混凝土模板支撑工程需专家论证的范围：搭设高度8m及以上；搭设跨度（　　）m及以上。
   A. 5　　　　B. 8　　　　C. 10　　　　D. 18

5. 下列属于需由专家论证的危险性较大的分部分项工程的是（　　）。
   A. 开挖深度为5m的基坑工程
   B. 搭设高度为5m的混凝土模板支撑工程
   C. 搭设高度为40m的落地式钢管脚手架工程
   D. 开挖深度为15m的人工挖孔桩工程

6. 搭设高度超过（　　）m的落地式钢管脚手架工程，属于危险性较大的分部分项工程。
   A. 20　　　　B. 24　　　　C. 25　　　　D. 26

7. 专项方案需论证时，专家组成员应当由（　　）名及以上符合相关专业要求的专家组成。
   A. 3　　　　B. 5　　　　C. 7　　　　D. 9

8. 提升高度（　　）m及以上附着式整体和分片提升脚手架工程的安全专项施工方案需要进行专家论证。
   A. 50　　　　B. 100　　　　C. 120　　　　D. 150

9. 大模板工程施工前，施工单位必须编制技术、安全专项施工方案，并经企业技术部门审核，企业（　　）签字后报监理单位，由监理单位总监理工程师审核、签字。

　　A. 项目负责人　　B. 技术负责人　　C. 专职安全员　　D. 施工员

10. 开挖深度超过（　　）m的基坑（槽）并采用支护结构施工的工程，应当编制安全专项施工方案。

　　A. 3　　　　　　B. 5（含5）　　　C. 6　　　　　　D. 7

11. 根据《危险性较大的分部分项工程安全管理办法》，危险性较大的分部分项工程安全专项施工方案经施工企业审批后报监理企业，由项目（　　）审核签字并加盖（　　）。

　　A. 专业监理工程师；执业资格注册章

　　B. 安全监理员；企业公章

　　C. 总监理工程师；企业公章

　　D. 总监理工程师；执业资格注册章

12. 施工单位应当按照规定对危大工程进行施工监测和安全巡视，发现危及人身安全的紧急情况，应当立即组织作业人员（　　）。

　　A. 撤离施工现场　　　　　　B. 组织抢险

　　C. 撤离危险区域　　　　　　D. 全员撤离

13. 施工单位应当在施工现场显著位置公告危大工程名称、施工时间和具体责任人员，并在危险区域设置（　　）。

　　A. 安全警示标志　　　　　　B. 安全标志牌

　　C. 警示标志牌　　　　　　　D. 公示牌

14. 危大工程专项施工方案中的计算书不包括（　　）。

　　A. 计算依据　　B. 计算参数　　C. 计算目标　　D. 计算简图

二、多选题

1. 对于超过一定规模的危大工程专项施工方案，专家论证的主要内容有（　　）。

　　A. 方案是否完整、可行

　　B. 计算书和验算依据是否符合有关标准规范

　　C. 是否经济合理

　　D. 人员安排是否合理

　　E. 安全施工的基本条件是否满足现场实际情况

2. 下列选项中，属于安全专项施工方案内容的有（　　）。

　　A. 工程概况　　　　　　　　B. 施工计划

　　C. 施工现场平面布置　　　　D. 施工工艺技术

　　E. 应急处置措施

3. 根据《建设工程安全生产管理条例》，下列专项施工方案中，应当组织专家进行论证的有（　　）。

　　A. 脚手架工程　　B. 深基坑工程　　C. 地下暗挖工程　　D. 爆破工程

　　E. 高大模板工程

4. 下列选项中,专项施工方案应当组织专家进行论证的有（　　）。
   A. 开挖深度超过 3m 的基坑的土方开挖
   B. 搭设高度 8m 及以上的混凝土模板支撑工程
   C. 承受单点集中荷载 7kN 及以上的承重支撑体系
   D. 搭设基础标高在 200m 及以上的起重机械安装和拆卸工程
   E. 提升高度在 150m 及以上的附着式升降脚手架工程

5. 下列施工单位的人员,(　　) 应当参加安全专项施工方案专家论证会。
   A. 项目负责人　　　　　　　　B. 企业法定代表人
   C. 项目技术负责人　　　　　　D. 项目专职安全生产管理人员
   E. 专项方案编制人员

6. 高大模板安全专项施工方案的编制依据有（　　）。
   A. 相关模板施工手册
   B. 相关法律法规及规范性文件以及有关工程技术标准
   C. 施工图及合同文件
   D. 施工组织设计
   E. 同项目其他部位模板施工经验

7. 按照住房和城乡建设部的有关规定,下列（　　）工程必须编制安全专项施工方案。
   A. 开挖深度超过 5m（含 5m）的基坑（槽）并采用支护结构施工的工程
   B. 基坑虽未超过 5m,但地质条件和周围环境复杂、地下水位在坑底以上的工程
   C. 高度超过 20m 的落地式钢管脚手架工程
   D. 起重吊装工程
   E. 采用人工、机械拆除或爆破拆除的工程

8. 按照住房和城乡建设部的有关规定,下列模板工程中,必须编制安全专项施工方案的有（　　）。
   A. 滑模　　　　B. 爬模　　　　C. 钢模板　　　　D. 铝合金模板
   E. 隧道模

9. 按照住房和城乡建设部的有关规定,下列脚手架工程中,(　　)必须编制安全专项施工方案。
   A. 高处作业吊篮　　　　　　　B. 附着式升降脚手架
   C. 悬挑式脚手架　　　　　　　D. 盘扣脚手架
   E. 卸料平台

10. 超过一定规模危险性较大脚手架工程的范围有（　　）。
    A. 搭设高度 50m 及以上的落地式钢管脚手架工程
    B. 提升高度在 150m 及以上附着式升降脚手架工程或附着式升降操作平台工程
    C. 分段架体搭设高度 20m 及以上的悬挑式脚手架工程
    D. 搭设高度 24m 及以上的落地式脚手架工程（包括采光井、电梯井脚手架）
    E. 异型脚手架工程

三、判断题

1. 安全专项施工方案的内容应当包括计算书和相关图纸。（ ）
2. 施工单位不得擅自修改经过审批的安全专项施工方案。（ ）
3. 若专家组认为安全专项施工方案需作重大修改的，施工单位只需按照论证报告修改，不用重新组织专家论证。（ ）
4. 实行分包的附着式升降脚手架工程安全专项施工方案应由施工总承包单位编制。（ ）
5. 某混凝土梁模板支撑工程集中线荷载为 15kN/m，施工单位应当对该分项工程安全专项施工方案组织专家论证。（ ）
6. 跨度在 36m 及以上的钢结构安装工程，施工单位应当组织专家对安全专项施工方案进行论证。（ ）
7. 开挖深度虽未超过 5m，但地质条件、周围环境和地下管线复杂的基坑开挖工程，施工单位也应当组织专家对安全专项施工方案进行论证。（ ）
8. 对于危险性较大的分部分项工程，应单独编制专项施工方案。（ ）
9. 危险性较大的分部分项工程安全专项施工方案，是指施工单位在编制施工组织（总）设计的基础上，针对危险性较大的分部分项工程单独编制的安全技术措施文件。（ ）
10. 安全专项施工方案经施工单位审核合格后报监理单位，由项目监理工程师审核签字后执行。（ ）

项目十
建筑工程施工安全事故处理

能力目标
1. 能够识别建筑工地的危险源，并制定控制措施。
2. 能编制安全事故的应急预案。
3. 对施工现场的安全事故能够采取预防措施，具备初步处理安全事故的能力。

素质要求
1. 培养学生防患于未然的意识。
2. 培养学生面对突发事件的应对能力。

知识导图

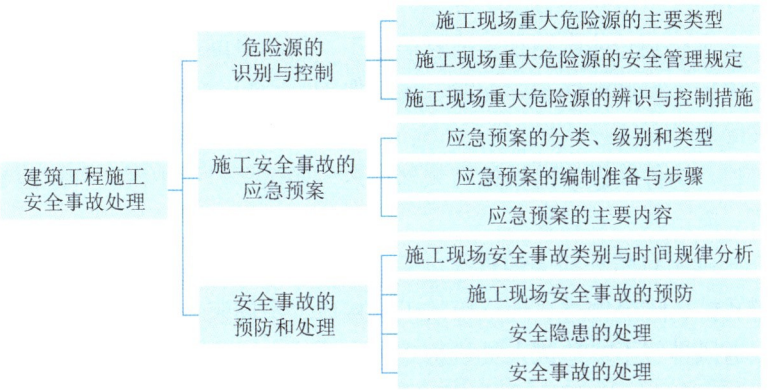

【项目引导】 2022年9月8日上午，某市一在建项目，在塔式起重机拆除过程中发生一起安全事故，造成3人死亡，直接经济损失约490万元。事故发生后，立即启动应急预案，并成立事故小组。事故调查组经过科学严谨、依法依规、实事求是、周密细致的调查取证和综合分析，查明了事故发生的经过、原因、人员伤亡和直接经济损失情况，认定了事故性质和责任，提出了对有关责任人员及责任单位的处理建议，总结了事故教训，提出了防范和整改措施建议。

【试　　问】 塔式起重机拆除是建筑工地的重大危险源之一，施工现场如何进行危险源的识别和控制？安全事故的应急预案怎么编制？发生安全事故该如何处理？

任务一　危险源的识别与控制

建筑施工现场危险源是指导致事故发生的根源，具有可能意外释放的能量和（或）危险有害物质的生产装置、设施或场所（包括各种专项施工）。各种安全法律法规和标准是进行危险源辨识的重要依据。

一　施工现场重大危险源的主要类型

建筑工地重大危险源按场所的不同，初步可分为施工现场重大危险源和临建设施重大危险源两类。对危险和有害因素的辨识应从人、料、机、工艺、环境等角度入手，动态分析识别评价可能存在的危险有害因素的种类和危险程度，从而找到整改措施来加以治理。

1. 施工现场重大危险源

（1）存在于人的重大危险源

存在于人的重大危险源主要是人的不安全行为即"三违"（违章指挥、违章作业、违反劳动纪律），主要集中表现在那些施工现场经验不丰富、素质较低的人员当中。事故原因统计分析表明70%以上事故是由"三违"造成的，因此应严禁"三违"行为。

（2）存在于分部工程、分项工艺过程、施工机械运行过程和物料的重大危险源

①脚手架、模板和支撑，塔式起重机，人工挖孔桩，基坑施工等局部结构工程失稳，造成机械设备倾覆、结构坍塌、人员伤亡等意外。

②施工高度大于2m的作业面，因安全防护不到位、施工人员未系安全带等原因造成人员高处坠落摔伤或坠落物体打击下方人员等意外。

③焊接、金属切割、冲击钻孔、凿岩等施工，临时电漏电遇地下室积水及各种施工电气设备的安全保护（如漏电保护、绝缘、接地保护、一机一闸）不符合要求，造成人员触电、局部火灾等意外。

④工程材料、构件及设备的堆放与频繁吊运、搬运等过程中因各种原因易发生堆放散落、高空坠落、撞击人员等意外。

（3）存在于施工自然环境中的重大危险源

①人工挖孔桩、隧道掘进、地下市政工程接口、室内装修、挖掘机作业时损坏地下燃气管道等，因通风排气不畅造成人员窒息或中毒意外。

②深基坑、隧道、大型管沟的施工，因为支护、支撑等设施失稳、坍塌，造成施工场所破坏、人员伤亡。基坑开挖、人工挖孔桩等施工降水，造成周围建筑物因地基不均匀沉降而引起倾斜、开裂、倒塌等意外。

③海上施工作业由于受自然气象条件如台风、汛、雷电、风暴潮等侵袭易发生翻船人亡或群死群伤意外。

2. 临建设施重大危险源

①厨房与临建宿舍安全间距不符合要求，施工用易燃易爆危险化学品临时存放或使用不符合要求、防护不到位，造成火灾或人员窒息中毒意外；工地饮食因卫生不符合卫生标

准，造成集体中毒或疾病意外。

②临时简易帐篷搭设不符合安全间距要求，易发生火烧连营的意外。

③电线私拉乱接，直接与金属结构或钢管接触，易发生触电及火灾等意外。

④临建设施撤除时，房顶发生整体坍塌，作业人员踏空、踩虚造成伤亡意外。

3. 建筑工地重大危险源的主要危害

建筑工地重大危险源可能造成的事故危害主要有高处坠落、坍塌、物体打击、起重伤害、触电、机械伤害、中毒窒息、火灾、爆炸和其他伤害等类型。

二 施工现场重大危险源的安全管理规定

为创新安全管理，有效实施对施工现场重大危险源的监控，加强事故的预警预防预控工作，降低事故率，保证经济建设的正常秩序，施工现场重大危险源安全管理规定如下：

（1）项目部应加强对重大危险源的控制与管理，制定重大危险源的管理制度，建立施工现场重大危险源的辨识、登记、公示及控制管理体系，明确具体责任，认真组织实施。

重大危险源登记的主要内容包括工程名称、危险源类别、地段部位、联系人、联系方式、重大危险源可能造成的危害、施工安全主要措施和应急预案。

（2）对存在重大危险源的分部分项工程，项目部在施工前必须编制专项施工方案，专项施工方案除应有切实可行的安全技术措施外，还应当包括监控措施、应急预案以及紧急救护措施等内容。

（3）专项施工方案由项目部技术部门的专业技术人员及监理单位安全专业监理工程师进行审核，由项目部技术负责人、监理单位总监理工程师签字。凡属《危险性较大工程安全专项施工方案编制及专家论证审查办法》（建质〔2004〕213号）中规定的危险性较大工程，项目部应组织专家组对专项施工方案进行审查论证。

（4）对存在重大危险部位的施工，项目部按专项施工方案，由工程技术人员严格进行技术交底，并有书面记录和签字，确保作业人员清楚掌握施工方案的技术要领。重大危险部位的施工应按方案实施，凡涉及验收的项目，方案编制人员应参加验收，并及时形成验收记录。

（5）项目部对从事重大危险部位施工作业的施工队伍、特种作业人员进行登记造册，掌握作业队伍情况，采取有效措施。在作业活动中对作业人员进行管理，控制和分析不安全行为。

（6）项目部根据工程特点和施工范围，对施工过程进行安全分析，对分部分项、各道工序、各个环节可能发生的危险因素及物体的不安全状态进行辨识、登记、汇总重大危险源明细，制定相关的控制措施，对施工现场重大危险源部位进行环节控制，并公示控制的项目、部位、环节及内容等，以及可能发生事故的类别、对危险源采取的防护设施情况及防护设施的状态，责任落实到人。

（7）项目工程部应将重大危险源公示，作为每天施工前对施工人员安全交底的内容，提高作业人员防范能力，规范安全行为。

（8）安全质量部门应对重大危险源专项施工方案进行审核，对施工现场重大危险源的辨识、登记、公示、控制情况进行监督管理，对重大危险部位作业进行旁站监理。对旁站过程中发现的安全隐患及时开具监理通知单，问题严重的，有权停止施工。对整改不力或拒绝整改的，应及时将有关情况报当地建设行政主管部门或建设工程安全监督管理机构。

（9）项目部要保证用于重大危险源防护措施所需的费用及时划拨；施工单位要将施工现场重大危险源的安全防护、文明施工措施费单独列支，保证专款专用。

（10）项目部应对施工项目建立重大危险源施工档案，每周组织有关人员对施工现场重大危险源进行安全检查，并做好施工安全检查记录。

（11）各级主管部门或工程安全监督管理机构应对施工现场的重大危险源重点管理，进行定期或不定期专项检查。重点检查重大危险源管理制度的建立和实施；检查专项施工方案的编制、审批、交底和过程控制；检查现场实物与内业资料的相符性。

（12）各级主管部门或工程安全监督管理机构和项目监理单位，应把施工单位对重大危险源的监控及施工情况作为工程项目安全生产阶段性评价的一项重要内容，落实控制措施，保证工程项目的安全生产。

三　施工现场重大危险源的辨识与控制措施

一般情况下建筑企业的重大危险源主要有：基础工程深基坑、隧道、地铁、竖井、大型管沟的施工，因为支护、支撑等设施失稳、坍塌，不但造成施工场所破坏、人员伤亡，往往还引起地面、周边建筑设施的倾斜、塌陷、坍塌、爆炸与火灾等意外；大型机械设备（塔式起重机、人货电梯等）的安装、拆卸、使用过程中及各种起重吊装工程中违反操作规程，造成机械设备倾覆、结构坍塌、人员伤亡等意外；脚手架和模板支撑在搭、拆过程中不规范，违章指挥作业；高处作业不规范，违章指挥、作业；施工用电不规范；房屋拆除、爆破工程违反规定作业等。

针对所确定的重大危险源，企业应制定重大危险源控制目标和管理方案，每一项重大危险源都要有控制措施、目标、管理方案、实施部门、检查部门、检查时间。举例说明，重大危险源：大型设备的拆装违章指挥、违章作业；控制目标：确保无伤亡事故、无设备事故；控制措施：制定目标、指标或管理方案，执行管理程序或制度、培训与教育、应急预案，加强现场监督检查等。

根据建筑施工现场的生产实际，现就安全事故多发的重大危险源，即高空坠落、坍塌、触电、物体打击、机械伤害等方面进行原因分析及防范控制措施的阐述。

1. 高处坠落

高处坠落主要发生在脚手架作业、各类登高作业、洞口临边作业所涉及的部位。

（1）高处坠落主要原因

①高空作业不系安全带。

②"四口""五边"处不设防护栏杆。

③搭设脚手架时，材质过细，钢木混用，立杆间距过大，连墙杆过少，拉结不牢，基础不平以及脚手架跳板不满铺，架体防护不严密。

④施工升降机的安装和拆除时发生的倒塌。

⑤横板支撑体系不经过计算，无剪刀撑或拉杆数量不够，立杆排列混乱，造成整体失稳。

⑥塔式起重机安装拆卸中，违反安装拆除程序或使用中超载，斜拉斜吊。

⑦违章乘坐吊篮，钢丝绳断裂，吊篮停靠装置、超高限位失误失灵造成的坠落。

（2）防止高处坠落的控制措施

①脚手架搭设前必须根据工程特点，按照规范、规定进行设计计算，制定施工方案和脚手架搭设的安全技术措施。

②脚手架搭设或拆除必须由持证人员进行操作，操作时必须系安全带，戴安全帽，穿防滑鞋。

③脚手架搭设或拆除必须按形成基本单元的要求逐排、逐跨、逐步进行搭设，确保已搭部分稳定。搭设时要把住"十关"（材料关、尺寸关、铺板关、护栏关、连接关、承重关、上下关、雷电关、挑梁关、检验关）。

④搭设人员要相互配合，做好自我保护和作业现场人员的安全，并采取安全防护措施。

⑤架上作业应按设计规范和规定的荷载使用，严重超载，且物料堆放力求均匀分布。

⑥脚手架使用过程中不得随意拆除安全设施和基本结构杆件。

⑦高处作业的安全技术措施，由单位工程技术负责人根据工程特点进行编制，并进行安全技术交底和落实岗位责任制。

⑧高处作业的仪器、工具、设备必须在施工前进行检查，确认完好后方可投入使用。要对高处作业的人员进行身体检查并配备人身防护用品。

⑨高处作业的安全设施发现有缺陷时必须及时解决。

⑩临边作业必须设置防护措施（防护栏），超过2.8m的二层楼面周边必须在外围架设安全平网一道或者做硬底防护；做好"四口""五边"的安全防护，对防护栏的设置必须自上而下用安全密目网封闭。

⑪临边的外侧面临街道时，除防护栏杆外，敞口立面必须采用满挂安全网或其他可靠安全措施进行全封闭处理。

⑫洞口作业要设置牢固盖板、防护栏、安全网等防坠落措施，并设置安全标志，夜间要设有红灯示警。

2. 坍塌

坍塌主要有施工基坑坍塌、边坡坍塌、桩壁坍塌、模板支撑倒塌及施工现场临时建筑倒塌等。

（1）坍塌主要原因

①开挖基坑、基槽时未按图纸情况设置安全放坡或支护，或者是放坡和支护不符合规范要求。

②在人工挖桩孔中，没按设计进行护壁等安全措施。

③在刚施工成型的楼板上堆放过多的物料。

④在拆除工程，设备施工中，没按施工方案进行，野蛮施工。

（2）防止坍塌的控制措施

①基坑支护应综合考虑工程地下与水文资料、基础类型、基坑开挖深度、降排水条件、周边环境等对基坑侧壁的影响，施工荷载，施工季节等因素，因地制宜合理设计、精心施工、严格控制。

②基坑开挖后应及时进行基础施工，不得长期暴露，基础施工完毕应抓紧回填基坑。

③基坑开挖超过 5m 时，或深度未超过 5m 但地质条件不好和周围环境复杂时，在施工过程中要加强监护，施工方案必须由总工程师审定。

④夜间施工时，应合理安排施工项目，并设置有足够的照明和红灯示警。

⑤挖掘土方应自上而下进行，禁止采用掏洞的挖掘方法。

⑥基坑开挖严格要求放坡，操作时应随时注意边坡的稳定情况，如发现裂纹、局部坍塌应及时进行支护或改缓放坡。

⑦破土方要严格遵守爆破作业的安全规定，计算药量和爆破涉及范围，防止坍塌事故发生。

⑧基坑周边料具堆放以及挖掘弃土存放要保证边坡稳定，如放坡陡于五分之一或软土地区，禁止在边坡堆放弃土。

⑨基坑开挖要注意地下水，采取排水和降水措施。

⑩模板拆除要严格按照安拆方案进行。模板拆除的顺序和方法必须正确，先拆除侧模再拆除底模，先拆非承重部分，后拆承重部分。拆除现场散拼模板时，一般应逐块拆卸，拆除平台楼层结构的底模时应临时支撑防止构件倒塌事故出现。

⑪模板拆除必须由工程技术负责人批准，模板拆除前由工地技术负责人进行强度计算或检测，达到强度时，方可批准拆除模板。

3. 触电

触电多发生在施工现场的临时用电中，未按 TN-S 系统两级保护。

（1）触电主要原因

①工程外侧边缘与外电高压线距离小于安全距离时，没有增设遮拦或保护网。

②施工过程中机械漏电。

③手持式电动工具未进行有效的接地零保护。

④电线、电缆保护层老化、破损造成的漏电。

⑤移动式照明未使用安全电压或电极接错漏电。

⑥漏电保护装置动作电流过大。

（2）防止触电的控制措施

①施工临时用电设备在 5 台以上或总用电量在 50kN 以上的，应编制临时用电施工组织设计。临时用电组织设计应包括：确定电源、配电室、配电箱的位置及线路走向，进行负荷计算，选择变压器、导线截面，确定电器类型、规格，绘制平面图，制定安全用电技术措施和电气防火措施，并经技术负责人审核。

②电气安装、维护人员必须持证上岗，两人操作。建立必要的电气运行记录档案。

③电器线路安装必须按 TN-S 系统安装，具有良好的接地接零保护系统，配电室应设在无灰尘，无腐蚀无振动的地方，并进行封闭管理，配电箱及开关箱按组织设计设置，进行分级配电，开关箱内必须设置漏电保护器，实施两级漏电保护。

④配电箱要进行分路标记，每月至少进行一次检查与维护，检查维护时要按停电送电的顺序进行。对临时用电的线路要随时进行检查，发现有电线老化、破皮，及时更换处理。

⑤施工中使用的手动电动工具、建筑机具设备选用时，必须具有用电安全装置，具有

使用说明书并符合国家标准和安全技术规程要求。

⑥各类电气设备、机械设备，均实行专人专机负责制，定期进行保养和维护，机具的负荷必须容量充足。无接头的多股橡皮铜芯电缆护套，在开关箱内每台设备都必须装有。过负荷、短路、漏电保护装置，同时设有隔离开关，并严格执行"一机一闸，一漏一箱"的原则，且箱箱带锁，专人负责。

⑦通道、人防工程，高温、导电灰尘或灯具离地面高度低于2m的场所，移动式照明等，电压应低于36V；在特别潮湿、易触及带电体、导电良好的地面，金属容器内工作的照明电压不得大于12V。

4. 物体打击

（1）物体打击主要原因

①作业人员不戴安全帽。

②支撑、粉饰、砌筑等多工种进行立体交叉作业，没有采取隔离封闭措施。

③各种拆除作业（模板、脚手架）上面拆除时，下面同时进行清理作业。

④各种物料堆放紧靠楼层边沿，堆放过高，造成物体滑落伤人。

⑤材料物体吊装绑扎不牢。

（2）防止物体打击的控制措施

①任何施工人员不准从高处向下抛掷工具、物料，高空作业应将手持工具和零星物体放在工具袋内。

②现场人员必须正确佩戴安全帽。

③出入通道，出入口都应搭设长度不少于6m的防护棚。

④起重吊装作业必须严格执行操作规程，被吊重物和吊臂下面不准站人，不准行走，不得超载，并要有专人指挥和监护，所吊重物必须绑扎牢固。

⑤脚手架搭设与拆除时，应注意发送信号；材料应轻搁稳放，不准采用倾倒、猛磕或匆忙卸料的方式；不得在架体上打闹戏耍，抢行跑跳，防止物料坠落伤人。

⑥模板拆除时，应将下方一切预留洞口及建筑物周围进行封闭维护，防止模板坠落伤人，并将拆下的模板及时运送至指定地点堆放。

⑦特工种交叉作业时，应采取隔离防护措施。

5. 机械伤害

（1）机械伤害的主要原因

①机械操作人员违章操作，甚至无证人员上岗操作。

②机械设备的安全保护装置失灵。

（2）防止机械伤害的控制措施

①坚持持证上岗制度，严禁违章操作，操作人员坚持班前空车试运行，确认运行正常后方可投入使用。

②更换零件、装卸夹具及检查工件时，必须切断电源。

③设备、构件、操作机构、导线等要经常进行检查，认真维护和保养，使设备处于好状态。

④设备所有防护罩、配电装置、接地等安全设施必须保证齐全、牢固、可靠。

⑤工作人员上岗必须穿好工作服、戴好安全帽，但严禁戴手套操作。

6. 全面预防安全事故的控制措施

（1）消除人为的不安全行为

①涉及总包与分包单位的共同交叉作业的情况时，要明确各方面的安全责任和管理要求。

②各分部分项工程作业前，针对多发性事故的场所部位，对作业班组，作业人员进行安全技术交底，提高安全意识。

③未经三级安全教育和培训的工人不准上岗作业。

④施工中随时进行安全检查，并加大对安全隐患的查处力度。

（2）严格把住材料质量关

①对不符合设计及规范要求的材料不得投入使用。

②确保材料的正常使用，在使用过程中随时检查，出现老化、变质的材料应及时更换。

（3）规范人员行动，采用科学安全施工作业。

①按规范要求进行布置和设计，按《安全技术交底规定》的职责范围进行安全技术交底。

②在作业过程中杜绝违章指挥、违章作业、违反劳动纪律等"三违"行为。

（4）优化作业环境

①施工过程中遇雷雨，大风，冰雪天气时应暂停施工作业。

②夜间施工要有足够的照明。

③施工中应设置各种警示、防护、隔离等措施，确保人身安全。

④季节性施工应制定季节性施工措施或方案，减少和杜绝突发性事故发生。

（5）突发事故应急措施

施工现场突发事故，应对伤员提供紧急的监护和救治，急救应按下列措施进行：

①调查事故现场（应保护好事故现场），迅速抢救伤病员脱离危险场所。

②初步检查伤情情况，判断其神志、气管、呼吸循环是否有问题；必要时立即进行现场急救和监护，使其呼吸畅通，视其情节采取有效方法止血、防止休克、包扎伤口。

③呼叫救护车及报告相关领导。

④如没有发现危及伤病员体征，可做二次检查，以免遗漏病情和病变。

⑤其他突发事故应急救护组织措施，按项目部应急预案执行。

模板工程
重大危险源
辨识与控制措施

【案例10-1】 模板工程重大危险源辨识与控制措施（见二维码内容）

任务二　施工安全事故的应急预案

工程施工时若发生安全事故，为及时组织抢救，防止事故扩大，减少人员伤亡和财产损失，建筑施工企业必须按要求编制应急救援预案。

《中华人民共和国安全生产法》第八十一条明确规定：生产经营单位应当制定本单位生产安全事故应急救援预案，与所在地县级以上地方人民政府组织制定的生产安全事故应急救援预案相衔接，并定期组织演练。

《建设工程安全生产管理条例》第四十八条规定：施工单位制定本单位生产安全事故应急救援预案，建立应急救援组织或者配备应急救援人员，配

建设工程安全
生产管理条例

备必要的应急救援器材、设备，并定期组织演练。

《安全生产许可证条例》第六条第十二项规定企业取得安全生产许可证，应当具备：有生产安全事故应急救援预案、应急救援组织或者应急救援人员，配备必要的应急救援器材、设备。

安全生产许可证条例

一　应急预案的分类、级别和类型

应急预案是针对具体设备、设施、场所和环境，在安全评价的基础上，为降低事故造成的人身、财产与环境损失，就事故发生后的应急救援机构和人员，应急救援的设备、设施、条件和环境，行动的步骤和纲领，控制事故发展的方法和程序等，预先做出的科学而有效的计划和安排。

1. 应急预案的分类

应急预案可以分为企业预案和政府预案：企业预案由企业根据自身情况制定，由企业负责；政府预案由政府组织制定，由相应级别的政府负责。根据事故影响范围不同可以将预案分为现场预案和场外预案，现场预案又可以分为不同等级，如车间级、工厂级等；而场外预案按事故影响范围的不同，又可以分为区县级、地市级、省级、区域级和国家级。

重大事故应急预案由企业（现场）应急预案和工厂外政府的应急预案组成。现场应急预案由企业负责，场外应急预案由各级政府主管部门负责。现场应急预案和工厂外应急预案应分别制定，但应协调一致。

2. 应急预案的级别

根据可能发生的事故后果的影响范围、地点及应急方式，建立事故应急救援体系。我国事故应急救援体系将事故应急预案分成以下6个级别。

（1）I级（企业级）

事故的有害影响局限在一个单位（如某个工厂、火车站、仓库、农场、煤气或石油管道加压站终端站等）的界区之内，并且可被现场的操作者遏制和控制在该地区域内。这类事故可能需要投入整个单位的力量来控制，但其影响预期不会扩大到社区（公共区）。

（2）II级（县、市社区级）

所涉及的事故其影响可扩大到公共区（社区），但可被该县（市、区）或社区的力量，加上所涉及的工厂或工业部门的力量所控制。

（3）III级（地区市级）

事故影响范围大，后果严重，或是发生在两个县或县级市管辖区边界上的事故。应急救援需动用地区的力量。

（4）IV级（省级）

对可能发生的特大火灾、爆炸、毒物泄漏事故，特大危险品运输事故以及属省级特大事故隐患、省级重大危险源应建立省级事故应急预案。它可能是一种规模极大的灾难事故，或可能是一种需要用事故发生地的城市或地区所没有的特殊技术和设备进行处理的特殊事故。这类意外事故需用全省范围内的力量来控制。

(5) V（区域级）

事故后果极其严重，其影响范围可能跨越省、自治区、直辖市，控制事故需邻近省、市力量援助的，应建立区域级应急救援预案。

(6) VI级（国家级）

对事故后果超过省、自治区、直辖市边界，以及列为国家级事故隐患、重大危险源的设施或场所，应制定国家级应急预案。

企业一旦发生事故，就应即刻实施应急程序。如需上级援助，应同时报告当地县（市）或社区政府事故应急主管部门，根据预测的事故影响程度和范围，需投入的应急人力、物力和财力逐级启动事故应急预案。

3. 应急预案的类型

根据事故应急预案的对象和级别，应急预案可分为以下4种类型。

(1) 应急行动指南或检查表

针对已辨识的危险源采取的特定的应急行动，简要描述应急行动必须遵从的基本程序，如发生情况向谁报告，报告什么信息，采取哪些应急措施，这种应急计划主要起提示作用，对相关人员要进行培训，有时将这种预案作为其他类型应急预案的补充。

(2) 应急响应预案

针对现场每项设施和场所可能发生的事故情况编制应急响应预案，如化学泄漏事故的应急响应预案，台风应急响应预案等。应急响应预案要包括所有可能的危险状况，明确有关人员在紧急状况下的职责，这类预案仅说明处理紧急事务的必需的行动，不包括事前要求（如培训、演练等）和事后措施。

(3) 互助应急预案

相邻企业为在事故应急处理中共享资源，相互帮助制定的应急预案，这类预案适合于资源有限的中小企业以及高风险的大企业，需要进行高效的协调管理。

(4) 应急管理预案

应急管理预案是综合性的事故应急预案，这类预案详细描述事故前、事故过程中和事故后何人做何事，什么时候做，如何做。这类预案要明确完成每一项职责的具体实施程序。应急管理预案包括事故应急的4个逻辑步骤：预防、准备、响应、恢复。

三、应急预案的编制准备与编制步骤

1. 应急预案的编制准备

应急预案编制前的准备工作包括：

(1) 全面分析本单位危险因素、可能发生的事故类型及事故的危害程度。

(2) 排查事故隐患的种类、数量和分布情况，并在隐患治理的基础上，预测可能发生的事故类型及其危害程度。

(3) 确定事故危险源，进行风险评估。

(4) 针对事故危险源和存在的问题，确定相应的防范措施。

(5) 客观评价本单位应急能力。

（6）充分借鉴国内外同行业事故教训及应急工作经验。

2. 应急预案的编制步骤

应急预案的编制一般可以分为以下6个步骤

（1）成立工作组

生产经营单位应结合本单位部门职能和分工，成立以单位主要负责人（或分管负责人）为组长，单位相关部门人员参加的应急预案编制工作组，明确工作职责，制定工作计划，组织开展应急预案编制工作。预案从编制、维护到实施都应该有各级、各部门的广泛参与，在预案编制过程中或编制完成之后，要征求各部门的意见，包括高层管理人员，中层管理人员，人力资源部门，工程与维修部门，安全、卫生和环境保护部门，邻近社区，市场销售部门，法律顾问，财务部门等。

（2）资料收集

应急预案编制工作组应收集与预案编制工作相关的法律法规、技术标准、应急预案、国内外同行业企业事故资料，同时收集本单位安全生产相关技术资料、周边环境影响、应急资源等有关资料。

（3）危险源与风险分析

危险因素分析是应急预案编制的基础和关键过程。在危险因素辨识分析、评价及事故隐患排查、治理的基础上，确定本区域或本单位可能发生事故的危险源、事故的类型、影响范围和后果等，进行事故风险分析并指出事故可能产生的次生事故，形成分析报告，分析结果作为应急预案的编制依据。

（4）应急能力评估

应急能力包括应急资源（应急人员、应急设施、装备和物资），应急人员的技术、经验和接受的培训等，它将直接影响应急行动的速度、有效性。应急能力评估就是依据危险分析的结果，对应急资源的准备状况和从事应急救援活动所具备的能力评估，以明确应急救援的需求和不足，为应急预案的编制奠定基础。

在全面调查和客观分析生产经营单位应急队伍、装备、物资等应急资源状况基础上，开展应急能力评估，并依据评估结果，完善应急保障措施。针对各类紧急情况，确认现有的综合响应能力。为此，应考虑每一潜在紧急情况从发生、发展到结束所需要的资源。对每一紧急情况应考虑如下问题：所需要的资源与能力是否配备齐全；外部资源能否在需要时及时到位；是否还有其他可以优先利用的资源。如果答案是肯定的，可以继续下一步骤工作；如果答案是否定的，则应提出整改方案。例如：编制额外的应急程序、开展额外的培训、采购额外的设备、编制互助协议、签订专项合同或协议等。

（5）应急预案编制

依据生产经营单位风险评估及应急能力评估结果，组织编制应急预案。应急预案编制应注重系统性和可操作性，做到与相关部门和单位应急预案相衔接。

针对可能发生的事故，根据企业风险和应急响应能力现状，按照法律、法规和本单位相关规定，结合危险分析和应急能力评估结果等信息，按照有关规定和要求编制应急预案。应急预案编制过程中，应注重全体人员的参与和培训，使所有与事故有关人员均掌握危险源的危险性、应急处置方案和技能、应急预案充分利用社会应急资源，与地方政府预案、上级主管单位以及相关部门的预案相衔接。

（6）应急预案的评审与发布

应急预案编制完成后，生产经营单位应组织评审。评审分为内部评审和外部评审，内部评审由生产经营单位主要负责人组织有关部门和人员进行。外部评审由生产经营单位组织外部有关专家和人员进行评审。应急预案评审合格后，按规定报有关部门备案，并由生产经营单位主要负责人（或分管负责人）签发实施。

三、应急预案的主要内容

应急预案要形成完整的文件体系。通常完整的应急预案由总预案、程序文件、指导说明书和记录四部分构成。

重大事故应急预案可根据《国务院有关部门和单位制定和修订突发公共事件应急预案框架指南》进行编制。应急预案主要包括以下内容。

（1）总则：说明编制预案的目的、工作原则、编制依据、适用范围等。

（2）组织指挥体系及职责：明确各组织机构的职责、权利和义务，以突发事故应急响应全过程为主线，明确事故发生、报警、响应、结束、善后处理处置等环节的主管部门与协作部门；以应急准备及保障机构为支线，明确各参与部门的职责。要体现应急联动机制要求，最好附图表说明。

（3）预警和预防机制：包括信息监测与报告，预警预防行动，预警支持系统，预警级别及发布（建议分为四级预警）。

（4）应急响应：包括分级响应程序（原则上按一般、较大、重大、特别重大四级启动相应预案），信息共享和处理，通信，指挥和协调，紧急处置，应急人员的安全防护，群众的安全防护，社会力量动员与参与，事故调查分析、检测与后果评估，新闻报道，应急结束等。

（5）后期处置：包括善后处置、社会救助、保险、突发公共事件调查报告和经验教训总结及改进建议等。

（6）保障措施：包括通信与信息保障、应急支援与装备保障、技术储备与保障、宣传、培训和演习、监督检查。

（7）附则：包括名词术语、缩写语和编码的定义与说明，预案管理与更新，国际沟通与协作，奖励与责任，制定与解释部门（注明联系人和电话）；预案实施或生效时间。

（8）附录：包括与本部门突发公共事件相关的应急预案，预案总体目录、分预案目录，各种规范化格式文本，相关机构和人员通讯录（要求及时更新并通报相关机构、人员）。

应急预案编制完成后，应该通过有效实施确保其有效性。应急预案实施主要包括：应急预案宣传、教育和培训，应急资源的定期检查落实，应急演习和训练，应急预案的实践，应急预案的电子化，事故回顾等。

【案例 10-2】 施工现场安全事故应急预案（见二维码内容）

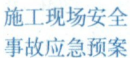
施工现场安全事故应急预案

任务三　安全事故的预防和处理

建筑企业安全事故多发生在施工现场，因此本书就施工现场的安全事故预防与处理展开讲解。

一、施工现场安全事故类别与时间规律分析

建筑工程施工的特点决定了建筑施工中的危险因素多存在于高处交叉作业、垂直运输、电气工具使用以及基础工程作业中。伤亡事故主要类别有高处坠落、物体打击、机械伤害、触电事故、施工坍塌和中毒事故等，这几类伤亡事故是建设施工中的最主要伤害，死亡人数占每年因工死亡数的比例超过三成。

（1）高处坠落事故。以从脚手架上坠落及在拆除井架时在临边和平台等作业场所拆除塔式起重机时为主要类型。事故原因：在脚手架上吵闹，休息；悬空作业、探身作业身体探出度过大；饮酒后高处作业和不使用安全带；扣件不符合规定要求；施工项目部门忽视安全防护用品的发放，忽视安全检查；施工安全制度不尽完善；没有及时排查安全隐患；恶劣天气作业等。

（2）物体打击。通常是由高空落物、崩块、滚动体、硬物、反弹物、器具、碎屑和碎片的飞溅所致。事故原因：工人安全意识差、作业玩忽职守；施工人员违规操作、违章施工；在施工中精力不集中、操作不当、误操作；机械设备的安全装置失灵、安全装置不齐全或存在设计或制造缺陷；采光或照明不足导致施工人员视角疲劳；施工场地狭小、人员集中。

（3）机械伤害事故。事故原因：施工人员业务技术素质低，操作不熟练；注意力不集中，导致误操作；施工或操作时未使用合适的防护服及工具，未能合理使用安全防护用品；机械设备老化且没有很好地履行保养维修制度；安全管理不到位，不能及时发现和排除隐患；照明、通风、温度、湿度等环境因素。

（4）触电事故。分为电击和电伤事故。电击是指电流通过人体时所造成的内部伤害，电击会破坏人体呼吸、神经系统以及心脏，甚至产生生命危险；电伤是由于电流的热、化学以及机械效应对人体造成的伤害。事故原因：施工人员缺乏安全用电知识；防护措施不到位、安全用电检查不到位、未穿戴防护用品；接错电线、相零反接；违章操作、麻痹大意；电气设备年久失修、破损设备线路未及时更换；潮湿的施工环境；紧邻高压操作等。

（5）施工坍塌事故。包括边坡失稳引起土石方坍塌事故，拆除工程中的坍塌事故，现浇混凝土梁、板的模板支撑失稳倒塌事故，施工现场的围墙及在建工程屋面板坍落事故。

（6）中毒窒息事故。一般发生在工人清理污水管时、在人工挖孔桩中、在顶管施工中以及在室内取暖一氧化碳中毒等情形。

从施工现场发生安全事故的时间来看，上午 6:00—9:00 之间事故比较多，工作分配、安排任务后工人到各自的岗位上，7:30 点以后工作会达到满负荷，但是这个时间段工人注意力不是很集中，容易出现伤亡的事故。而 9:00—12:00 之间工种交叉作业增多，这个时候

只要稍微有点分心就会发生事故。将近 18:00 快下班的时候，工人的注意力又开始分散，极易发生事故。18:00—21:00，有时为了赶工期，晚上要加班，夜间灯光、环境等各种因素和个人体力、精神下降，也容易导致事故的发生。因此，可以在事故发生的高峰期，加强安全管理和安全监督，以减少事故的发生。

二 施工现场安全事故的预防

在施工现场由于多单位、多工种集中到一个场地，而且人员、作业位置流动性较大，因此对施工现场的安全管理必须坚持"安全第一、预防为主"的方针，建立健全安全责任制和群治群防制度，施工单位应按照建筑业安全作业规程和标准采取有效措施，消除安全隐患，防止伤亡和其他事故发生。

1. 安全教育

近年来，随着我国建设规模的逐渐扩大，建筑队伍也急剧增加，一些未经过安全培训教育的人员被补充到建筑施工队伍中来。在新工人进入施工现场上岗前，没有对他们进行必要的安全生产和安全技能的培训；在工人转岗时，也没有按照规定进行针对新岗位的安全教育。针对上述情况，急需对建筑施工的全体从业人员，尤其是新职工进行深入的、全面的安全生产和劳动保护方面的教育，使他们掌握安全生产知识和技能，提高每个人的安全预防意识，树立起群防群治的安全生产新观念，真正从思想上认识安全生产的重要性，从实践中体验劳动保护的必要性。

（1）依法加强安全生产教育培训，提高施工现场作业人员的安全生产意识。安全生产教育培训工作必须建立在"安全第一、预防为主"的基础上，这样才能使对工人进行的安全生产知识技能培训落到实处。

（2）建立健全安全生产培训教育制度，加强安全生产培训教育制度的执行力度。

①建立健全安全教育培训责任制，明确安全教育责任，落实安全教育培训制度。首先要明确施工现场各级教育培训的责任，确立安全教育培训的实施责任人，同时明确现场安全教育接受者的主体——施工现场全体人员。其次要加强对责任主体的监督和考核，对考核不合格的责任人进行换岗或清退。此外，还要注意培养安全教育实施责任人的职业素养和责任感。

②建立健全三级安全教育培训制度和安全技术交底制度，明确安全教育内容、学时，加强作业人员的教育培训，在每一位新工人入场（或转换工种）后严格按照《建筑业企业职工安全培训教育暂行规定》中相关要求做好每一级安全教育培训工作和安全技术交底工作，真正做到先培训、后上岗。

（3）完善安全生产培训知识的内容，增强培训内容的针对性。新工人入职后，要严格按照《建筑业企业职工安全培训教育暂行规定》中相关要求做好各级培训教育工作和安全技术交底工作。同时，也要在施工过程中对工人进行经常性的安全生产教育，在教育的过程中必须确保教育内容的针对性，真正达到进行安全生产教育的目的。

（4）在施工现场的安全教育中，要灵活运用各种方式方法对工人进行安全生产教育，特别是要加强施工管理人员在现场对工人的不安全行为、物的不安全状态以及作业环境的不安全因素和管理缺陷等的整改。在整改过程中对工人进行现场对比教育，加深工人对教育内容的印象，提高工人对安全隐患危害性的认识，进而达到提高工人的自我保护意识和安全生产意识，最终实现安全生产。注重安全培训教育的效果，加强对作业人员的安全生产知识考核。

（5）安全培训教育的目标是使工人充分掌握必要的安全知识和安全技术，自觉遵守工作纪律和安全操作规程，保证忙而不乱，最终达到"我懂安全、我要安全、从我做起、保证安全"的根本目的。为了达到这个目的，对作业人员进行安全知识考核十分重要，进场的每一位工人进行安全教育培训后，严格执行考核上岗制度。根据工种进行安全操作规程、安全注意事项等方面的考核，合格后方能上岗作业，提高施工现场作业人员的安全操作技术水平、安全生产意识和自我保护能力，做到规范化施工、标准化作业，确保最终实现安全生产。

2. 安全措施检查、验收与改进

（1）安全检查

安全检查是发现并消除施工过程中存在的不安全因素，宣传落实安全法律法规与规章制度，纠正违法指挥和违章操作，提高各级负责人与从业人员安全生产自觉性与责任感，掌握安全生产状态和寻找改进需求的重要手段。项目经理部必须建立完善的安全检查制度。安全检查制度应对检查制度、方法、事件、内容、组织的管理要求、职责权限，以及检查中发现的隐患整改、处置和复查的工作程序及要求做出具体规定，形成文件并组织实施。

安全检查的要求如下：

①安全检查的形式根据施工的特点，法律法规、标准规范和规章制度的要求，以及安全检查的目的确定。

②安全检查的内容应包括：安全意识、安全制度、机械设备、安全设施、安全教育培训、操作行为、劳动用品的使用、安全事故的处理等项目。

③根据安全检查的形式和内容，明确检查的参与部门和专业人员，并进行分工。

④根据安全检查的内容，确定具体的检查项目及标准和检查评分标准，同时可编制相应的安全检查评分记录表。

⑤按检查评分表的规定逐项对照进行评分，并做好具体的记录，特别对不安全的因素和扣分原因做好记录。

（2）安全验收

为保证安全技术方案和安全技术措施的实施和落实，工程项目应建立安全验收制度。施工现场的各项安全措施和新搭设的脚手架、模板、临时用电、起重设备等，使用前必须经过安全检查，确认合格后进行签字验收，并进行使用安全交底方可使用。工程项目专职安全技术人员应参与验收，并提出自己的具体意见或见解，对需要重新组织验收的项目要督促相关人员尽快整改。

三 安全隐患的处理

凡在安全检查中发现的安全隐患应按照"四定"（定整改责任人、定整改措施、定整改完成时间、定整改验收人）的原则，由安全检查负责人签发安全隐患整改通知书，落实整改并复查。重大安全隐患要在规定期限内百分百整改完毕。

对查处或发现的重大安全隐患有可能导致人员伤亡或设备损坏时，安全检查人员有权责令其立即停工，待整改验收合格后方可恢复施工。检查出的违章、严重违章隐患及重大隐患，凡不按期整改销案者，依据有关规定给予处罚，由此引发的事故可依法追究责任者的法律责任。安全生产管理人员应对纠正和预防措施的实施的过程和实施方案，进行跟踪检查，保存验收记录。

四 安全事故的处理

在施工现场一旦发生安全事故，事故的调查将是确定事故原因，定义事故性质以及事故处理的重要依据。

一般的事故调查的基本步骤包括：现场处理、现场勘察、物证收集、人证问询等主要工作。其中事故现场勘察是整个事故调查的中心环节。其主要目的是查明当事各方在事故之前和事发之时的情节、过程以及造成的后果。通过对现场痕迹、物证的收集和检验分析，可以判明发生事故的主、客观原因，为正确处理事故提供依据。因而全面、细致地勘察现场是获取现场证据的关键。

在事故现场，勘察人员到达后，首先向事故当事人和目击者了解事故发生时的情况和现场是否发生变动，如有变动，应先弄清变动的原因和过程，必要时可根据当事人和证人提供的事故发生时的情形恢复现场原状以利实地勘察。

现场照相是收集证据的重要手段之一，其主要目的是通过拍照的手段提供现场的画面，包括部件、环境以及能帮助发现事故原因的物证等，证实和记录人员伤害和财产损失的情况。特别是对于那些肉眼看不到的物证、当进行现场调查时很难注意到的细节或证据、那些容易随时间逝去的证据及现场工作中需要移动位置的物证，现场照相的手段更为重要。

事故分析是根据事故调查所取得的证据，进行事故的原因分析和责任分析。事故的原因包括直接原因、间接原因和主要原因；事故责任分析包括事故的直接责任者、领导责任者和主要责任者。事故分析包括现场分析和深入分析。现场分析是在现场实地勘测和现场访问结束后，所有现场勘察人员，全面汇总现场勘察和现场访问所得的材料，并在此基础上，对事故有关情况进行分析研究和确定对现场处置的一项活动。它既是现场勘察活动中一个必不可少的环节，也是现场处理结束后进行深入分析的基础。深入分析则是在充分掌握资料和现场分析的基础上，进行全面深入细致的分析，其目的不仅在于找出事故的责任者并作出处理，更在于发现事故的根本原因并找出预防和控制的方法和手段，实现事故调查处理的最终目的。

在完成事故分析以后，事故调查和处理的最后一项工作就是编写事故调查报告。事故调查报告是事故调查分析研究成果的文字归纳和总结，其结论对事故处理及事故预防都起着非常重要的作用。因而，调查报告的编写一定要在掌握大量实际调查材料的基础上进行，而且要求内容实在、具体，文字新鲜生动，能较真实客观地反映事故的真相及其实质。这样才能对人们起到启示、教育和参考的作用，从而搞好事故的预防工作。

思考与练习

1. 建筑施工现场的危险源是指什么？
2. 人的不安全行为主要有哪些？
3. 建筑工地重大危险源的危害主要有哪几种类型？
4. 简述施工现场防止物体打击的控制措施。
5. 从哪些方面全面预防安全事故？
6. 简述应急预案的编制步骤。
7. 安全检查的内容包括哪些方面？
8. 安全事故如何预防？
9. 简述安全事故调查的基本步骤。

技能测试题

一、单选题

1. 通过有效的应急救援行动，尽可能地降低事故的后果，包括人员伤亡、财产损失和环境破坏等，这属于（　　）。
   A. 事故应急救援的总目标　　B. 事故应急救援的基本任务
   C. 事故应急救援的特点　　　D. 事故应急救援的要求

2. 在专项预案的基础上，根据具体情况而编制的，针对特定的具体场所，如车间、工厂等制定的预案，这种预案属于（　　）。
   A. 综合预案　　B. 专项预案　　C. 现场预案　　D. 多项预案

3. 应急预案实施主要包括：应急预案宣传、教育和培训，应急资源的定期检查落实，应急（　　）和训练，应急预案的实践，应急预案的电子化，事故回顾等。
   A. 实战　　　B. 响应　　　C. 演习　　　D. 模拟

4. 针对现场每项设施和场所可能发生的事故情况编制的应急响应预案，如化学泄漏事故的应急响应预案，台风应急响应预案等。应急响应预案不包括（　　）。
   A. 所有可能的危险状况　　　B. 明确有关人员在紧急状况下的职责
   C. 说明处理紧急事务的必需行动　　D. 事前要求和事后措施

5. 应急管理预案包括事故应急的逻辑步骤，以下不属于逻辑步骤的是（　　）。
   A. 协调　　　B. 预防　　　C. 响应　　　D. 恢复

6. 下列不属于危险源辨识依据的是（　　）。
   A. 安全手册　　B. 安全法律　　C. 安全法规　　D. 安全标准

7. 存在于人的重大危险源主要是人的不安全行为，不包括（　　）。
   A. 违章指挥　　B. 机械故障　　C. 违章作业　　D. 违反劳动纪律

8. 重大危险源登记的主要内容不包括（　　）。
   A. 工程名称　　B. 危险源类别　　C. 地段部位　　D. 施工单位
9. 场外预案按事故（　　）的不同可以分为区县级、地市级、省级、区域级和国家级。
   A. 发生地点　　B. 行政管辖　　C. 影响范围　　D. 地域类别
10. 我国事故应急救援体系将事故应急预案分成（　　）个级别。
    A. 5　　B. 6　　C. 7　　D. 8
11. 在完成事故分析以后，事故调查和处理的最后一项工作就是编写事故（　　）。
    A. 报告　　B. 报备　　C. 文本　　D. 文件

二、多选题

1. 存在于人的重大危险源主要是人的不安全行为，包括（　　）。
   A. 违章指挥　　　　　　　　B. 机械故障
   C. 违章作业　　　　　　　　D. 违反程序
   E. 违反劳动纪律
2. 建筑工地重大危险源可能造成的事故危害主要有（　　）。
   A. 高处坠落　　　　　　　　B. 物体打击
   C. 触电　　　　　　　　　　D. 火灾
   E. 冲撞
3. 关于生产安全事故应急预案的说法，正确的有（　　）。
   A. 应急预案可以分为企业预案和政府预案
   B. 根据事故影响范围不同可以将预案分为现场预案和场外预案
   C. 现场预案又可以分为不同等级，如车间级、工厂级等
   D. 重大事故应急预案由企业（现场）应急预案和工厂外政府的应急预案组成
   E. 现场应急预案如与工厂外应急预案不一致，以工厂外应急预案为准
4. 人工挖孔桩施工中面临的主要危险有（　　）。
   A. 中毒　　　　　　　　　　B. 窒息
   C. 触电　　　　　　　　　　D. 物体打击
   E. 塌方
5. 凡在安全检查中发现的安全隐患应按照"四定"的原则由安全检查负责人签发安全隐患整改通知书，落实整改并复查。"四定"的内容包括（　　）。
   A. 定整改责任人　　　　　　B. 定整改措施
   C. 定整改完成时间　　　　　D. 定整改单位
   E. 定整改验收人
6. 应急管理是一个动态的过程，它包括几个阶段，分别是（　　）。
   A. 预防　　　　　　　　　　B. 准备
   C. 保障　　　　　　　　　　D. 响应
   E. 恢复
7. 完整的应急预案一般由四部分构成，分别是（　　）。

A. 总预案 B. 程序文件
C. 指导说明书 D. 报备文件
E. 记录

8. 从施工现场发生安全事故的时间上来看，以下（　　）时间段易发生事故。
A. 6:00—9:00 B. 9:00—12:00
C. 15:00 左右 D. 18:00 左右
E. 18:00—21:00

三、判断题

1. 建筑工地重大危险源按场所的不同初步可分为：施工现场重大危险源和临建设施重大危险源两类。（　　）

2. 存在重大危险源的分部分项工程，项目部在施工前必须编制专项施工方案。（　　）

3. 项目部应对施工项目建立重大危险源施工档案，每月组织有关人员对施工现场重大危险源进行安全检查，并做好施工安全检查记录。（　　）

4. 坍塌主要发生在施工基坑、边坡、桩壁等施工时。（　　）

5. 基坑开挖超过 3m 时，或深度未超过 3m 但地质条件不好和周围环境复杂时，在施工过程中要加强监护。（　　）

6. 完整的应急预案一般由总预案、程序文件、指导说明书和记录四部分构成。（　　）

7. 凡在安全检查中发现的安全隐患应按照"四定"的原则，即定整改责任人、定整改措施、定整改完成时间、定整改验收人。（　　）

8. 一般的事故调查的基本步骤包括：现场处理、现场勘察、物证收集、人证问询等主要工作。（　　）

参 考 文 献

[1] 中华人民共和国住房和城乡建设部. 建筑工程施工质量验收统一标准: GB 50300—2013[S]. 北京: 中国建筑工业出版社, 2014.

[2] 王万德, 海洋. 建筑工程质量与安全管理[M]. 2版. 哈尔滨: 哈尔滨工业大学出版社, 2017.

[3] 王波, 刘杰. 建筑工程质量与安全管理[M]. 北京: 北京邮电大学出版社, 2013.

[4] 中华人民共和国住房和城乡建设部. 混凝土结构工程施工质量验收规范: GB 50204—2015[S]. 北京: 中国建筑工业出版社, 2015.

[5] 中华人民共和国住房和城乡建设部. 混凝土结构工程施工规范: GB 50666—2011[S]. 北京: 中国建筑工业出版社, 2012.

[6] 中华人民共和国住房和城乡建设部. 砌体结构工程施工质量验收规范: GB 50203—2011[S]. 北京: 中国建筑工业出版社, 2012.

[7] 中华人民共和国住房和城乡建设部. 建筑地基基础工程施工质量验收标准: GB 50202—2018[S]. 北京: 中国计划出版社, 2018.

[8] 中华人民共和国住房和城乡建设部. 钢结构工程施工质量验收标准: GB 50205—2020[S]. 北京: 中国计划出版社, 2020.

[9] 中华人民共和国住房和城乡建设部. 屋面工程质量验收规范: GB 50207—2012[S]. 北京: 中国建筑工业出版社, 2012.

[10] 中华人民共和国住房和城乡建设部. 建筑地面工程施工质量验收规范: GB 50209—2010[S]. 北京: 中国计划出版社, 2010.

[11] 中华人民共和国住房和城乡建设部. 建筑地基处理技术规范: JGJ 79—2012[S]. 北京: 中国建筑工业出版社, 2013.

[12] 中华人民共和国住房和城乡建设部. 地下防水工程质量验收规范: GB 50208—2011[S]. 北京: 中国建筑工业出版社, 2012.

[13] 中华人民共和国住房和城乡建设部. 建筑装饰装修工程质量验收标准: GB 50210—2018[S]. 北京: 中国建筑工业出版社, 2018.

[14] 中华人民共和国住房和城乡建设部. 建筑施工模板安全技术规范: JGJ 162—2008[S]. 北京: 中国建筑工业出版社, 2008.

[15] 中华人民共和国住房和城乡建设部. 建筑施工安全检查标准: JGJ 59—2011[S]. 北京: 中国建筑工业出版社, 2012.

[16] 全国安全生产标准化技术委员会. 高处作业分级: GB/T 3608—2008[S]. 北京: 中国标准出版社, 2009.

人民交通出版社高职高专土建类专业教材书目

序号	书号 978-7-114-	书名	主要作者	定价（元）
1	19106-0	建筑工程质量与安全管理（第 2 版）	程红艳	56.00
2	18358-4	建筑材料与检测（第 4 版）*	宋岩丽	52.00
3	16619-8	钢结构构造与识图（第 2 版）	马瑞强	48.00
4	13913-0	新平法识图与钢筋计算（第 2 版）*	肖明和	43.00
5	16618-1	建筑工程计量与计价（第 4 版）*	蒋晓燕	58.00
6	13672-6	建筑装饰装修工程预算（第 3 版）*	吴锐	55.00
7	13558-3	建筑装饰装修工程预算习题集与实训指导（第 3 版）*	吴锐	30.00
8	14863-7	建筑识图与构造	董罗燕	42.00
9	13098-4	建筑识图与构造技能训练手册（第 2 版）	金梅珍	38.00
10	12663-5	地基与基础（第 3 版）*	王秀兰	38.00
11	13880-5	建筑工程技术资料管理（第 3 版）	李媛	40.00
12	12637-6	建筑法规（第 3 版）*	马文婷	42.00
13	12920-9	建设工程监理概论（第 3 版）	杨峰俊	35.00
14	13648-1	园林绿化工程预算	吴锐	38.00
15	13311-4	建筑工程预算（第 3 版）	王小薇	38.00
16	13157-8	建筑工程预算实训指导书与习题集（第 3 版）	罗淑兰	25.00
17	13220-9	建筑结构（第 2 版）	盛一芳	52.00
18	13979-6	建筑构造与识图（第三版）	张艳芳	49.00
19	18305-8	Python 土力学与基础工程计算	马瑞强	68.00

注：带*者为国家规划教材。